文冠果制备生物柴油技术

郝一男　丁立军　张晓涛　王喜明　著

科学出版社

北京

内 容 简 介

本书全面系统地阐述了生物柴油的现状及发展趋势；介绍了文冠果林规模化种植示范和基地建设情况；研究了文冠果种仁油快速高得率提取工艺；详细探讨了文冠果子壳活性炭负载 KOH 催化剂、SO_4^{2-}/SnO_2- 杭锦 2# 土固体酸催化剂的制备在生物柴油制备中的影响；详细分析了文冠果活性炭吸附有机染料及重金属离子的吸附工艺和机理；测定了文冠果种仁油和生物柴油的理化性质和脂肪酸组成。本书为文冠果的高效高附加值利用提供了技术支撑，扩大了文冠果的应用范围。

本书可供生物柴油、生物质材料、林产化学、油脂化学及生产等领域的研究人员、工程技术人员及相关专业的师生学习和参考。

图书在版编目（CIP）数据

文冠果制备生物柴油技术 / 郝一男等著. —北京：科学出版社，2018. 11
ISBN 978-7-03-057556-2

Ⅰ.①文… Ⅱ.①郝… Ⅲ.①文冠果 – 应用 – 生物燃料 – 柴油 – 制备
Ⅳ.①TK63

中国版本图书馆 CIP 数据核字（2018）第 112498 号

责任编辑：王玉时 / 责任校对：彭 涛
责任印制：吴兆东 / 封面设计：迷底书装

科 学 出 版 社 出版
北京东黄城根北街 16 号
邮政编码：100717
http://www.sciencep.com

北京中石油彩色印刷有限责任公司 印刷
科学出版社发行 各地新华书店经销
*

2018 年 11 月第 一 版 开本：787×1092 1/16
2019 年 1 月第二次印刷 印张：17
字数：403 000

定价：108.00 元
（如有印装质量问题，我社负责调换）

前　言

由于化石能源的不断消耗和环境保护理念日益深入人心，可再生能源的研究和开发有着重要的意义。生物柴油是以可再生的动物、植物油脂，含油工程微藻或者废弃的食用油为原料，经过酯交换反应制得的一种可生物降解的、不含硫的、可再生的非石化燃料。此外，生物柴油还具有高闪点、高润滑性和高十六烷值等特点。生物柴油燃烧排放的尾气中含有很少的 SO_x、CO 和悬浮微粒。

文冠果（*Xanthoceras sorbifolia* Bunge）是我国特有的木本油料树种，通常 2～6m 高，主要分布在中国的内蒙古自治区，种植面积为 13.45 万 hm^2。成熟黄色果实由白色的种仁和黑色的子壳组成。一棵 10 年生文冠果产 10～15kg 种子，$1hm^2$ 能产 1～1.5t 的种子。历史上文冠果树大面积种植，仅作为食用油原料树种，因为文冠果种仁油含有很高的不饱和脂肪酸成分。研究表明，文冠果种仁含油率在 50% 以上，是制备生物柴油的优质原料。

本书就内蒙古敖汉旗、翁牛特旗、阿鲁科尔沁旗三个地区的文冠果种仁油的理化性质、提取和精炼技术，制备生物柴油所需催化剂的制备、表征及应用，生物柴油的定性和定量分析方法，生物柴油的理化性质，文冠果活性炭的制备及其吸附应用，生物柴油副产物甘油的精制技术等进行了系统阐述。针对我国化石能源日益突出的供需矛盾，开展文冠果生物柴油的研究开发，对保护环境、保障石油安全、促进国民经济的发展具有十分重要的意义。与生物柴油的传统原料菜籽油等农业作物相比，文冠果不占用我国日益紧张的耕地资源，而是占用宜林荒地，因此对其研究的意义更为重大。

本书包括绪论及四篇 11 章，分别为：绪论（郝一男），第一篇包括第 1 章文冠果种仁油的提取（郝一男、丁立军）、第 2 章文冠果种仁油理化性质的测定与分析（郝一男）、第 3 章文冠果种仁油脱胶和碱炼脱酸的研究（郝一男），第二篇包括第 4 章固体酸催化剂 SO_4^{2-}/SnO_2- 杭锦 $2^{\#}$ 土的制备及表征（丁立军）、第 5 章固体碱催化剂载体——活性炭的制备及其吸附性能的研究（郝一男）、第 6 章文冠果子壳活性炭（XSBL-AC）吸附重金属离子（张晓涛）、第 7 章固体碱催化剂 KOH/XSBHAC 的制备及催化合成生物柴油的研究（郝一男），第三篇包括第 8 章文冠果种仁油制备生物柴油工艺及脂肪酸甲酯含量的测定（丁立军）、第 9 章文冠果种仁油一步法制备生物柴油的工艺优化（丁立军），第四篇包括第 10 章文冠果种仁油生物柴油性能的测定（丁立军）、第 11 章文冠果种仁油生物柴油副产物粗甘油的精制（郝一男），后记（郝一男）。本书由内蒙古农业大学王喜明教授主审。

本书的出版得到了内蒙古科技厅、财政厅科技创新引导项目（项目编号：20091806、20121604、20131506、20140609、201501041），内蒙古自治区草原英才工程产业创新团队——沙生灌木纤维化和能源化开发利用科技创新人才团队，内蒙古自治区科技创新团队——沙生灌木纤维化能源化开发利用科技创新团队（20140401）等的资助，在此表示衷心的感谢。

相信本书的出版发行，将为文冠果的开发和利用提供思路，并为进一步的生产利用提供基础数据和理论支撑。

限于作者写作水平有限，疏漏和不足之处在所难免，恳请读者指正。

作　者

2017 年 9 月 13 日

目　　录

绪 论

0.1 引 言

能源是世界经济强劲发展势头的主要推动力，化石燃料——煤炭、石油与天然气，合计占全球现在使用能源总量的 85% 以上，未来世界能源需求将持续增长，预计 2020 年将达到 230 万亿 t 标准煤。随着能源消耗急剧增长，石油供需矛盾日益突出。同时，石化燃料大量燃烧造成的环境污染等问题严重影响着社会经济的可持续发展。因此，能源短缺这一问题将成为长期困扰人类社会发展的一个难题。我国目前是一个石油净进口国，2017 年我国石油净进口量突破 4 亿 t，较 2016 年增长 10.1%，位居全球第一 [1, 2]。据国际石油网报道，2017 年我国石油消费量为 5.88 亿 t，对外依存度超过 67.4%，预计 2018 年将逼近 70%[3]。国内石油需求量有增无减，我国石油储量又很有限，大量进口石油对我国能源安全造成威胁。同时，大量化石燃料的消耗也给人类赖以生存的地球环境带来了极大的破坏和污染。

在能源环境承载力严重不足的紧迫形势下，可再生能源发展得到国家进一步重视与支持，其中生物质能的利用提供了广泛的能源服务（如对热、光的需求，舒适型的生活、娱乐、信息领域的扩展，人类活动灵动性的需求等）。太阳能、风能、潮汐能、可再生城市固体废物、生物质能等可再生能源更多地得到了重视和发展 [4]。生物质能是本地资源，可减少对进口能源的依赖，保障能源供应安全。目前，生物质能在世界总能源消耗中约占 14%，仅次于石油、煤炭及天然气，居第四位 [5]，其具有环保性、广泛分布性、可再生性等特点，而且还可以转化为热能、电能、燃料乙醇、生物柴油、沼气、甘油和固体压缩材料等多种产品。生物质是分散型资源，具有能量密度小、热值低和成分复杂等缺点，因此，传统的化石能源在较长时期内仍是能源生产和消费的主体。根据国际能源机构（International Energy Agency，IEA）预测，在未来的能源结构中，石油和煤炭消耗量将逐渐下降，天然气、核能和可再生能源将逐渐上升。预计到 2050 年，世界一次能源的结构为：煤炭占 21%，石油占 20%，天然气占 23%，核能占 14%，可再生能源占 22%，而生物质能又占到可再生能源的 10.8%。因此大力发展生物质能源是未来能源发展的主要方向。近年来，环境友好型的绿色能源——生物柴油，尤其是林业生物质能源成为众多学者和专家研究的热点 [6]。

发展林业生物质能源，将对新农村建设起到巨大推动作用。我国有 9 亿多农村人口，其中约 50% 的人口分布在比较贫困的山区、林区、沙区；65% 的人口的生活燃料依赖传统的可再生能源——薪炭林。由于过去采取直接燃烧的利用方式，热效率低，环境污染严重。中国林业科学研究院副院长储富祥认为，加快发展林业生物质能源，不仅可以提供高效清洁的生物质能源，而且可以催生新兴的绿色新能源产业，有利于促进农民生活方式的改变，必将为能源替代和林业产业发展作出积极贡献 [7]。国家发展改革委将我国生物燃料产业发展规划为三个阶段 [8]："十一五"实现技术产业化、"十二五"实现产业规模化、2015 年以后大规模发展，其中文冠果被列为重要的生物燃料树种。

本书以木本油料树种——文冠果为研究对象，进行文冠果种仁油制备生物柴油技术的研究，期望能在生物柴油制备技术方面取得一定的突破，为中国的能源发展、保证能源安全方面提供一些基础的参考依据。

0.2　生物柴油

生物柴油（biodiesel）是以各类动物、植物油脂，工程微藻或者废弃油脂为原料，与甲醇或乙醇等醇类物质经过交酯化反应，使其最终变成脂肪酸甲酯或乙酯，可供内燃机使用的一种燃料[9]。目前，发达国家用于规模生产生物柴油的原料有大豆油（美国）、菜籽油（欧盟）、棕榈油（东南亚国家）。我国本着不占用人类耕地的原则，建立规模化生物质燃料油原料基地，原料用树种有 30 多种，主要有黄连木、文冠果、麻疯树、光皮树等。

0.2.1　生物柴油的优缺点

生物柴油作为一种可以代替石化柴油的可再生绿色燃料，具有以下优势[10~14]。

（1）不经改装，可适用于任何柴油引擎，而不影响其运转性能。

（2）具有绿色环保特性：生物柴油几乎不含有硫和芳烃，易被生物分解；燃烧时二氧化碳和一氧化碳的排放量仅为石化柴油的 10%，可以有效地降低温室气体的排放量。

（3）在所有的替代燃油中，生物柴油的热量衡算最高，在 1 号柴油和 2 号柴油之间。在生产生物柴油的过程中，每消耗 1 个单位的矿物能量就能获得 3.2 个单位的能量。

（4）具有很好的润滑特性：生物柴油与植物油相比，分子链变短，分子变小，其黏度降低，接近柴油的黏度。

（5）具有良好的安全特性：与石化柴油相比较，生物柴油的闪点相对较高，为 110~170℃，介于对应的植物油闪点（234~290℃）与柴油闪点（60℃左右）之间，方便运输和保存。

（6）在各种替代燃油中，只有生物柴油全部达到美国《清洁空气法》所规定的健康影响检测要求。

生物柴油除具备以上优越性之外，还有一些不足和需要改进的地方（表 0-1）。例如，原料产量不高和价格较高制约生物柴油发展；热值相对石化柴油较低，在较低温度下，使用效果较差；生物柴油在空气中容易被氧化等。这些不足之处还需要研究和改进。

表 0-1　生物柴油和常规柴油的性能比较

特性	生物柴油	常规柴油
20℃的密度 /（g/mL）	0.88	0.83
40℃动力黏度 /（mm^2/s）	4~6	2~4
闭口闪点 /℃	>100	60
十六烷值	≥56	≥49
热值 /（MJ/L）	32	35
燃烧功效（柴油 =100%）/%	104	100
硫含量 /%	<0.001	<0.2

特性	生物柴油	常规柴油
氧含量 /%	10	0
燃烧 1kg 燃料按化学计算法的最小空气耗量 /kg	12.5	14.5
水危害等级	1	2

资料来源：卢碧林等.生物柴油的应用研究进展.生物技术，2005，15（3）：95-97。

0.2.2　生物柴油国内外发展现状

1. 生物柴油国外发展状况

生物柴油由于优越的特性和对环境的友好性以及可再生性，已经得到世界各个国家特别是资源贫乏国家的高度重视，其开发和应用情况见表 0-2。美国、欧洲、日本等国家和地区通过政策优惠的方式，使得生物柴油产业迅速成为新经济的亮点。2000～2011 年全球生物柴油产量分布见图 0-1。

表 0-2　国外生物柴油开发和应用情况

国家	原料	生物柴油比例	现状
美国	大豆	B10-B20	推广使用中
德国	油菜籽、豆油、动物脂肪	B5-B20、B100	广泛使用中
巴西	蓖麻油	—	行车试验中
奥地利	油菜籽、废油脂	B100	广泛使用中
澳大利亚	动物脂肪	B100	研究推广中
法国	各种植物油	B5-B30	研究推广中
意大利	各种植物油	B20-B100	广泛使用中
瑞典	各种植物油	B2-B100	广泛使用中
比利时	各种植物油	B5-B20	广泛使用中
阿根廷	大豆	B20	推广使用中
保加利亚	向日葵、大豆	B100	推广使用中
马来西亚	棕榈油	—	推广使用中
韩国	米糠、回收食物油和豆油	B5-B20	推广使用中
加拿大	桐油、动物脂肪	B2-B100	推广使用中

资料来源：袁振宏等.生物质能利用原理与技术.北京：化学工业出版社，2004。

从图 0-1 可以看出，2011 年全球生物柴油产量突破了 2000 万 t。截至 2011 年，全球已建和在建生物柴油装置年产能接近 4000 万 t。截至 2012 年，中国的生物柴油产量不到 100 万 t，依据中国政府的规划，到 2020 年中国的生物柴油产量要达到 200 万 t，2020 年后将会有更大的发展[15,16]。

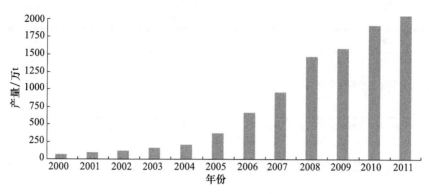

图 0-1　2000～2011 年全球生物柴油产量图

数据来源：公开资料

　　欧洲是生物柴油生产和消费最大的地区，其份额已占到成品油市场的 5%，菜籽油是生产生物柴油的主要原料，并与轻油混合使用于柴油机，欧洲各国生产生物柴油的产量情况如表 0-3 所示。欧盟对生物能源原料种植、生产加工、市场销售与使用等各个环节给予了一系列的政策支持与优惠 [17, 18]，生物柴油的生产在法国、德国、意大利和奥地利免税，在英国部分免税。德国是第一个将生物柴油作为替代燃料以散装货物的形式覆盖全国销售的欧洲国家，AGQM（Arbeitsgemeinschaft Qualitäts Management）的研究表明，约 35% 的生物柴油是通过公共加油站销售的，65% 的生物柴油卖给运输车队和出租汽车公司等。意大利的 BUNGE 公司是当今世界上规模最大的从事油料种子粉碎的公司，而最大的生物柴油制造商 Novaol 于 2004 年 6 月生产，年产生物柴油 35 万 t。英国于 2004 年的预算中开始支持生物燃料，2009 年英国的生物柴油生产力已达 60.9 万 t。

表 0-3　2009 年欧洲主要国家生物柴油产量

国家	德国	法国	意大利	比利时	英国	丹麦	芬兰	奥地利
产量 / 万 t	520	250.5	191	70.5	60.9	14	34	70.7

　　美国是世界上最大的燃料乙醇生产国和最早研究生物柴油的国家 [19]。美国能源部（Department of Energy，DOE）称，生物柴油是美国成长最快的替代燃料，行政法令 13149 是美国政府转而使用生物柴油的主要原因。美国农业部（Department of Agriculture，DOA）决定今后两年每年拿出 1.5 亿美元补贴生物柴油等生物燃料，以支持生物柴油的使用，其目标为，2012 年的基准线为 10 亿加仑①，2013～2022 年，生物柴油年产量不低于 10 亿加仑 [20]。美国参议院财政委员会通过了一项给予生物柴油的税收激励政策，规定：对于生物柴油和石化柴油混合使用的柴油，每掺入 1% 的生物柴油就免去柴油燃料营业税 1 美分，实施免税的最高比例额度为 20%。美国国家生物柴油委员会（National Biodiesel Board，NBB）认为，这项法案是帮助美国提高对国产燃料依赖性的一个关键因素，生物柴油已经成为美国发展最快的替代能源之一，但它仍然比石化柴油昂贵。2008 年美国生物柴油的年产量达到了 230 万 t[21]。在美洲除了美国以外，巴西、阿根廷及哥伦比亚、秘鲁、厄瓜多尔等国的生

----

　　①　1 加仑 = 3.785 41L，下同。

物柴油发展状况也生机勃勃。其中阿根廷是主要的油籽生产国家，授权并规范了生物柴油的生产和销售，考虑对生物柴油免除 15 美分的税，生物柴油的成本为 33～35 美分。而巴西主要以甘蔗为原料，其 2007 年的生产量是阿根廷的 2 倍，巴西已经成为全球生物柴油第四大生产国。此外，巴西还大力发展蓖麻的种植，用以发展生物柴油产业。

近年来，澳大利亚政府也特别重视生物柴油的应用，在 2003 年底提出了具体建议。2004 年澳大利亚生物柴油的生产企业有 3 家，其产量为每年 4.8 万 t。截至 2010 年大约有 10 家生物柴油生产企业（包含正在建设的生产线），产量达到了每年 8.8 万 t[22]。除此之外，还有世界第一大棕榈油生产国马来西亚于 2004 年和 2005 年分别批准了 50 万 t、150 万 t 棕榈油进行生物柴油的生产，截至 2010 年上半年已批准生物柴油生产项目 35 个，计划每年消耗 600 万 t 棕榈油用来生产生物柴油[23]。

亚洲的日本和韩国等相对较发达的国家也对生物柴油进行了研究和开发，其中日本 1995 年开始研究生物柴油，在 1999 年建立了 259L/d、用煎炸油为原料生产生物柴油的工业化实验装置，可降低原料成本。截至 2005 年，日本生物柴油年产量已达 40 万 t[24]。韩国要求 2006 年 7 月以后，供应的柴油中必须添加 0.1%～5% 的生物柴油，政府还在税收方面对生物柴油部分予以免征[22]。

2. 生物柴油国内发展状况

我国生物柴油的研究与开发虽起步较晚，但发展速度很快，一部分科研成果已达到国际先进水平。研究内容涉及油脂植物的分布、选择、培育、遗传改良等及其加工工艺和设备。此外，我国已经研制成功利用光皮树油、大豆油、麻疯树油、小桐梓油[25] 等作为原料，经甲醇预酯化再酯化，制得的生物柴油既可以作替代原料，也可以作清洁燃料的添加剂。这无疑将有助于我国生物柴油的进一步研究与开发。目前国内生产生物柴油的企业见表 0-4。

表 0-4　中国生物柴油产业化情况

企业名称	产业化状况	生产能力	所用原料	制备技术	市场情况
龙岩卓越新能源有限公司	2001 年投产	2 万 t	废油、地沟油（来自全国）	自己研发的固体酸催化工艺	加工成本 800 元 /t（原料除外）
海南正和有限公司	2000 年投产	1 万 t	木本油料作物	化学碱催化	并无产品销售
无锡华宏生物燃料有限公司	2005 年投产	10 万 t	地沟油、废动植物油（废棕榈油）	化学碱催化	
丹东市精细化工厂	2006 年投产	3 万 t	地沟油、动植物油脚、工业废油脂	自主研发的高效催化剂	
福建源华能源科技有限公司	2005 年投产	5 万 t	地沟油及其他原料废动植物油脂	自主研发的高效催化剂	
湖南海纳百川生物工程有限公司	2004 年投产	1 万 t	动植物油脂	清华大学研发酶转化	试用阶段
五池金娃集团	2011 年投产	5 万～10 万 t	废弃动植物油和榨油厂的下脚料	自主研发	
湖南未名创林生物能源有限公司	2009 年建设	10 万 t	不详	不详	

续表

企业名称	产业化状况	生产能力	所用原料	制备技术	市场情况
福建龙岩卓越新能源发展有限公司	福建省重点技术新项目	12 万 t	地沟油、泔水油	化学法微酸性催化剂	
古杉集团	2001 年投产	17 万 t	下脚泔水油	化学法	
湖南天源生物清洁能源有限公司	年产 1 万 t 生产线已经在生产；2 万 t 生产基地正在建设	2 万 t	油莎豆油、光皮树油和植物下脚料油等	生物酶结合化学法	1500t 已应用于公交车、工程车、锅炉等
长沙金意饲料油脂有限责任公司	5000t 中试阶段	2 万 t	废弃动物油脂、餐饮废油	化学法	2006 年投放市场近千吨，柴油车辆、挖掘机和油锅炉上用
湖南中和能源有限公司	试生产	第一期 3 万 t	植物油脂	固体催化法	

我国的能源形势十分严峻，石油储量仅占世界总量的 2%，消费量却是世界第二。我国生物柴油的产量很低，而市场对柴油的需求量在不断上升。在我国原油对外依存度高达 67.4% 的局面下，随着农业机械化程度的进一步提高以及汽车工业的飞速发展，柴油的消费量将会急速增加。而且，我国大气污染也愈发恶化，据相关报道显示中国二氧化硫排放量居世界首位。因此，中国将在未来长期面对节能减排、能源供应和环境安全三大难题，发展绿色环保、可再生的能源已成为国家发展的重要战略。我国为解决能源短缺问题，制定了一系列的政策与措施，在"九五"规划中提出了可再生能源中长期发展规划，"十一五"规划中又明确指出发展生物柴油、生物乙醇等液体生物燃料用来替代石化能源。另外，我国一些高等学府和科研院所，如中国科学技术大学、北京林业大学、石油化工科学研究院、西北农林科技大学、内蒙古农业大学等都在实验室规模上对生物柴油的生产技术进行了研究开发[22,26]。

0.2.3　生物柴油制备方法研究进展

通过国内外学者对不同原材料的油脂的特性分析，研制出许多制备生物柴油的方法，概括起来主要有以下四种：酯交换法、微乳化法[27]、热裂解法[28]和直接混合法。其中直接混合法和微乳化法由于油的黏度高和不易挥发性，导致发动机进气阀积碳等问题；热裂解法是在高温条件下进行的，反应难以控制，制备出的生物柴油残炭和灰分过高；酯交换法主要是通过酯基转移的作用将甘油三酸酯转化为脂肪酸甲酯的过程，得到的生物柴油具有黏度灰分含量低、制备过程迅速、反应能耗低、操作简单等特点。因此，酯交换法越来越多地以植物油脂、动物油脂和废弃油脂为原料合成生物柴油。本节主要介绍酯交换法制备生物柴油的研究进展。

1. 酯交换反应原理

油脂的酯交换反应包括油脂中的甘三酯与脂肪酸、醇、自身或者其他的酯类作用，从而引起酯基交换或者分子重排的过程。它是不经过化学反应改变脂肪酸的组成，就能改变油脂特性的一种工艺方法。其过程主要是通过以下三个连续可逆反应[29]完成的，每一步反应都会生成一种酯。总反应即是 1mol 的油脂与 3mol 的甲醇反应，生成 3mol 的甲酯和 1mol 的甘油[30]。

$$
\begin{array}{c}
\text{H} \\
| \\
\text{H—C—OOR} \\
| \\
\text{H—C—OOR}' + \text{CH}_3\text{OH} \xrightleftharpoons[]{\text{催化剂}} \text{H—C—OOR}' + \text{ROOCH}_3 \quad (1) \\
| \\
\text{H—C—OOR}'' \\
| \\
\text{H}
\end{array}
$$

$$
\begin{array}{c}
\text{H} \\
| \\
\text{H—C—OH} \\
| \\
\text{H—C—OOR}' + \text{CH}_3\text{OH} \xrightleftharpoons[]{\text{催化剂}} \text{H—C—OH} + \text{R}'\text{OOCH}_3 \quad (2) \\
| \\
\text{H—C—OOR}'' \\
| \\
\text{H}
\end{array}
$$

$$
\begin{array}{c}
\text{H} \\
| \\
\text{H—C—OH} \\
| \\
\text{H—C—OH} + \text{CH}_3\text{OH} \xrightleftharpoons[]{\text{催化剂}} \text{H—C—OH} + \text{R}''\text{OOCH}_3 \quad (3) \\
| \\
\text{H—C—OOR}'' \\
| \\
\text{H}
\end{array}
$$

2. 酯交换反应催化剂

常用的酯交换反应制备生物柴油的催化剂可以分为三类，分别是均相酸碱催化剂、生物酶催化剂和非均相催化剂。在无催化剂的条件下，采用超临界法[31]可以制备生物柴油，但是反应条件非常苛刻，对设备的材质要求也非常高。

1）均相酸催化剂

常见的均相酸催化剂有硫酸、磷酸、盐酸和苯磺酸[32]等。均相酸催化剂应用于酸值比较高的地沟油及工业废油，具有酯化率较高、价格便宜、不会引起皂化反应、无须对原料油进行预处理等优点，但是反应速度慢、反应温度高、产物不易分离、容易引起水污染[33]。

Siler-Marinkovic[34]以葵花籽油为原料，在优化条件为醇油比100∶1、催化剂用量为油重16%、反应3h、反应温度64.5℃的条件下制得的生物柴油酯化率达91.3%。

符太军等[35]用浓硫酸催化地沟油，在醇油摩尔比30∶1、催化剂用量为油重的6%、温度为70℃的条件下合成3h，酯化率87.5%。

谢国剑[36]以潲水油为原料，在醇油摩尔比（10～15）∶1、硫酸质量分数5%～7%、反应温度为85～95℃、反应时间10h，生物柴油的转化率达90%以上。

姚亚光等[37]以硫酸为催化剂，在温度为70℃、醇油摩尔比1∶40、催化剂浓度为7%、反应时间7h的条件下，以地沟油为原料合成生物柴油，平均产率在80%以上。

此外，目前以酸性离子液体为催化剂合成生物柴油的应用也越来越受到关注。例如，李胜清等[38]合成了Brönsted酸性离子液体1-己基-3-甲基咪唑硫酸氢盐（[C₆MIm]HSO₄），并以其为催化剂，进行了催化合成生物柴油的试验研究。谷学军等[39]合成一种离子液体SMIA，以其作为催化剂，研究了其对豆油中亚油酸和棕榈酸的酯交换反应的催化性能，获得了较为理想的试验结果。

2）均相碱催化剂

常见的均相碱催化剂有氢氧化钠、氢氧化钾、各种碳酸盐及碱金属醇盐等。均相碱催化剂具有催化活性高、反应速度快、酯化率高等优点，但是容易引起皂化反应、生成物不易分离、易腐蚀反应设备等缺点。

邬国英等[40]用KOH催化棉籽油制备生物柴油，在反应温度45℃、醇油比6∶1、催化剂用量为1.1%的条件下酯化率为97.86%。

盛梅等[41]用NaOH作催化剂，在室温下、醇油比为6∶1、催化剂用量为油重的1.0%，酯化率90%左右。

Tomasevic等[42]用KOH作为葵花油合成生物柴油的催化剂，在KOH为油重的1%、醇油比6∶1、时间为30min和室温条件下，生物柴油得率为90%以上。

Karmee[43]以水黄皮油为原料，研究了以KOH为催化剂制备生物柴油的工艺，获得的生物柴油酯化率为92%。

张无敌等[44]研究了以KOH为催化剂催化大豆油合成生物柴油的工艺，甲醇用量为20%、KOH用量为1.2%（质量分数）、温度60℃、反应时间为2h，其转化率为96.79%。

Gemma等[45]分别用KOH、NaOH、CH_3OK和CH_3ONa催化剂合成了葵花籽油生物柴油，发现这几种催化剂都有比较高的酯化率，生物柴油的纯度较高。

林璟和方利国[46]研究了以麻疯果油为原料，以NaOH、KOH、CH_3ONa为催化剂，采用酯交换法制取了生物柴油，研究表明醇油摩尔比6∶1、温度60℃、反应时间80min、搅拌强度为600r/min、催化剂用量为1.2%，其转化率可达97%以上。

Casas[47]以葵花籽油为原料，采用KOH、CH_3OK等为催化剂，进行了葵花籽油与乙酸甲酯发生酯交换反应制备生物柴油的试验，获得了较好的试验结果，同时，还对葵花籽油与乙酸甲酯酯交换反应的动力学进行了研究[48]。

Karmee[49]用KOH作为催化剂合成了水黄皮油生物柴油，酯化率高达92%。

David等[50]以KOH为催化剂，进行以棉籽油与乙醇为原料合成生物柴油的试验，结果表明，利用乙醇和棉籽油合成棉籽油生物柴油是可行的。

张乃静[51]以KOH为催化剂，分别用机械搅拌酯转化和微波酯转化法合成了文冠果种仁油生物柴油。反应条件分别为温度为65℃、醇油比为1∶6、催化剂用量为1wt%、反应时间为40min，反应得率为96%；反应温度为60℃、醇油摩尔比为1∶6、催化剂用量为1wt%、反应时间为5min，反应得率为94%左右。

刘伟伟等[52]以KOH为催化剂，在催化剂用量为油重的1.0%、甲醇用量为油重的5%、反应温度60℃、反应时间90min条件下，酯交换转化率达到93%。

孙玉秋等[53]以花生油为原料，用碱催化法合成生物柴油，并对其低温性能进行了研究。

侯智等[54]以粗菜籽油为原料，在醇油摩尔比为6∶1、KOH催化剂质量分数0.5%（基于菜籽油）的条件下，在500mL反应釜内加压合成生物柴油。

刘世英和包宗宏[55]在温度45℃、反应时间60min、醇油摩尔比6∶1、氢氧化钠用量1%和菜籽油己烷质量比38∶62的条件合成生物柴油，转化率达96.1%。

3）生物酶催化剂

酶催化剂制备生物柴油具有过程复杂、反应周期长、易聚集在有机溶剂中、分离困难、不能重复使用、引起"三废"等缺点，但是也有反应温和、醇用量较少、易收集等优点。

盛梅和郭登峰[56]研究了用固定化脂肪酶催化菜籽油与甲醇合成生物柴油的反应，重复使用15次，连续反应25天，甲酯的含量从99.9%降至87.5%。

曾静等[57]直接将霉菌 R.oryzae IFO 细胞应用于催化大豆油脂合成生物柴油，在优化条件为反应所需甲醇分 3 次等量加入、醇油摩尔比 1：1、反应温度 35℃、缓冲液用量 0.05mL/g、缓冲液 pH 为 3.6～6.98，生物柴油的最终得率为 86%。

聂开立等[58] 用 *Candida sp.* 99-125 脂肪酶转酯化合成生物柴油，以正己烷为溶剂，使用 15% 固定化脂肪酶、加入 20% 的水、反应温度 40℃、pH＝7、每 10h 流加 1mol 当量的甲醇分 3 次流加，生物柴油最高转化率达到 96%，并且固定化酶使用半衰期达 200h 以上。

邓利等[59] 在石油醚体系中，用 5% 固定化脂肪酶，在温度为 40℃、油酸和甲醇摩尔比为 1：1.4 的条件下，低碳醇分 2 次等摩尔流加，在反应过程中加入硅胶吸水剂，反应时间为 24h，酯化率可以达到 92%。

Li 等[60] 使用静电纺织法制备了聚丙烯腈纳米纤维膜，利用其制备了假洋葱单胞菌固定化脂肪酶催化剂，使用该催化剂对大豆油进行催化反应制备生物柴油的试验，试验结果表明，该催化剂使用 10 次以后，其催化活性仍可保留 91%，重复使用催化性能良好。

Noureddini[61] 采用溶胶 - 凝胶法，以四甲氧基硅烷和异丁基三甲氧基硅烷为前驱体制备了 *Pseudomonas cepacia* 固定化脂肪酶，并使用该固定化酶催化大豆油合成生物柴油，试验结果表明：该脂肪酶的催化稳定性和催化反应活性都明显提高，而且重复使用 11 次后，活性仅丧失 5%。

Li 和 Yan[62] 制备了一种洋葱假单胞菌固定化脂肪酶，并利用其催化乌桕油合成生物柴油，试验结果表明，当脂肪酶用量为 2.7%（质量分数）时产率达 96.2%，且该催化剂在使用 20 次后，催化活性基本上没有损失，表现出了良好的稳定性。

Yagiz 等[63] 以人工合成的水滑石为载体制备了 Lipozyme TLIM 固定化脂肪酶，并使用该催化剂对废油脂进行转酯化催化反应制备生物柴油，当反应温度为 24℃、反应时间 105h 时，生物柴油转化率可达 92.8%，重复使用 7 次后，残余酶活性为 36%。

Lee 等[64] 对甲醇用量对固定化脂肪酶的影响进行了研究，试验结果表明，如果将甲醇的浓度有效地控制在合理水平以内，可有效地预防甲醇对酶的抑制作用。

Li 等[65] 采用阴离子交换树脂制备了固定化的稻根霉菌脂肪酶，并以其催化黄连木籽油进行酯交换反应合成生物柴油，生物柴油的产率可达 94%，重复使用 5 次后，催化活性较为稳定。

梁静娟等[66] 以硅胶为载体采用涂布法对细菌 *Burkholderia cepacia* GX-35 所产的脂肪酶进行固定化，并催化合成生物柴油，以转酯率为衡量指标，比较了自制固定化脂肪酶催化剂在 4 种不同的离子液体中催化酯交换反应的效果，其中作者合成的离子液体溴代 1- 乙基 -2- 甲基咪唑 [EMIM]Br 对酯交换反应的催化起促进作用，试验结果表明，加 [EMIM]Br 能有效提高生物柴油的转化率，该催化剂在 [EMIM]Br 中的最佳工艺条件为：反应温度为 35℃、[EMIM]Br 加入量为 60%（质量分数）、最佳醇类为乙醇、加水量为 5%（质量分数）、醇油摩尔比为 9：1、固定化脂肪酶加入量为 20%、反应时间为 6h。该催化剂在 [EMIM]Br 中稳定性好，使用 6 次之后转酯率下降不明显。

徐桂转等[67] 研究了在流化床反应器中、反应温度为 43℃时，固定化脂肪酶连续催化桐油制取生物柴油的连续反应工艺条件，获得了单根反应器连续反应的最佳条件：反应液体积流量为 0.33mL/min、醇油摩尔比为 0.75：1、脂肪酶填充密度为 0.15g/mL，酯交换率达 22%；如果采用 4 根相同反应器串联操作，桐油的酯交换率可达到 88%～92%。

李俊奎等[68] 以 *Candida sp.* 99-125 固定化脂肪酶为催化剂，以小桐子毛油为原料，进行催化反应制备生物柴油的试验，试验结果表明：当水含量为 10%、溶剂量为 2mL/g、脂肪酶量为 20%、温度为 40℃时，采用 3 次流加甲醇，反应时间为 12h 后，单批最高产率可达93%。在上述试验条件下，该催化剂连续使用 14 次，产率仍然可保持在 70% 以上。

李青云等[69]以 Novozyme 435 固定化酶为催化剂，对精制山茶油、粗制山茶油、棕榈油、废油进行转酯化合成生物柴油的研究，试验结果显示，精制山茶油转化率最高，研究结果还表明，在固定床反应器中进行半连续批式运行时，该固定化脂肪酶在有硅胶存在的系统中稳定性明显提高，可连续使用 7 个批次，其转化率仍然保持在 82% 左右；而无硅胶存在的系统中反应 2 批后其转化率就有所下降。

申渝等[70]以硅基 MCF 为载体制备了固定化脂肪酶 LVK-S 催化剂，并对使用该催化剂催化餐饮废油制备生物柴油进行了研究，反应温度 28℃下反应 60h 时脂肪酸甲酯的产率约为 83%。

4）非均相催化剂

非均相催化剂（即固体催化剂）克服了均相催化剂的产物难分离、污染环境、腐蚀设备等缺点，具有高催化活性、能重复使用、不会腐蚀反应设备、造价低、生成物易分离、减少废水排放、能够长期存放等优点。非均相催化剂可以分为固体酸催化剂和固体碱催化剂两类。固体酸催化剂能催化一些酸值和水分含量较高的油脂，工业废油和地沟油用固体酸催化剂合成生物柴油的比较多，也就是说固体酸催化剂对原材料的要求不高[71,72]。目前研究最多的固体碱催化剂，大致有碱金属和碱土金属氧化物、碱金属负载型催化剂、水滑石、阴离子交换树脂等。

（1）固体酸催化剂。

贾金波[73]研究了分别以 TiO_2、ZrO_2 为载体，负载 SnO_2 等氧化物，以稀土化合物改性的复合型固体超强酸的制备条件，用废弃的油脂合成生物柴油。

张伟明[74]以 97%～99.8% 的废油为原料，加入 0.2%～3% 的多孔载体的固体酸催化剂，反应温度为 95～130℃，加入气相甲醇，搅拌 1～4h，生物柴油的收率为 97%。

Chen 和 Fang[75]研究制备了一种同时含磺酸基和羧基的固体酸催化剂，这种催化剂同时具备布朗酸和路易斯酸活性位点，该催化剂的优点是可以同时催化油酸酯化和甘油三酯酯交换，并使用该催化剂对含有游离脂肪酸达到 55.2% 的废棉籽油进行了催化试验，其生物柴油得率达 90%，而且经过多次重复使用后，采用 H_2SO_4 进行处理就可以很好地解决催化剂失活的问题，试验结果表明该催化剂具有良好的工业应用潜力。

Lopez 等[76]合成了 Amerlyst-15 固体酸催化剂，并催化甘油三乙酸酯和甲醇进行酯交换反应的研究，确定了反应温度为 60℃，反应时间为 8h，催化剂添加量为 2%（质量分数），醇油摩尔比为 6∶1 时，其收率可达到 79%。

Corro 等[77]合成了一种经氢氟酸处理过的 SiO_2 固体催化剂，该催化剂的优点是其表面路易斯酸的活性位点比较多，而且在酯交换反应中稳定性比较好。

石彩静等[78]制备了一种固体酸催化剂，是采用溶胶 - 凝胶法以 SiO_2 为载体负载 $KHSO_4$ 而成，并使用该催化剂对油酸与甲醇进行催化制备生物柴油的工艺进行了研究，试验结果表明当催化剂的焙烧温度为 200℃，$KHSO_4$ 的负载量为 20%，甲醇与油酸摩尔比为 12∶1，催化剂用量为 10%（质量分数），反应时间 5h 时，生物柴油转化率达到了 95.58%。

翟绍伟等[79]制备了一种固体酸催化剂，以活性炭为载体负载质量分数为 25% 的对甲苯磺酸而成，其负载质量分数为 40%。并使用该催化剂催化甲醇和大豆油进行了生物柴油的合成试验，其试验结果表明，当醇油摩尔比为 7∶1 时，催化剂为油质量的 5.95%，反应时间

3.75h 时，生物柴油产率可达到 96.62%，而且催化剂的稳定性很好。

李娜和李会鹏[80] 制备了 TSOH/HY-SBA-15（对甲苯磺酸改性的介孔分子筛）固体酸催化剂，并使用该催化剂对大豆油和甲醇进行催化制备生物柴油的试验，其试验结果表明，当催化剂为 (0.5mol/L)TSOH/(10%)HY-SBA-15，反应温度为 180℃，反应时间为 7h，醇油摩尔比为 25∶1，催化剂用量为油质量的 5%，溶剂用量为油质量的 30% 时，其生物柴油的得率为 94.6%。

徐玲等[81] 制备了一种负载型的磷钨酸固体酸催化剂，采用浸渍法以 Worm-like 状介孔为载体负载磷钨酸而成，并使用该催化剂用于催化蓖麻油和甲醇制备生物柴油的试验，其试验结果表明，在反应温度为 55℃，醇油摩尔比为 6∶1，反应时间为 2h，磷钨酸的负载量为 50% 的条件下，酯交换转化率为 95.1%。

Serio 等[82] 采用磷酸氧钒为催化剂，对甘油三酯和甲醇进行催化制取生物柴油，其试验结果表明：该催化剂的催化活性较高，当使用焙烧温度为 500℃的磷酸氧钒催化剂 0.1g、大豆油 1.55g、甲醇 1.55g，在反应温度为 180℃，反应时间 0.5h 的条件下，生物柴油收率为 80%。

Chai 等[83] 制备了 $Cs_{2.5}H_{0.5}W_{12}O_{40}$ 的固体酸催化剂，并使用该催化剂制备了生物柴油。试验结果表明在催化剂使用量为 0.0185mmol，醇油摩尔比为 5.3∶1，反应温度为 55℃，反应时间 45min 的条件下，其生物柴油收率高达 99%，而且该催化剂很稳定，可重复使用 6 次以上。

Morin 等[84] 以菜籽油为原料，以 $H_3PW_{12}O_{40}$、$H_3PMo_{12}O_{40}$、$H_4SiMo_{12}O_{40}$、$H_4SiW_{12}O_{40}$ 等杂多酸与 H_3PO_4 为催化剂进行了生物柴油的制备试验。其试验结果表明上述杂多酸的催化速率要比 H_3PO_4 的催化速率快，而且钼酸的反应活性比钨酸的更高。

黄永茂等[85] 制备了 SO_4^{2-}/TiO_2-SiO_2 的固体酸催化剂，并使用其催化酸值较高的麻疯树籽油与甲醇制备生物柴油，试验结果表明，该催化剂具有较好的催化活性及稳定性，在最佳反应条件下，连续使用 10 次甲酯含量仍可维持在 95%。

Jitputti 等[86] 使用 SO_4^{2-}/ZrO_2 固体酸催化棕榈油和粗椰子油，获得的最佳反应条件是：醇油摩尔比为 6∶1，反应温度 200℃，催化剂用量为 3%（质量分数），反应时间 4h，生物柴油收率可达 86.3%。

张六一等[87] 综述报道，2008 年 Garcia 等使用 SO_4^{2-}/ZrO_2 催化大豆油（含 20% 油酸）和甲醇进行酯交换反应，在催化剂用量为 5wt%，醇油摩尔比为 20∶1，反应温度为 120℃，反应时间为 1h 的条件下，甲醇的醇解率为 98%。

孙晋峰[88] 使用自制的分散剂丙烯酸-苯乙烯磺酸钠聚合物对 SO_4^{2-}/ZrO_2 固体酸催化剂进行改性，并研究了使用该催化剂对大豆油与甲醇进行催化合成生物柴油，其合成条件为反应温度 230℃，醇油摩尔比 20∶1，催化剂用量 2%（质量分数），反应时间 7h，生物柴油收率达 96%。连续使用 5 次，仍能保持很高的活性。

刘剑和孔琼宇[89] 使用固体酸催化剂 $SO_4^{2-}/TiO_2-Al_2O_3$ 催化酸值较高的小桐子油和甲醇的酯交换反应，获得的最适宜反应条件：醇油摩尔比为 15∶1，合成温度 130℃，催化剂用量 4%（质量分数），搅拌速率 480r/min，助溶剂正己烷和小桐子油质量比为 1∶4，反应时间 4h 时，生物柴油收率为 97.6%，连续使用 10 次，脂肪酸甲酯含量仍然可达到 90%。

卢怡和苏有勇[90] 使用固体酸催化剂 SO_4^{2-}/Fe_2O_3 对甲醇与油酸进行催化合成生物柴油，最佳的催化剂制备条件：浸渍硫酸浓度 0.5mol/L，焙烧温度 600℃，焙烧时间 3h，生物柴油的最佳合成条件为醇油摩尔比 2∶1，合成温度为 70℃，反应时间为 2h，其酯化率可达 63.2%。

从以上研究可以看出，固体酸催化剂反应时间比较长，醇的加入量也较高，必须在高温，甚至加压的条件下才能合成生物柴油。

（2）碱金属和碱土金属氧化物。

碱金属和碱土金属氧化物催化剂的碱性位主要来源于其氧化物表面吸附空气中的水后产生的羟基和带负电荷的 O^{2-}，活性中心的存在使该类催化剂有更高的催化活性，生物柴油酯化率更高。碱金属氧化物的碱性强弱为 Na > K > Rb > Cs；碱土金属氧化物的碱性强弱为 Ca > Sr > Ba。

刘晔等[91] 以 CaO/MgO 为催化剂，催化麻疯籽油合成生物柴油，该催化剂重复使用 3 次后，催化活性还较高。

齐东梅等[92] 制备了 CaO-人造沸石固体碱催化剂，以菜籽油为原料，在催化剂用量为油重的 4%，醇油摩尔比为 9∶1，反应时间 3.5h，反应温度 70℃下生物柴油酯化率可达 98%。

黄仕钧[93] 分别研究了甲醇、甘油和水三种不同的活化剂对固体碱催化剂 CaO 在制备生物柴油中的活化作用，考察了活化时间对 CaO 活性的影响以及三种活化方式在空气中的耐失活能力，同时也探讨了三种活化方式的活化机理。

Boro 等[94] 制备了一种固体氧化物催化剂，该催化剂是对 *Turbonilla striatula* 的废弃贝壳进行煅烧而制得的，并使用该催化剂对芥子油和甲醇进行催化制备生物柴油，试验结果表明：当温度为 60～70℃、催化剂用量为 3%（质量分数）、醇油摩尔比为 9∶1 时，产率最高可以达到 93.3%。而且该催化剂的原料来源比较广泛，价格也比较低廉，因此其应用潜力较大。

Kouzu 等[95] 采用氧化钙为催化剂，对大豆油与甲醇进行催化制备生物柴油，其生物柴油产率可达 93%，并使用该催化剂催化酸值为 5.1 的烹饪废弃用油制备生物柴油，其产率高达 99%，表明氧化钙在催化制备生物柴油时的良好催化性能。而且氧化钙价廉易得，应用潜力巨大。

Bancquart 等[96] 使用 MgO、ZnO、CaO、CeO_2 和 La_2O_3 等为催化剂，在 220℃的温度条件下，催化硬脂酸甲酯与甘油发生酯交换反应来制备单甘油酯。研究结果发现，上述固体碱单位面积碱性越强，其催化活性就越高，特别是 CaO 在反应中催化活性较高，且廉价易得，对环境影响较小。

刘守庆等[97] 也研究了 CaO 催化橡胶籽油制备生物柴油的工艺条件。试验结果表明，当催化剂焙烧的温度为 800℃，焙烧的时间为 2h 时，制得的 CaO 具有最高的催化活性，使用该催化剂催化制备生物柴油时，当 CaO 用量为 1.5%（质量分数），酯交换反应的温度 65℃，醇油摩尔比为 15∶1，反应的时间为 6h 时，橡胶籽油生物柴油的转化率为 90.70%。

周长行等[98] 还利用废弃的鸡蛋壳为原料制备了固体碱催化剂，并用其对大豆油进行催化制备生物柴油，而且获得了非常好的效果，不仅生物柴油的收率很高，而且催化剂还十分稳定。

（3）碱金属负载型催化剂。

碱金属负载型催化剂有良好的催化性能，能大大减少废水的排放量，能够重复使用，有比较好的应用前景。常见的碱金属负载型催化剂的载体有：三氧化二铝、活性炭、分子筛、二氧化硅等，负载的物质主要有碱金属、碱土金属、碳酸盐类、硝酸盐类、氟化物等。

曲旭坡[99]制备了镁铝氧化物的负载型催化剂 K_2CO_3/Mg-Al-O 固体碱催化剂，并利用大豆油和甲醇进行催化制备生物柴油来评价催化剂的活性，试验结果表明，当 Mg∶Al 比为 1∶1，结晶时间为 10h，K_2CO_3 的负载量为 30% 时制得的催化剂催化活性最高，使用该催化剂制备生物柴油的最佳工艺条件是醇油摩尔比为 10∶1，反应时间为 4h，反应温度为 60℃，催化剂用量为 1.5%，其转化率可达到 79.8%。

郭萍梅等[100]以活性炭为载体，负载 K_2CO_3 后经过煅烧，制得 K_2O/C 固体碱催化剂，在优化条件醇油摩尔比 8∶1、催化剂加入量 4.0%、反应时间 1h 时，棉籽油生物柴油的转化率在 90% 以上。

Ebiura 等[101]研究以 Al_2O_3 为载体，分别负载了 K_2CO_3、$LiNO_3$、NaOH 催化合成生物柴油，在 333K 温度下，催化剂用量 0.05g，反应时间 1h、加入 5mL 四氢呋喃为助溶剂，生物柴油收率在 85% 以上。

Claire Macleod[102]以 CaO 为载体分别负载 $LiNO_3$、$NaNO_3$、KNO_3 作为催化剂，通过酯交换反应合成的生物柴油的收率都在 90% 以上。

孟鑫和辛忠[103]以大豆油为原料，以 KF/CaO 为催化剂，在醇油比为 12∶1、催化剂用量为油重的 3%、反应温度为 60~70℃、反应时间 1h 条件下生物柴油收率为 90%。

Kim 等[104]制备了 Na-NaOH/γ-Al_2O_3 固体碱，在以正己烷为共溶剂、醇油摩尔比为 9∶1 的条件下，生物柴油的最大产率为 94%。

Xie 等[105]制备了 NaX 分子筛负载 KOH 催化剂，通过对该催化的表征发现负载 KOH 后的 NaX 分子筛结构没有发生变化。在优化条件为醇油比 10∶1、催化剂用量为油重的 3%、反应温度 65℃、反应时间 8h 时，大豆油生物柴油的酯化率为 85.6%。但是，该催化剂的稳定性不好，KOH 容易脱去。

杨玲梅等[106]研究了采用湿法浸渍法制备 5 种不同 KOH 负载的固体碱催化剂，并使用这些催化剂催化合成了生物柴油，试验结果表明，KOH 负载量为 15%（质量分数）的 CaO 催化活性最高，当醇油摩尔比为 16∶1，反应温度 65℃，CaO 加入量为 4%，反应时间为 1h 时，脂肪酸甲酯收率为 97.1%。而且在该催化剂中出现了 K_2O 的晶相，15%CaO/KOH 催化剂有更多的催化活性位点，有利于生物柴油的合成。

李敏等[107]以高纯蒙脱石为原料制备了一种固体碱催化剂，首先使用 HCl 活化制得活性白土，再经 Ca(OH)$_2$ 改性，再负载 NaOH 制备出了蒙脱石负载型固体碱催化剂，并用其催化制备生物柴油，试验结果表明，在 NaOH 与碱性蒙脱石的质量比为 0.7、负载时间 18h 和碱性蒙脱石中 OH^- 含量为 1.41mmol/g 时，NaOH 负载量可达 4.1mmol/g，催化大豆油合成生物柴油时其酯交换率可达 91.8%，其催化活性明显优于 KOH。

（4）水滑石。

水滑石是层间具有可交换的层状结构主体的无机材料，又称为阴离子黏土，这类催化剂制备难度大，稳定性较差。

邓欣等[108]制备了纳米 Zn-Mg-Al 水滑石催化剂，以小桐子油合成生物柴油，在超声波功率为 210W、醇油摩尔比 4∶1、催化剂为油重的 1.2%、反应温度 60℃时生物柴油收率达 94.3%，放置 1 年后生物柴油的基本理化性质不变。

Deng 等[109]制备了纳米级的铝碳酸镁衍生物固体碱催化剂，其制备方法是使用尿素为共沉淀剂，通过金属 Mg 与 Al 发生共沉淀而制得。并使用该催化剂对麻疯树油进行催化合成生物柴油，其生物柴油最高产率为 95.2%。

赵策等 [110] 用改良尿素法制备了镁铁水滑石固体碱催化剂，并使用该催化剂对小球藻油脂进行催化，合成了生物柴油，获得了良好的试验结果。

田杰和任庆利 [111] 以 $MgCl_2$ 和 $NaAlO_2$ 为主要原料，Na_2CO_3 为沉淀剂，采用水热法成功地制备出分散性好、晶型完整、结构稳定的 Mg-Al 水滑石。

袁冰等 [112] 以 $n(Mg)/n(Al)$ 为 3 的类水滑石在 450℃焙烧时具有极高的催化活性，在反应温度 65℃，醇油摩尔比为 15∶1，催化剂用量为大豆油质量的 2%，反应 3h 时，生物柴油产率可达 97.4%。

（5）阴离子交换树脂。

阴离子交换树脂密度和颗粒度越低，酯交换反应的速率越快，生物柴油转化率越高。

谢文磊 [113] 研究发现 717 型阴离子交换树脂属凝胶型树脂，在水溶液中易溶胀，实验中采用了先用 NaOH 溶液浸泡转型，然后用甲醇反复充分泡洗，以除去水分，再在真空下快速抽干，这样可保持催化剂较高的活性。

刘坐镇等 [114] 用 D315 大孔弱碱性阴离子交换树脂，应用在柠檬酸的精制过程中，精制效果明显。

经过对酯交换反应催化剂的对比与分析，固体碱催化剂较其他催化剂在制备过程、酯交换条件、生成物分离难易程度方面都有明显的优势，但是固体碱催化剂溶于甲醇相中以后，变成了三相体系，必须提高到足够的反应温度才能发生化学传质过程；固体碱催化剂容易吸附空气中的二氧化碳和水，必须密封保存。而负载型固体催化剂要比非负载型催化剂的催化效果好。负载型催化剂具有更大的表面积，使负载的碱金属、碱土金属等物质更均匀地分布在载体的表面，形成更强的碱性活性中心，增大其机械强度；制备方法简单，酯化率高，对使用过的负载型催化剂只需简单的处理，就能够再次利用，避免了催化剂的污染和浪费。因此，负载型固体碱催化剂在合成生物柴油的研究发展中将成为重点研究对象。

第一篇　文冠果种仁油

文冠果（*Xanthoceras sorbifolia* Bunge）又名木瓜、文登阁、僧灯毛道[115]，隶属于无患子科文冠果属，为单种属，落叶乔木或灌木，原产于中国北方，是我国特有的珍稀木本油料植物[116]。主要分布于北纬33°～45°、东经100°～127°的广大地区，南至江苏北部、河南南部，北到吉林南部、内蒙古的赤峰市，东至山东海边，西到甘肃、宁夏。文冠果林主要集中分布地区是内蒙古、辽宁、河北、山西、陕西等省（自治区）。在内蒙古自治区赤峰市的翁牛特旗、阿鲁科尔沁旗、敖汗旗和通辽市有大面积的文冠果天然林。作者曾于2010年分别到内蒙古自治区鄂尔多斯市凯美园林绿化工程有限公司、内蒙古自治区通辽市科尔沁区文冠果林场和通辽市奈曼旗八仙筒林场的试验种植基地及种苗基地、赤峰市敖汗旗陈家洼试验种植基地、敖汗旗双井林场、赤峰市宁城县大城子镇鸡冠山文冠果林场进行了考察。

其中，鄂尔多斯市凯美园林绿化公司文冠果种苗基地的培育主要采用了播种和扦插两种方式。土地类型为黄土沙地。培育初期，在同一片实验基地中做了两种灌溉方式的对比试验，一种方式是先播种后灌溉，另一种方式是先灌溉后播种。试验结果表明，两种方式播种获得的文冠果种苗长势都非常好，一年生种苗平均苗高25cm左右，从其长势来看先灌溉后播种的方式获得的文冠果种苗生长状况更好一些。扦插和播种的效果比较接近，文冠果苗成活率在80%以上。此外，该基地还对密植和疏植进行了对比，通过对比发现在同样土质的条件下，对种苗而言，在合理的密植范围内，密植和疏植对种苗的生长不构成影响，其种苗生长情况见图1-1。

图1-1　文冠果种苗

在赤峰市敖汗旗的双井林场，现保存的120余亩①文冠果林，年可采摘3000kg文冠果，

---

① 1亩≈667m²，下同。

该土质同属于黄土沙地，没有灌溉条件，文冠果苗（2 年生）长势不够理想，苗高在 0.5m 左右，行间进行了农作物间种（大豆）。赤峰市宁城县大城子镇鸡冠山文冠果林场土质为固定的黄土坡地，没有灌溉条件，行间和株间都进行了作物的间种（谷子和玉米），该林场文冠果长势喜人，虽然文冠果仅仅种植了四年，但是挂果率非常高，单株高度达 2m。我们查看了很多文冠果树的果实数目，每个单株基本都挂果 10 颗左右，而且有少数文冠果树挂果数量达到 20～30 颗，极少数文冠果树挂果数量达到 50～60 颗。在通辽市文冠果经济林场，该林场土质属于黄土沙地，有灌溉条件的基地中，文冠果长势很好，其种苗生长情况与果实见图 1-2 与图 1-3。该基地在播种时按每亩地 3 万粒种子进行播种，经林业人员调研成活 2 万多粒种子，出芽率约为 70%，内蒙古林业科学研究院通辽分院精选当地优良文冠果种子自行繁育，一年生文冠果苗高 80cm 以上，地径 0.8cm 以上，行间进行了农作物间种（大豆和玉米）。

图 1-2　文冠果种苗基地和林场

图 1-3　文冠果

　　文冠果为温带树种，喜光，适应性较强，文冠果比较耐干旱瘠薄，抗寒性强，耐盐碱，在黄土高原、山坡、丘陵、沟壑边缘和土石山区都能生长，大多生长在海拔 400～1400m 的山地和丘陵地带，是重要的防风固沙、保持水土树种[117]。同时，文冠果是很好的木本油料树种，种子含油率在 30% 以上，种仁含油率在 50% 以上，主要含有各种不饱和脂肪酸，可作高级食用油，在工业上还可以生产润滑剂、甘油等，据研究：每 2.5kg 文冠果种仁可生产 1kg 生物柴油，与其他生物柴油相比文冠果生物柴油具有出油率高、闪点和十六烷值高、杂质少等特点。

文冠果全身都可以加工利用。其木材可制作家具；其果壳、叶子及木材的提取物有改善记忆的功效 [118]；果茎能治疗风湿性关节炎 [119]；茎枝和果实中主要含有黄酮和三萜类物质 [120]；文冠果嫩叶经焖炒加工后可替代茶叶作饮料。

第1章　文冠果种仁油的提取

传统的提取植物油脂的方法有冷压榨法、回流提取法、有机溶剂浸渍法、索氏回流提取法等。随着时代的发展和科技的进步，微波辅助提取法和超声波辅助提取法在植物油脂的提取领域应用越来越多。相比传统的提取方法，这两种方法是一类新的萃取法，尤其是超声波辅助提取技术，具有操作简单、经济、快速、高效、品质好、质地优等优点。该技术在植物油脂提取方面的许多应用实践证明超声波辅助提取法更具研究价值[121~124]。

本章分别以异丙醇、正己烷和石油醚（60~90℃）为有机溶剂萃取剂，采用有机溶剂浸渍法、索氏提取法和超声波辅助提取法三种方法，对敖汉旗、翁牛特旗和阿鲁科尔沁旗三个地区的文冠果种仁的出油率进行了比较。研究发现，以石油醚（60~90℃）为有机溶剂，超声波提取方法最简便实惠，阿鲁科尔沁旗文冠果种仁出油率最高，达60%以上；选用三元二次正交旋转组合试验设计和中心复合试验设计，以提取温度、料液比、提取时间为实验因子对超声波法提取文冠果种仁油工艺条件进行了优化，并建立了数学模型；分别对三个地区的文冠果种仁油进行了甲酯化，对其进行气相色谱分析，测定三个地区文冠果种仁油中脂肪酸组成和含量，为文冠果种仁油的研究提供科学依据。

1.1　有机溶剂浸渍法

1.1.1　试验材料和方法

1. 试验材料

文冠果种子购自内蒙古赤峰市阿鲁科尔沁旗，陆运到呼和浩特市，在实验室去壳，110℃干燥4h后，粉碎过10目筛备用。

异丙醇和正己烷，分析纯，天津市北联精细化学品开发有限公司生产；石油醚（60~90℃），分析纯，天津市风船化学试剂科技有限公司生产。

2. 试验设备

KDF-2311型粉碎机，天津市康达电器公司；V-3003旋转蒸发仪：青岛仪航设备有限公司；ES5000-25电子天平，沈阳龙腾电子有限公司；DZF-6210真空干燥箱，上海一恒科技有限公司；SHZ-D（Ⅲ）循环水式真空泵，上海申光仪器仪表有限公司；JC-HH-S24恒温水浴锅，济南精诚实验仪器有限公司。

3. 试验方法

准确称取干燥粉碎后过10目筛的文冠果种仁5.0g置于5个100mL锥形瓶中，各加入料液比为1∶4、1∶6、1∶8、1∶10、1∶12的异丙醇、正己烷和石油醚（60~90℃）溶剂，盖好塞子，混匀，分别置于温度为 75℃、55℃和 60℃的恒温水浴锅中加热 1.5h，取出，对浸提液进行减压过滤。其中，浸提液经旋转蒸发回收得到有机溶剂，分离得到文冠果种仁油。而将滤纸上的提取剩余物放入真空干燥箱进行干燥，待彻底干燥后称取提取剩余物质量。

$$\text{出油率计算公式：出油率 (\%)} = (M{-}M_1) / M \times 100\% \tag{1-1}$$

式中，M 为文冠果种仁粉末质量（g）；M_1 为提取剩余物质量（g）。

1.1.2　试验结果分析

根据有机溶剂浸渍提取法的试验方案，以文冠果出油率为考察指标，考察分别用异丙醇、正己烷、石油醚三种有机溶剂浸渍提取时料液比、时间、温度三个单因素对文冠果出油率的影响。然后对三种有机溶剂的出油率做对比，得到最佳溶剂和最佳工艺。

1. 异丙醇提取文冠果种仁油

以异丙醇为萃取剂，在提取温度为 75℃，提取时间为 1.5h 的条件下，选取不同料液比，进行文冠果种仁油提取试验。由图 1-4 可知，以异丙醇为溶剂，在其他条件不变的情况下，随着料液比的增大，即溶剂体积的增大，出油率呈快速上升趋势，这是因为料液比越大，异丙醇与文冠果种仁接触面的浓度差越大。但在料液比达到 1∶10 时，出油率基本达到平衡。这说明在料液比达到 1∶10 时，油脂已经完全被异丙醇萃取。

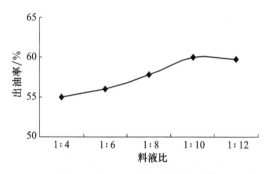

图 1-4　料液比对出油率的影响

在提取温度为 75℃，料液比为 1∶10 的条件下，选取不同提取时间，进行文冠果种仁油提取实验。由图 1-5 可知，以异丙醇为溶剂，在其他条件不变的情况下，随着时间的延长，出油率呈快速上升趋势，但在时间达到 1.5h 时，出油率又出现下降趋势，直至达到平衡。这是因为反应时间大于 1.5h，会造成异丙醇的挥发，导致出油率降低。反应时间低于 1.5h，提取剂异丙醇还没有完全渗入文冠果种仁内部，没有完全萃取其油脂，因而出油率不高。

在料液比为 1∶10，提取时间为 1.5h 的条件下，选取不同提取温度，进行文冠果种仁油提取实验。由图 1-6 可知，以异丙醇为溶剂，在其他条件不变的情况下，随着温度升高，出油率呈现均匀上升趋势，80℃时出油率达到最大，之后出油率迅速下降。随着温度的升高，异丙醇（沸点为 82.5℃）出现挥发现象，导致出油率下降。

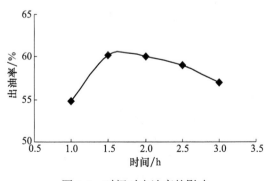

图 1-5　时间对出油率的影响

以异丙醇为萃取剂，在优化条件（料液比 1∶10、提取时间为 1.5h 和温度为 80℃）下提取时，文冠果种仁油的出油率为 60.13%。

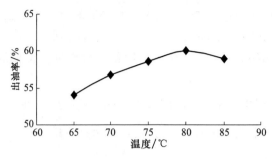

图 1-6　温度对出油率的影响

2. 正己烷提取文冠果种仁油

选择正己烷为溶剂，在提取温度为 55℃，提取时间为 1.5h 的条件下，选取不同料液比，

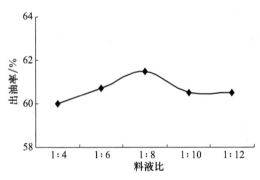

进行文冠果种仁油提取实验。由图 1-7 可知，以正己烷为溶剂，在其他条件不变的情况下，随着料液比的增大，即溶剂体积的增大，正己烷与文冠果种仁接触面的浓度差增大。料液比达到 1∶8 以后，出油率逐渐下降。说明出油率最高时料液比可能为 1∶8 左右，料液比过大反而不利于油脂的提取，出油率降低，继续增大料液比，出油率轻微下降，这是因为正己烷过量，一部分油脂分子随着正己烷挥发。

图 1-7　料液比对出油率的影响

在提取温度为 55℃，料液比为 1∶8 的条件下，选取不同提取时间，进行文冠果种仁油提取实验。由图 1-8 可知，以正己烷为溶剂，在其他条件不变的情况下，随着时间的延长，出油率呈匀速上升趋势，在时间达到 2.0h 时，出油率逐渐趋于平衡。说明随着时间的延长，正己烷不能再萃取更多的油脂分子，出油率不再改变。

在料液比为 1∶8，提取时间为 1.5h 的条件下，选取不同提取温度，进行文冠果种仁油提取实验。由图 1-9 可知，以正己烷为溶剂，在其他条件不变的情况下，随着温度升高，出油率先上升后缓慢下降，50℃时出油率达到最大，之后逐渐达到平衡。虽然正己烷沸点为 65～69℃，但在低于沸点时也会逐渐挥发，而且温度越高，挥发现象越严重，导致出油率下降，直至达到平衡。

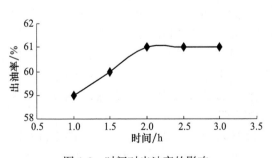

图 1-8　时间对出油率的影响

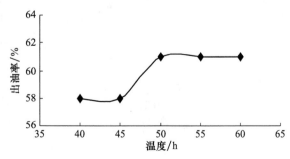

图 1-9　温度对出油率的影响

以正己烷为萃取剂，在优化条件（料液比1∶8、提取时间为2h和温度为50℃）下文冠果种仁油的出油率为60.56%。

3. 石油醚提取文冠果种仁油

选择石油醚为溶剂，在提取温度为60℃，提取时间为1.5h的条件下，选取不同料液比，进行文冠果种仁油提取实验，由图1-10可知，以石油醚为溶剂，在其他条件不变的情况下，随着料液比的增大，即溶剂体积的增大，出油率呈匀速上升趋势，增大了石油醚与文冠果种仁接触面的浓度差，在料液比达到1∶10时，出油率逐渐达到平衡，继续增加料液比，出油率不再发生变化。

在提取温度为60℃，料液比为1∶10的条件下，选取不同提取时间，进行文冠果种仁油提取实验。由图1-11可知，以石油醚为溶剂，在其他条件不变的情况下，随着时间的延长，出油率出现下降趋势，在时间为1h时出油率最高，随着时间的延长，出油率逐渐下降，这说明提取时间大于1h，油脂分子会随着石油醚挥发出去，大于2.5h以后，出油率下降得更快。

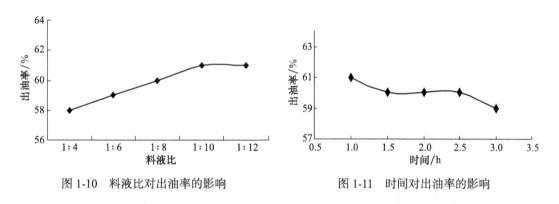

图1-10 料液比对出油率的影响　　　　图1-11 时间对出油率的影响

在料液比为1∶10，提取时间为1h的条件下，选取不同提取温度，进行文冠果种仁油提取实验。由图1-12可知，以石油醚为溶剂，在其他条件不变的情况下，随着温度升高，出油率呈现慢速上升趋势，65℃时出油率达到最大，之后又有轻微下降。超过石油醚沸点（60~90℃），温度越高，石油醚挥发越严重，导致出油率下降。

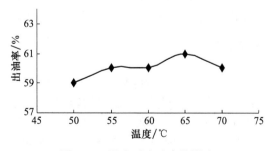

图1-12 温度对出油率的影响

以石油醚（沸点60~90℃）为萃取剂，在优化条件（料液比1∶10、提取时间为1h和温度为65℃）下文冠果种仁的出油率为61.02%。

　　综上所述，三种溶剂平均出油率相差并不大，其中石油醚平均出油率最高，达 61.02%。这表明石油醚和油脂的相似相溶性最好，对油脂的溶解度最好，而且石油醚成本低廉，最适宜提取文冠果种仁油（图 1-13）。

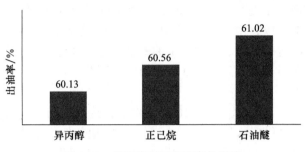

图 1-13　提取溶剂对出油率的影响

1.2　索氏提取法

1.2.1　试验材料和方法

1. 试验材料

文冠果，同有机溶剂浸渍法。

石油醚（60～90℃），分析纯，天津市风船化学试剂科技有限公司生产。

2. 试验设备

索氏提取器；其余试验设备同有机溶剂浸渍法。

3. 试验方法

　　准确称取干燥粉碎后过 10 目筛的文冠果种仁 20g 于滤纸袋中，按要求装好索氏提取器，将小袋放入抽提器内，加入一定体积的石油醚（60～90℃），在一定温度条件下回流提取，之后对混合液进行旋转蒸发回收溶剂，得文冠果种仁油。将滤纸袋放入烘干箱中，100℃烘干 2h，称取质量，计算出油率，选出最佳提取剂及最佳工艺条件。

1.2.2　试验结果分析

　　以文冠果出油率为考察指标，考察以石油醚（60～90℃）为萃取剂通过索氏提取器提取时，溶剂体积、时间、温度三个因素对文冠果出油率的影响，优化提取工艺。

　　以石油醚为萃取剂，在温度为 90℃，提取时间为 2h 的条件下，选取不同料液比分别为 1∶6、1∶8、1∶10、1∶12 和 1∶14，进行文冠果种仁油提取实验。由图 1-14 可知，以石油醚为溶剂，在其他条件不变的情况下，当料液比为 1∶10 时，出油率最高，继续增加溶剂的体积，出油率变化不大，这说明当料液比为 1∶10 时，种仁油能完全被石油醚萃取，选择 1∶10 为适宜的料液比。

在温度为 90℃，料液比为 1∶10 条件下，考察提取时间对出油率的影响。由图 1-15 可知，文冠果种仁油出油率随时间的延长而增加。提取时间为 2h 时，出油率开始趋于平衡，达 61.05%；提取时间在 2h 以内时，石油醚还没有完全渗入文冠果种仁结构中，没有完全萃取其油脂，因而出油率不高；提取时间超过 2h 以后，石油醚逐渐挥发，因而出油率会有下降趋势。

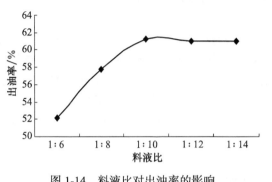

图 1-14 料液比对出油率的影响

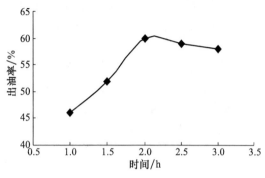

图 1-15 时间对出油率的影响

在提取时间为 2h，料液比为 1∶10 条件下，考察提取温度对出油率的影响。由图 1-16 可知，文冠果种仁出油率随温度升高而增大，适当增加温度可以增大溶剂分子和脂肪分子的热运动，从而增加混合油的循环次数以提高分子扩散和对流扩散的效应，达到 90℃时，出油率最高，温度大于 90℃时出油率开始有略微下降，这主要是因为石油醚的沸点为 60～90℃，随着温度升高，石油醚不断挥发，造成了体积的减少，因而和种仁的接触面积减少，出油率下降。

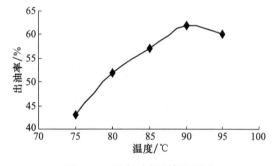

图 1-16 温度对出油率的影响

综上所述，以石油醚（60～90℃）为萃取剂，采用索氏提取法对文冠果种仁油进行提取，优化条件为料液比为 1∶10、反应温度为 90℃、反应时间为 2h，由于该条件在实验中没有出现过，故对其做放大验证实验，此条件下，文冠果种仁油的出油率达到 61.22%。

1.3　微波辅助提取方法

1.3.1　试验材料和设备

1. 试验材料

文冠果，同有机溶剂浸渍法。

石油醚（60～90℃），分析纯，天津市风船化学试剂科技有限公司生产。

2. 试验设备

GB0F20CN2L-B8 微波炉，格兰仕微波炉电器有限公司；其余试验设备同有机溶剂浸渍法。

1.3.2　试验方法

准确称取干燥粉碎后过 10 目筛的文冠果种仁 10.00g，放入 250mL 单口平底烧瓶中，按照一定的液料比加入一定体积提取剂，密封后放入微波炉中，在一定微波功率下进行间歇加热（防止提取液暴沸，启动微波 5min 后，取出后放入室温水浴中迅速冷却，冷却 10min 后，继续放入微波炉中，再启动 5min，如此反复）提取，提取一定时间后，再更换新的溶剂，重复上述操作一定的次数后，提取结束，合并同一条件下的提取液，将获得的油脂混合物进行旋转蒸发，回收溶剂，得文冠果种仁油，用无水硫酸钠干燥后，计算出油率。

通过正交试验，考察了提取时间（min）、提取功率（W）、液料比（mL/g）、提取次数 4 个因素对文冠果种仁出油率的影响。正交试验因素与水平设计如表 1-1 所示。

表 1-1　正交试验因素和水平

水平	试验因子			
	提取时间 /min	提取功率 /W	液料比 /(mL/g)	提取次数
1	2×5	160	3∶1	3
2	3×5	320	4∶1	4
3	4×5	480	5∶1	5

1.3.3　试验结果分析

根据表 1-1 的试验方案，以石油醚（60～90℃）为提取剂，以文冠果种仁的出油率为考察指标进行正交试验，其结果见表 1-2。

表 1-2　$L_9(3^4)$ 正交试验结果

试验序号	试验因子				出油率 /%
	提取时间 /min	提取功率 /W	液料比 /(mL/g)	提取次数	
试验 1	1(2×5)	1(160)	1(3∶1)	1(3)	35.35
试验 2	1	2(320)	2(4∶1)	2(4)	51.25
试验 3	1	3(480)	3(5∶1)	3(5)	61.00
试验 4	2(3×5)	1	2	3	51.40
试验 5	2	2	3	1	58.60
试验 6	2	3	1	2	56.75
试验 7	3(4×5)	1	3	2	50.40
试验 8	3	2	1	3	56.15
试验 9	3	3	2	1	49.20

续表

试验 序号	试验因子				出油率 /%
	提取时间 /min	提取功率 /W	液料比 /(mL/g)	提取次数	
K1	147.60	137.16	148.26	143.16	
K2	166.74	165.99	151.86	158.40	
K3	155.76	166.95	170.01	168.54	
k1	49.20	45.72	49.42	47.72	
k2	55.58	55.33	50.62	52.80	
k3	51.92	55.65	56.67	56.18	
R	6.38	9.93	7.25	8.47	

由表 1-2 中极差 R 可以看出，在影响文冠果种仁出油率的 4 个因素中，提取功率对其影响最大，是文冠果种仁微波辅助提取法中最重要的因素，其次分别是提取次数、液料比、提取时间。因此各因素对文冠果种仁出油率的影响程度大小顺序为：提取功率＞提取次数＞液料比＞提取时间。由表 1-2 直观分析结果表明，以文冠果种仁出油率为考察指标时，文冠果种仁的微波辅助提取法的最佳工艺为：单程提取时间为 $3 \times 5 min$，提取功率为 480W，石油醚用量（体积）为文冠果种仁质量的 5 倍，提取次数为 5 次。在该条件下分别做 5 次平行试验。5 次试验的文冠果种仁出油率分别为 61.82%、60.56%、62.85%、60.53% 和 62.17%，文冠果种仁的平均出油率为 61.59%。

试验结果表明，在该试验条件下，其文冠果种仁的出油率要高于索氏提取法的出油率。虽然该方法单程的提取时间要大大降低，但是为防止提取液因连续加热时间长而形成暴沸，增加了辅助的处理时间，而且提取次数也较多，综合考虑该方法并不适于大量的提取文冠果种仁油。

1.4 超声波辅助提取法

1.4.1 试验材料和设备

1. 试验材料

文冠果种子购自内蒙古赤峰市翁牛特旗、阿鲁科尔沁旗、敖汉旗，陆运到呼和浩特市，在实验室去壳，110℃干燥 4h 后，粉碎过 10 目筛备用。异丙醇和正己烷，分析纯，天津市北联精细化学品开发有限公司生产；石油醚（60～90℃），分析纯，天津市风船化学试剂科技有限公司生产。

2. 试验设备

KS-300EI 超声波清洗机，宁波海曙科生超声设备有限公司；其余试验设备同有机溶剂浸渍法。

1.4.2　工艺路线图

以文冠果为原料，采用超声波辅助提取文冠果种仁油工艺，见图 1-17。

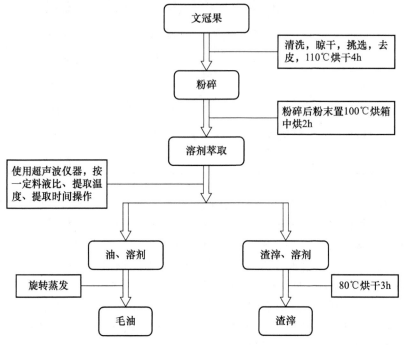

图 1-17　超声波提取工艺图

1.4.3　正交旋转组合试验设计

1. 试验方法

准确称量粉碎后的文冠果种仁 10g，放入 100mL 的锥形瓶中，按照一定的料液比加入石油醚（60～90℃），将其放入频率为 40kHz 的超声波清洗剂中，进行提取。选取料液比、提取时间、提取温度等单因素作为实验因子，出油率作为指标进行实验设计。

1）料液比对出油率的影响

以石油醚（60～90℃）为溶剂，在超声波频率为 40kHz，提取时间为 30min，提取温度为 60℃条件下，料液比水平选取 1∶2、1∶4、1∶6、1∶8、1∶10 进行实验，考察料液比对出油率的影响。

2）提取时间对出油率的影响

以石油醚（60～90℃）为溶剂，在超声波频率为 40kHz，料液比为 1∶8，提取温度为 60℃条件下，提取时间水平选取为 20min、30min、40min、50min、60min 进行实验，考察提取时间对出油率的影响。

3）提取温度对出油率的影响

以石油醚（60～90℃）为溶剂，在超声波频率为 40kHz，料液比为 1∶8，提取时间为 50min 条件下，提取温度水平选取为 50℃、55℃、60℃、65℃、70℃进行实验，考察提取温度对出油率的影响。

2. 正交旋转组合试验

在单因素试验的基础上，选择出油率最高的溶剂石油醚，本试验选用三元二次正交旋转组合设计试验，以提取温度、料液比、提取时间为试验因子，以 $X_1(℃)$、X_2、$X_3(min)$ 表示，用 +1、0、-1 代表自变量的水平，按方程 $X_i=(x_i-x_0)/\Delta x$ 对自变量进行编码，其中，x_i 为自变量的编码值，X_i 为自变量的真实值，X_0 为试验中心点处自变量的真实值，ΔX 为自变量的变化步长，响应值为出油率 $Y(\%)$，试验因子和水平见表1-3。

表 1-3　二次正交旋转组合设计试验因子和水平

实验水平	实验因子		
	提取温度 /℃	液料比	提取时间 /min
$-r$	51.5	6.3 : 1	33.2
-1	55	7 : 1	40
0	60	8 : 1	50
1	65	9 : 1	60
$+r$	68.4	9.7 : 1	68.8
Δx	5	1 : 1	10

注：其中 r 在 $p=3$、$m_0=9$ 时查表得 1.682。

3. 试验结果与分析

以石油醚（60～90℃）为萃取剂，在超声波频率为 40kHz，提取时间为 30min，提取温度为 65℃ 条件下，不同料液比对出油率的影响如图 1-18 所示。由图 1-18 可知，随着料液比的增大，出油率越来越高，这是因为随着料液比的增加，文冠果种仁与溶剂的接触越来越充分，固液相接触面的浓度差越来越大，利于油脂从固相扩散到液相；但到达一定的料液比后，出油率开始下降，可能是因为到达一定的料液比后，种仁中的油已经提取的很充分，再增加溶剂量，反而不利于油的提取，故最佳料液比为 1：8。

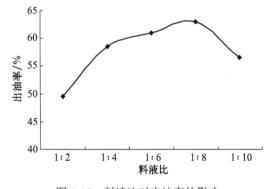

图 1-18　料液比对出油率的影响

在超声波频率为 40kHz，料液比为 1：8，提取温度为 65℃ 条件下，不同提取时间对出油率的影响如图 1-19 所示。由图 1-19 可知，随着提取时间的增加，种仁的出油率越来越高，当提取时间增大到 50min 时，出油率达到平衡，这是因为在 50min 之后提取过程已经达到一个动态平衡，时间再增加出油率基本保持不变。

在超声波频率为 40kHz，料液比为 1：8，提取时间为 50min 条件下，不同提取温度对出油率的影响如图 1-20 所示。由图 1-20 可知，随着温度的上升，出油率越来越高，是因为随着温度上升，溶剂和文冠果种仁油分子运动越来越剧烈，分子运动动能增加，有利于油脂传质的扩散，导致出油率上升；但当温度上升达到一定程度时，出油率开始下降，一方面可能是因为温度越来越接近有机溶剂石油醚（60～90℃）的沸点，溶剂挥发速度加快，不利于油的提取；另一方面，温度升高可能会破坏有机溶剂的某些理化性质，导致有机溶剂提取能力下降，或者破坏了文冠果种仁油的某些理化性质，导致出油率下降。最佳提取温度为 65℃。

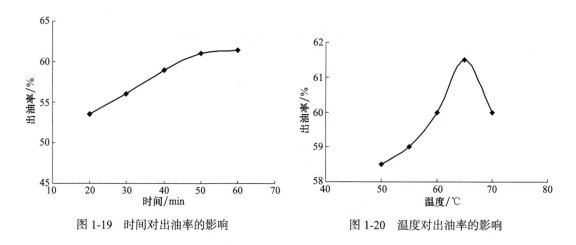

图 1-19　时间对出油率的影响　　　　　图 1-20　温度对出油率的影响

以石油醚（60～90℃）为萃取剂，超声波频率为 40kHz，优化条件分别为料液比为 1∶8，提取时间 50min 及提取温度 65℃时，文冠果种仁油出油率最高达 62.4%。

4. 超声波法提取文冠果种仁油工艺条件的优化

二次回归正交旋转组合实验设计结构矩阵及实验结果见表 1-4，实验结果方差分析见表 1-5。

表 1-4　二次回归正交旋转组合设计结构矩阵及实验结果

实验号	X_1/℃	X_2	X_3/min	Y/%
1	1（65）	1（9∶1）	1（60）	58
2	1	1	−1（40）	60
3	1	−1（7∶1）	1	59
4	1	−1	−1	61
5	−1（55）	1	1	60
6	−1	1	−1	55
7	−1	−1	1	62
8	−1	−1	−1	58
9	1.682（68.4）	0（8∶1）	0（50）	63

续表

实验号	X_1/℃	X_2	X_3/min	Y/%
10	−1.682（51.5）	0	0	58
11	0	1.682（9.7∶1）	0	60
12	0（60）	−1.682（6.3∶1）	0	59
13	0	0	1.682（68.8）	60
14	0	0	−1.682（33.2）	57
15	0	0	0	61
16	0	0	0	62
17	0	0	0	59
18	0	0	0	62
19	0	0	0	59
20	0	0	0	60
21	0	0	0	61
22	0	0	0	60
23	0	0	0	59

表 1-5 实验结果方差分析

变异来源	平方和 ss	自由度 df	均方 /ms	比值 F	显著性
X_1	7.934 261	1	7.934 261	11.190 64	*
X_2	3.970 384	1	3.970 384	5.599 908	*
X_3	4.320 695	1	4.320 695	6.093 993	*
X_1X_2	4.5	1	4.5	6.346 888	*
X_1X_3	2	1	2	2.820 839	
X_2X_3	4.5	1	4.5	6.346 888	*
X_1'	0.639 724	1	0.639 724	0.902 28	
X_2'	2.278 095	1	2.278 095	3.213 07	*
X_3'	0.639 724	1	0.639 724	0.902 28	
回归	30.782 884 21	9	3.847 861		
残差	9.217 115 789	13	0.709 009	F_2=43.416 780 68	*
失拟	6.994 893 567	5	1.398 979		
误差	2.222 222 222	8	0.277 778	F_1=5.036 323	
总和	40				

注：* 表示显著；$F_1 < F_{0.01}$，表示不显著；$F_2 > F_{0.01}$，表示显著。$F_{0.01}(1, 13)=9.07$；$F_{0.05}(1, 13)=4.67$；$F_{0.10}(1, 13)=3.14$；$F_{0.01}(9, 13)=4.19$；$F_{0.05}(9, 13)=2.71$；$F_{0.10}(9, 13)=2.16$；$F_{0.01}(5, 8)=6.63$；$F_{0.05}(5, 8)=3.69$；$F_{0.1}(5, 8)=2.73$。

1）三元二次回归方程的建立

根据分析结果建立的出油率与提取温度、料液比、提取时间的三因子数学回归模型为：

$$Y=60+0.762\ 177X_1+0.539\ 161X_2+0.562\ 444X_3+0.75X_1X_2-0.5X_1X_3-0.75X_2X_3-$$
$$0.200\ 67X_1'-0.378\ 87X_2'-0.200\ 67X_3' \tag{1-2}$$

回归方程二次项中心化的代：

$$Y=60.463\ 289+0.762177X_1+0.539\ 161X_2+0.562\ 444X_3+0.75X_1X_2-$$
$$0.5X_1X_3-0.75X_2X_3-0.200\ 67X_1^2-0.378\ 87X_2^2-0.200\ 67X_3^2 \tag{1-3}$$

2）三元二次回归方程的检验

由方差分析可知：回归方程的失拟性检验 $F_1=5.036\ 323 < F_{0.01}(5, 8)=6.63$，表明失拟性差异不显著，可以认为所选用的二次回归模型是适当的；回归方程的显著性检验 $F_2=43.416\ 780\ 68 > F_{0.01}(9, 13)=4.19$ 及 $F_{0.05}(9, 13)=2.71$，表明回归是极显著的，说明模型的预测值与实际值非常吻合，模型成立。对回归系数进行显著性检验，在 $\alpha=0.10$ 的显著水平上剔除不显著项，得到优化后的回归方程为：

$$Y=60.463\ 289+0.762\ 177X_1+0.539\ 161X_2+0.562\ 444X_3+0.75X_1X_2-0.75X_2X_3-0.378\ 87X_2^2 \tag{1-4}$$

3）双因素交互作用分析

由方差分析表可知，本试验所建立的提取数学模型中，X_1X_2、X_2X_3 的交互作用显著，X_1X_3 交互作用影响较小，即提取温度和提取时间之间的交互作用对出油率有显著影响。

4）各因素的影响程度分析

各因素的 F 值可以反映出各个因素对试验指标的重要性，F 值越大，表明对试验指标的影响越大，即重要性越大。从方差分析知：$F_{X_1}=11.190\ 64$，$F_{X_2}=5.599\ 908$，$F_{X_3}=6.093\ 993$，即各因素对出油率的影响程度大小顺序为：提取温度＞提取时间＞料液比。

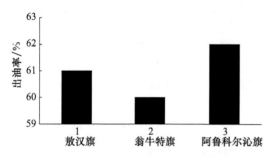

图 1-21　三个地区文冠果种仁出油率比较

5. 三个地区文冠果种仁出油率的比较

从图 1-21 可以得出，以石油醚（60～90℃）为萃取剂，采用超声波辅助提取法在优化条件下阿鲁科尔沁旗产的文冠果种仁出油率最高，为 62.2%，翁牛特旗产的文冠果种仁出油率较低，可能是因为三个地区的文冠果受地理状况、气候条件、培育状况以及生长条件的影响，导致出油率有所差异。

1.4.4　中心复合试验设计

1. 试验方法

准确称取干燥粉碎后过 10 目筛的文冠果种仁 10.00g，放入 250mL 圆底瓶中，按照一定的液料比加入一定体积的提取剂，密封后放入超声波频率为 40kHz 的超声波清洗仪中，在一定的温度下超声提取一定的时间。提取结束后，用砂芯漏斗进行抽滤分离，并用提取剂洗涤文冠果种仁残渣 2～3 次，获得文冠果种仁油与提取剂的混合物，然后将获得的油脂混合物进行旋转蒸发，回收溶剂，得到的文冠果种仁油，再用无水硫酸钠干燥后，计算出油率。

2. 单因素试验

通过单因素试验，考察了提取温度（℃）、液料比（mL/g）、提取时间（min）3 个因素对文冠果种仁出油率的影响。单因素试验因素与水平设计如表 1-6 所示。

表 1-6　单因素试验因素和水平

试验因素	试验水平				
提取温度 (X_1)/℃	50	55	60	65	70
液料比 (X_2)/(mL/g)	2 : 1	4 : 1	6 : 1	8 : 1	10 : 1
提取时间 (X_3)/min	20	30	40	50	60

3. 超声波辅助提取法的工艺优化

根据单因素试验的结果，采用中心复合（central composite design，CCD）试验设计法安排优化试验，选取的试验因素分别为提取温度、液料比、提取时间，并分别以 X_1（℃）、X_2、X_3（min）表示，每个变量的低、中、高水平分别以 -1、0、1 表示，按方程 $x_i = (X_i - X_0)/\Delta X$ 对自变量进行编码，其中，x_i 为自变量的编码值，X_i 为自变量的真实值，X_0 为试验中心点处自变量的真实值，ΔX 为自变量的变化步长，响应值为出油率 $Y(\%)$。试验因素和水平见表 1-7。

表 1-7　中心复合试验因素水平及编码

x_i 因素水平编码	试验因子		
	提取温度 X_1/℃	液料比 X_2/(mL/g)	提取时间 X_3/min
$-r$	51.5	6.3 : 1	33.2
-1	55	7 : 1	40
0	60	8 : 1	50
1	65	9 : 1	60
$+r$	68.4	9.7 : 1	68.8

注：其中 r 值在 $p=3$、$m_0=6$ 时查表为 1.682。

4. CCD 试验结果分析

1）模型方程的建立与显著性分析

文冠果种仁的超声波辅助提取工艺优化试验方案及结果如表 1-8 所示。应用 Design expert 软件对表 1-8 中的试验结果进行统计回归分析，其方差分析结果如表 1-9 所示。

表 1-8　中心复合试验设计及结果

试验序号	提取温度 X_1/℃	液料比 X_2/（mL/g）	提取时间 X_3/min	出油率 Y/(%)
1	-1(55)	-1(7 : 1)	-1(40)	55.1
2	1(65)	-1	-1	60.5
3	-1	1(9 : 1)	-1	56.3
4	1	1	-1	62.6
5	-1	-1	1(60)	58.3
6	1	-1	1	60.1

试验序号	提取温度 X_1/℃	液料比 X_2/（mL/g）	提取时间 X_3/min	出油率 Y/（%）
7	−1	1	1	59.7
8	1	1	1	62.1
9	−1.682（51.5）	0（8：1）	0（50）	56.3
10	1.682（68.4）	0	0	63
11	0（60）	−1.682（6.3：1）	0	59.1
12	0	1.682（9.7：1）	0	60.5
13	0	0	−1.682（33.2）	56.4
14	0	0	1.682（68.8）	60.2
15	0	0	0	61.1
16	0	0	0	62
17	0	0	0	59.6
18	0	0	0	59.9
19	0	0	0	59.2
20	0	0	0	60.1

表 1-9　试验结果方差分析

来源	平方和	自由度	均方	F 值	概率 P	显著性
回归	85.0909	9	9.4545	14.1564	0.0001	**
X_1	54.0462	1	54.0462	80.924	＜0.0001	**
X_2	6.0032	1	6.0032	8.9886	0.0134	
X_3	10.7044	1	10.7044	16.0278	0.0025	*
$X_1 X_2$	0.2813	1	0.2813	0.4211	0.5310	
$X_1 X_3$	7.0312	1	7.0312	10.528	0.0088	*
$X_2 X_3$	0.0012	1	0.0012	0.0019	0.9663	
X_1^2	0.5973	1	0.5973	0.8943	0.3666	
X_2^2	0.3266	1	0.3266	0.4891	0.5003	
X_3^2	6.6811	1	6.6811	10.0036	0.0101	*
残差	6.6786	10	0.6679			
失拟	1.2503	5	0.2501	0.2303	0.9335	
误差	5.4283	5	1.0857			
总和	91.7695	19				

注：* 指 P 值小于 0.01，表示考察因素或者模型有显著影响；** 指 P 值小于 0.001，表示影响极为显著。$F_{0.01}(1,10) = 10.04$，$F_{0.05}(1,10) = 4.96$，$F_{0.10}(1,10) = 3.29$，$F_{0.01}(9,10) = 4.94$，$F_{0.05}(9,10) = 3.02$，$F_{0.10}(9,10) = 2.35$，$F_{0.01}(5,5) = 10.97$ $F_{0.05}(5,5) = 5.05$，$F_{0.10}(5,5) = 3.45$。

根据回归分析结果，建立的以文冠果种仁出油率（Y）为响应值，以提取温度（X_1）、液料比（X_2）、提取时间（X_3）为自变量 3 因素水平间的数学回归模型为：

$$Y = -67.01416 + 2.01257X_1 + 0.75931X_2 + 1.88441X_3 + 0.037500X_1X_2 - 0.018750X_1X_3$$
$$+ 1.25000 \times 10^{-3}X_2X_3 - 8.14334 \times 10^{-3}X_1^2 - 0.15055X_2^2 - 6.80881 \times 10^{-3}X_3^2$$

通过对表 1-9 中的方差分析可知：回归方程的失拟性差异并不显著，因为 $F_{失拟}=0.2303<$ $F_{0.05}(5,5)=5.05$，因此，所拟合的二次回归模型是适当的；通过对回归方程的显著性检验可知回归方程是极显著的，因为 $F_{0.01}(9,10)=4.94<F=14.1564$，这也表明该数学模型是成立的。 F 值的大小可以反映出各个自变量因素对响应值的影响程度，某因素的 F 值越大，就表明该因素的影响程度越大。由方差分析结果可知：$F_{X_1}=80.924$，$F_{X_2}=8.9886$，$F_{X_3}=16.0278$，由此可见，三个因素中，X_1、X_3 都极为显著，X_2 显著。因此三个因素对文冠果种仁出油率的影响程度为：提取温度＞提取时间＞料液比。

2）响应曲面分析

响应曲面是指由响应值 Y 与两个对应的自变量之间构成的空间三维立体图，此图可比较直观地反映自变量对响应值的影响[125,126]。结合回归方程，作出响应曲面图，分析提取温度、提取时间和液料比对文冠果种仁出油率的影响。

$Y=f(X_1, X_2, X_3=50\text{min})$ 的响应面及等高线见图 1-22，$Y=f(X_1, X_3, X_2=8:1)$ 的响应面及等高线见图 1-23，$Y=f(X_2, X_3, X_1=60℃)$ 的响应面及等高线见图 1-24。

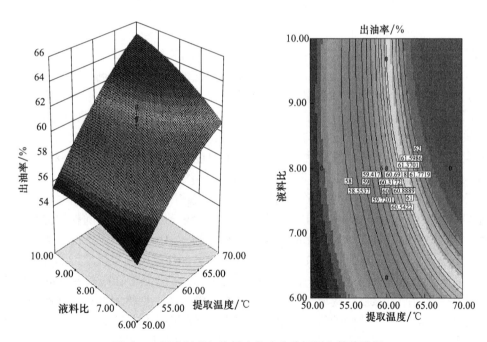

图 1-22　提取温度与液料比的响应曲面图和等值线图

若等值线图形的形状呈椭圆形，则表明对应的 2 个因素有显著的交互作用，若等值线图形的形状呈圆形，则表明对应的 2 个因素无显著的交互作用[127,128]。结合图 1-22、图 1-23、图 1-24 以及回归方程系数的检验结果可知，在试验条件的优化区域内，各因素之间的交互作用对文冠果种仁出油率影响程度大小：提取温度和提取时间的交互作用相对比较显著，其余因素间的交互作用较小。

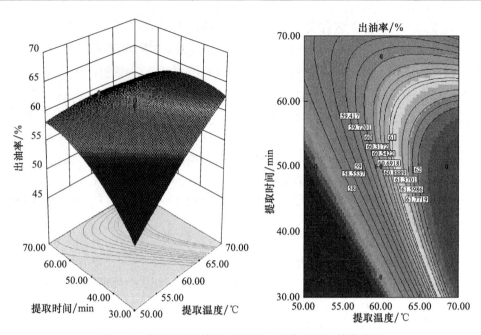

图 1-23　提取温度与提取时间的响应曲面图和等值线图

　　图 1-22 为提取时间在 50min 的条件下，不同提取温度和液料比下文冠果种仁出油率的变化情况。从图 1-22 可以看出，当提取温度不变时，随液料比的增大，文冠果种仁的出油率会增加。这是因为在相同的提取温度下，随着液料比的增加，提取剂与文冠果种仁的接触更加充分，能够有效地增大传质速率，从而提高文冠果种仁的出油率；同样，当液料比不变时，随提取温度的增大，文冠果种仁的出油率也出现相同的变化趋势，只是变化幅度更大，这是因为提取温度对试验过程的影响程度要比液料比对试验的影响程度更大。

　　图 1-23 为液料比在 8∶1 的条件下，不同提取温度和提取时间下文冠果种仁出油率的变化情况。从图 1-23 可以看出，随提取温度和提取时间的变化，文冠果种仁的出油率会产生较大的变化。液料比固定在中心水平，当提取温度和提取时间处于一定水平时，文冠果种仁的出油率明显增大。当提取时间处在较低水平时，文冠果种仁的出油率随提取温度的增加而不断增大，当提取时间处在较高水平时，文冠果种仁的出油率随提取温度的增加先增大后减小，但变化幅度并不大。这是因为在提取时间较短时，即使温度高于提取剂的沸点，也因时间作用较短，提取剂挥发量有限，故文冠果种仁的出油率仍会随着提取温度的增加有所增加；然而当提取时间延长后，提取剂的挥发量就会逐渐增多，使得固液有效接触面积有所减小，但温度的升高增大了油脂的传质速率，所以在两者的综合作用下，文冠果种仁的出油率会随着提取温度先增大后减小，但是变化程度并不明显。同样，提取温度一定，提取时间变化时，也呈现类似变化趋势。这是因为当提取温度处于较低水平时，提取剂挥发程度很小，所以提取时间延长，文冠果种仁的出油率自然会不断地增加；然而当温度处于较高水平时，提取剂的挥发程度有所增加，但是由于温度增加会增大提取过程的传质速率，因此在一定的提取时间之前，提取温度的影响程度要大于提取剂挥发的影响程度，文冠果种仁的出油率会增加，当提取时间达到某一点后，提取剂挥发的影响程度超过了提取温度的影响程度，因此文冠果种仁的出油率会有所下降。

图 1-24 为提取温度在 60℃的条件下，不同提取时间和液料比下文冠果种仁出油率的变化情况。从图 1-24 可以看出，随提取时间和液料比的变化，文冠果种仁的出油率变化不大。当液料比处于一定水平时，文冠果种仁的出油率随着时间的延长先增大后减小，但变化幅度不大。这与陈曾等[127]的研究结果一致。提取时间处于一定水平时，文冠果种仁的出油率随着液料比的增加不断增大，但其变化幅度不大。

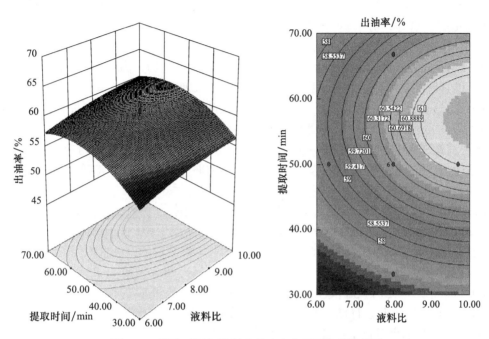

图 1-24　提取时间与液料比的响应曲面图和等值线图

综上所述，随着提取温度以及液料比的增加，文冠果种仁的出油率也在增加，这说明这 2 个因素与文冠果种仁的出油率呈正相关性；提取时间对文冠果种仁的出油率也存在着一定的影响，然而随着提取时间的延长，文冠果种仁的出油率反而会略有降低。

3）最佳工艺条件的确定

结合回归模型，利用 Design expert 软件进行分析，得到 CCD 优化超声波辅助提取法提取文冠果种仁的最佳工艺条件为：提取温度为 65℃，提取时间为 49.73min，液料比为 9∶1，其出油率预测值为 62.79%。为了进一步验证模型预测的准确性，同时考虑到便于试验操作，对提取的工艺条件进行了修正，修正后的优化条件为：提取温度为 65℃，提取时间为 50min，液料比为 9∶1，在此条件下分别进行 5 次试验，得到的文冠果种仁出油率分别为 62.5%、62.6%、62.4%、62.6%、62.7%，平均值为 62.56%，与方程得到的预测值 62.79% 的相对偏差为 0.38%，证明此模型可以科学合理地对文冠果种仁的出油率进行较为准确的预测，具有一定的适用性。

1.5　小　　结

（1）以异丙醇为萃取剂，浸渍法提取文冠果种仁油的优化条件为料液比 1∶10、提取时间为 1.5h 和温度为 80℃，文冠果种仁的出油率为 60.13%；以正己烷为萃取剂，浸渍法提取文冠果种仁油的优化条件为料液比 1：8、提取时间为 2h 和温度为 50℃，文冠果种仁的出油率为 60.56%；以石油醚（60～90℃）为萃取剂，浸渍法提取文冠果种仁油的优化条件为料液比 1：10、提取时间为 1h 和温度为 65℃，文冠果种仁的出油率为 61.02%。

（2）通过浸渍法比较正己烷、石油醚（60～90℃）和异丙醇三种有机溶剂的出油率，三种试剂的出油率相差并不大，其中石油醚平均出油率最高，达 61.02%。这表明石油醚和油脂的相似相溶性最好，对油脂的溶解度最好，而且石油醚成本低廉，最适宜提取文冠果种仁油。

（3）以石油醚（60～90℃）为萃取剂，在料液比为 1：10、温度 90℃和提取时间为 2h 的条件下以索氏法提取时，文冠果种仁的出油率为 61.22%。

（4）通过正交优化试验，确定了文冠果种仁微波辅助提取法的最佳提取工艺条件为：以石油醚（60～90℃）为提取剂，单程提取时间为 3×5min，提取功率为 480W，石油醚用量（体积）为文冠果种仁质量的 5 倍，提取次数为 5 次。各因素对文冠果种仁出油率的影响程度大小顺序为：提取功率＞提取次数＞液料比＞提取时间。该条件下文冠果种仁的出油率为 61.59%。

（5）以石油醚（60～90℃）为萃取剂，在超声波频率为 40kHz、料液比为 1：8，提取时间 50min 及温度 65℃的条件下超声波辅助提取时，文冠果种仁的出油率最高，为 62.4%。超声波辅助提取文冠果种仁油优化后的回归方程为：

$$Y = 60.463\ 289 + 0.762\ 177X_1 + 0.539\ 161X_2 + 0.562\ 444X_3 + 0.75X_1X_2 - 0.75X_2X_3 - 0.378\ 87X_2^2$$

（6）三个不同地区的文冠果种仁油的出油率比较：阿鲁科尔沁旗＞敖汉旗＞翁牛特旗。

（7）采用 CCD 试验设计法，对文冠果种仁的超声波提取工艺进行了优化，应用 Design expert 软件对试验结果进行了拟合，获得了数学模型：

$$Y = -67.014\ 16 + 2.012\ 57X_1 + 0.759\ 31X_2 + 1.88\ 441X_3 + 0.037\ 500X_1X_2 - 0.018\ 750X_1X_3 + 1.250\ 00 \times 10^{-3}X_2X_3 - 8.143\ 34 \times 10^{-3}X_1^2 - 0.150\ 55X_2^2 - 6.808\ 81 \times 10^{-3}X_3^2$$

（8）通过对 CCD 试验结果的方差分析及响应曲面的分析可知，各试验因素对文冠果种仁的出油率影响作用大小顺序为：超声提取温度＞超声提取时间＞液料比。修正后的最佳工艺条件为：提取温度为 65℃，提取时间为 50min，液料比为 9：1，在该工艺条件下文冠果种仁的出油率为 62.56%，方程的预测值为 62.79%，其相对偏差为 0.38%，证明此模型可以科学合理地对文冠果种仁的出油取率进行较为准确的预测，具有一定的适用性。

第2章 文冠果种仁油理化性质的测定与分析

文冠果种仁油的各项理化性能指标及脂肪酸组成是其能否制备生物柴油的关键。本章分别对三个不同地区（阿鲁科尔沁旗、敖汉旗和翁牛特旗）的文冠果种仁油的水分及挥发物、折光率、相对密度、酸值、碘值、过氧化值、皂化值、分子质量等理化性能指标和化学组成，即所含脂肪酸的含量进行了测定和分析，以探讨文冠果种仁油制备生物柴油的可行性和合理性，为进一步研究文冠果种仁油的开发利用奠定基础。

2.1 试验材料与方法

2.1.1 试验材料

三个不同地区（阿鲁科尔沁旗、敖汉旗和翁牛特旗）的文冠果种仁油；冰乙酸、碘化钾、氢氧化钠、硫代硫酸钠、四氯化碳、三氯甲烷、淀粉指示剂、氢氧化钾、无水碳酸钠、盐酸、乙醇、酚酞，天津市风船化学试剂科技有限公司。以上试剂均为分析纯；汉诺斯溶液（自制）。

2.1.2 试验设备

分析天平：BS210S 北京赛多利斯天平有限公司；比重计：m310214 中西远大科技有限公司；恒温水浴锅：JC-HH-S24 济南精诚实验仪器有限公司；真空干燥箱：DZF-6210 上海一恒科技有限公司；称量皿 30mL；回流冷凝管；酸式碱式滴定管 50mL；微量滴定管 5mL；棕色滴定管 25mL；阿贝折光仪：WAY 上海精密仪器有限公司；量筒 100mL；碘瓶 5mL；移液管；红外光谱分析仪：Tensor27 型德国 Bruker。GC-112A 型气相色谱仪，DEGS 填充柱（3m×2mm），FID 检测器：日本岛津。

2.1.3 试验方法

水分及挥发物的测定：GB 5009.236—2016；折光率的测定；GB/T 5527—2010；相对密度的测定：GB 5526—85；酸值的测定：GB 5530—1998；碘值的测定：GB/T 5532—2008；过氧化值的测定：GB/T 5538—2005；皂化值的测定：GB/T 5534—2008；氢氧化钾乙醇溶液的标定：GB 2306。

2.1.4 水分及挥发物的测定[129]

用干燥至恒重的称量皿称取三份样品，每份 5g，精确到 0.001，放入真空干燥箱内，在（103±2）℃的温度下干燥 90min，取出冷却称量；再干燥 30min 左右，直至前后两次的重量差不超过 0.001g 为止，如果后一次重量大于前一次重量，则取前一次重量 w_1。

水分及挥发物计算公式为：

$$m\% = (w - w_1)/w \times 100\% \qquad (2\text{-}1)$$

式中，w 为样品的质量（g）；w_1 为样品干燥后的质量（g）；$m\%$ 为水分及挥发物的含量。

2.1.5　相对密度的测定[130]

分别取出文冠果种仁油 30mL、40mL、35mL，用比重计测定其密度并计算平均密度。

2.1.6　皂化值测定[131]

准确称取样品 1g（精确到 0.001g），置于 250mL 锥形瓶中。用移液管加入氢氧化钾的乙醇溶液 50mL。然后装上回流冷凝管，置于水浴上维持微沸状态，并不时摇动，使油脂维持微沸状态 1h。勿使蒸汽逸出冷凝管。取下后，加入酚酞指示剂 6～10 滴于热溶液中，趁热以盐酸标准溶液滴至红色消失为止。同时在相同条件下做空白试验确定 V_2。

皂化值测定用公式：

$$SV = \frac{(V_2 - V_1) \times c \times 56.1}{M} \qquad (2\text{-}2)$$

式中，SV（saponification value）为皂化值（mg/g）；V_1 为式样所消耗的盐酸标准溶液的体积（mL）；V_2 为空白实验所消耗的盐酸标准溶液的体积（mL）；c 为盐酸标准滴定溶液的实际浓度（mol/L）；M 为样品的质量（g）；56.1 为氢氧化钾的摩尔质量（g/mol）。

2.1.7　酸值的标定[132]

准确称取样品 1g 左右，精确至 0.001g，置于三角瓶中。加入 95% 乙醇（GB679）（以酚酞作指示剂，用 0.2mol/L 的氢氧化钾溶液中和至微红）约 70mL，加热使其溶解，然后加入酚酞指示剂 6～10 滴，立即以氢氧化钾溶液滴定至微红色，并能维持 30s 不褪色即为终点。

酸值测定用公式：

$$AV = \frac{V \times c \times 56.1}{M} \qquad (2\text{-}3)$$

式中，AV（acid value）为酸值（mg/g）；V 为式样所消耗的氢氧化钠的体积（mL）；c 为氢氧化钠的浓度（mol/L）；M 为样品的质量（g）；56.1 为氢氧化钾的摩尔质量（g/mol）。

2.1.8　分子质量的测定

分子质量的计算公式：

$$M = \frac{3 \times 1000 \times 56.1}{SV - AV} \qquad (2\text{-}4)$$

式中，AV 为酸值（mg/g）；SV 为皂化值（mg/g）；M 为文冠果种仁油分子质量。

2.1.9　过氧化值的测定[133]

准确称取混合均匀油样 2～3g（精确到 0.001g）于碘瓶中，加入三氯甲烷 10mL，冰乙酸 15mL 混合；加入饱和碘化钾溶液 1mL，迅速盖好瓶盖摇匀 1min，在暗处放置 5min

（15～25℃）；加入 75mL 蒸馏水，充分混合后立即用 0.002mol/L 硫代硫酸钠标准溶液滴定析出的碘，直至浅黄色，加淀粉指示剂，继续滴定至蓝色消失为止；滴定过程要用力振荡，同时做空白试验。

过氧化值计算公式：

$$PV = \frac{(V_1 - V_2) \times N \times 1000}{W} \qquad (2-5)$$

式中，V_1 为油样用去的硫代硫酸钠标准溶液的体积（mL）；V_2 为空白试验用去的硫代硫酸钠标准溶液的体积（mL）；N 为硫代硫酸钠的浓度（mol/L）；W 为油样的重量（g）。

2.1.10 碘值的测定[134]

基本原理：加成反应：$—CH{=}CH— + IBr \longrightarrow C_2H_2IBr$
释放碘：$IBr + KI \longrightarrow KBr + I_2$
滴定：$I_2 + 2Na_2S_2O_4 \longrightarrow 2NaI + Na_2S_4O_6$

准确地称取 0.3～0.4g 文冠果种仁油 2 份，置于两个干燥的碘瓶内，切勿使油黏在瓶颈或壁上。加入 10mL 四氯化碳，轻轻摇动，使油全部溶解。用滴定管仔细地加入 25mL 溴化碘溶液（Hanus 溶液），勿使溶液接触瓶颈，盖好瓶塞，在玻璃塞与瓶口之间加数滴 10% 碘化钾溶液封闭缝隙，以免碘挥发损失。在 20～30℃暗处放置 30min，并不时轻轻摇动。放置 30min 后，立刻小心地打开玻璃塞，使塞旁碘化钾溶液流入瓶内，以免丢失。用新配制的 10% 碘化钾 10mL 和蒸馏水 50mL 把玻璃塞和瓶颈上的液体冲洗入瓶内，混匀。用 0.1mol/L 硫代硫酸钠溶液迅速滴定至浅黄色。加入 1% 淀粉溶液约 1mL，继续滴定，将近终点时，用力振荡，使碘由四氯化碳层全部进入水溶液内。再滴定至蓝色消失为止，即达滴定终点。另做 2 份空白对照，除不加样品外，其余操作同上。滴定后，将废液倒入废液缸内，以便回收四氯化碳。在滴定到终点时，如果有红色物质产生，说明在反应过程中没有使四氯化碳与其他溶液混合均匀，在反应过程中振荡不够，会导致反应不充分，进而使测定的结果不准确。

碘值计算公式：

$$W = \frac{(A - B) \times c \times 12.69}{M} \qquad (2-6)$$

式中，W 为碘值（g/100g）；A 为油样用去的硫代硫酸钠标准溶液的体积（mL）；B 为空白试验用去的硫代硫酸钠标准溶液的体积（mL）；c 为硫代硫酸钠的浓度（mol/L）；M 为油样的重量（g）。

2.1.11 文冠果种仁油折光率的测定[135]

测定所合成的已知化合物折光率与文献值对照，可作为鉴定有机化合物纯度的一个标准。打开阿贝折光仪上的直角棱镜，用擦镜纸蘸少量乙醇轻轻擦洗上下镜面；用胶头滴管将 2～3 滴待测样品的液体均匀地置于磨砂面棱镜上，关闭棱镜；转动左面刻度盘，使分界线对准交叉线中心，记录读数与温度，重复 3 次；测完后，应立即擦洗上下镜面，晾干后再关闭折光仪。

2.1.12　文冠果种仁油红外光谱分析

在波长范围 400～4000cm⁻¹，对三个不同地区的文冠果种仁油进行红外光谱分析。

2.1.13　文冠果种仁油的气相色谱分析

分别在敖汉旗、翁牛特旗、阿鲁科尔沁旗三个地区选择 2 块标准地，每块地选择 10 棵 30 年生的文冠果树，采摘种子，用石油醚（60～90℃）为萃取剂超声波法提取，得到的文冠果种仁油进行气相色谱分析。

色谱条件：DEGS 填充柱（3m×2mm），FID 检测器，载气 N₂：40mL/min，H₂：40mL/min，空气：400mL/min，进样口（气化室）温度：240℃，柱箱温度：185℃，检测器温度：260℃。

2.2　试验结果分析

2.2.1　盐酸标准溶液的标定

取 13mL 浓盐酸配制 250mL 盐酸标准溶液，用无水碳酸钠基准试剂进行标定（表 2-1）。测定 HCl 标准溶液的浓度，用于计算文冠果种仁油的皂化值（SV），见式（2-2）。

表 2-1　盐酸标准溶液的标定

Na₂CO₃ /g	HCl /mL	HCl/(mol/L)
0.5001	15.18	0.6216
0.5148	15.60	0.6226
0.5009	15.20	0.6218

注：HCl 溶液的平均浓度为 0.6220mol / L。

　　$0.6220 \times 250 = c_{液} \times 13$；$c_{液} = 11.96$mol / L。

2.2.2　氢氧化钾乙醇溶液的标定

0.5mol/L 和 0.2mol/L 氢氧化钾乙醇溶液浓度的标定结果，见表 2-2 和表 2-3，用于计算文冠果种仁油的皂化值（SV）和醇值（AV）。

表 2-2　0.5mol/L 氢氧化钾乙醇溶液的标定

KOH/mL	HCl/mL	KOH/(mol/L)
15.00	10.88	0.4512
15.00	10.88	0.4512
15.00	10.85	0.4499

注：KOH 溶液的平均浓度为 0.4508mol/L。

表 2-3　0.2mol/L 氢氧化钾乙醇溶液的标定

KOH/mL	HCl/mL	KOH/(mol/L)
15.00	4.45	0.1845
15.00	4.46	0.1849
15.00	4.46	0.1849

注：KOH 溶液的平均浓度为 0.1848mol/L。

2.2.3　硫代硫酸钠标准溶液的标定

硫代硫酸钠标准溶液的浓度见表 2-4，用于文冠果种仁油碘值的测定。

表 2-4　0.1mol/L 硫代硫酸钠溶液的标定

$K_2Cr_2O_7$/mL	V_2 空白 /mL	m/(g/mol)	M/g	$Na_2S_2O_3$/(mol/L)
37.18	0.46	49.031	0.18	0.0999
35.72	0.38	49.031	0.18	0.1039
36.08	0.42	49.031	0.18	0.10295

注：测定碘值时直接使用标定后的硫代硫酸钠，测定过氧化值时须稀释至 0.002mol/L。
$Na_2S_2O_3$ 的平均浓度为 0.1023mol/L。

2.2.4　水分及挥发物的测定

三个地区（阿鲁科尔沁旗、敖汉旗和翁牛特旗）的文冠果种仁油的水分及挥发物测定结果见表 2-5～表 2-7。

表 2-5　阿鲁科尔沁旗文冠果种仁油水分及挥发物的测定

原油质量 /g	称量皿质量 /g	烘干后的质量 /g	水分及挥发物 /%	平均值 /%
5.0000	56.5132	61.5099	0.066	
5.0012	56.5169	61.5156	0.049	0.064
5.0042	56.5274	61.5278	0.076	

表 2-6　敖汉旗文冠果种仁油水分及挥发物的测定

原油质量 /g	称量皿质量 /g	烘干后的质量 /g	水分及挥发物 /%	平均值 /%
5.0003	46.6362	51.6326	0.078	
5.0015	46.2643	51.2632	0.052	0.0653
5.0008	46.5704	51.5689	0.066	

表 2-7　翁牛特旗文冠果种仁油水分及挥发物的测定

原油质量 /g	称量皿质量 /g	烘干后的质量 /g	水分及挥发物 /%	平均值 /%
5.0014	52.6785	57.6765	0.068	
5.0002	52.4677	57.4648	0.062	0.066
5.0024	52.4702	57.4692	0.068	

2.2.5　文冠果种仁油相对密度的测定

根据 GB 5526—85，对三个不同地区（阿鲁科尔沁旗、敖汉旗、翁牛特旗）文冠果种仁油的相对密度进行测定，结果见表 2-8～表 2-10。

表 2-8　阿鲁科尔沁旗文冠果种仁油相对密度的测定

原油体积 /mL	密度 /(g/cm³)	平均密度 /(g/cm³)
30	0.8489	
40	0.8489	0.8486
35	0.8479	

表 2-9　敖汉旗文冠果种仁油相对密度的测定

原油体积 /mL	密度 /(g/cm³)	平均密度 /(g/cm³)
30	0.8756	
40	0.8804	0.8782
35	0.8785	

表 2-10　翁牛特旗文冠果种仁油相对密度的测定

原油体积 /mL	密度 /(g/cm³)	平均密度 /(g/cm³)
30	0.8563	
40	0.8578	0.8568
35	0.8566	

从表 2-8～表 2-10 可知，三个地区（阿鲁科尔沁旗、敖汉旗和翁牛特旗）的文冠果种仁油的相对密度分别为 0.8486g/cm³、0.8782g/cm³ 和 0.8568g/cm³，与其他植物油[136] 相比较低。

2.2.6　文冠果种仁油皂化值的测定

根据 GB/T 5534—2008，对三个不同地区（阿鲁科尔沁旗、敖汉旗、翁牛特旗）文冠果种仁油皂化值进行测定，结果见表 2-11～表 2-13。

表 2-11　阿鲁科尔沁旗文冠果种仁油皂化值的测定

原油质量 /g	KOH/mL	空白 /mL	SV/(mg/g)	平均值 /(mg/g)
1.0029	33.99	38.72	157.39	
1.0025	33.97	38.70	164.64	162.12
1.0023	33.96	38.68	164.32	

表 2-12　敖汉旗文冠果种仁油皂化值的测定

原油质量 /g	KOH/mL	空白 /mL	SV/(mg/g)	平均值 /(mg/g)
1.0036	34.52	38.68	144.64	
1.0023	34.23	38.26	140.31	143.95

续表

原油质量 /g	KOH/mL	空白 /mL	SV/(mg/g)	平均值 /(mg/g)
1.0039	33.98	38.12	143.90	

表 2-13　翁牛特旗文冠果种仁油皂化值的测定

原油质量 /g	KOH/mL	空白 /mL	SV/(mg/g)	平均值 /(mg/g)
1.0042	35.78	40.02	147.33	
1.0056	36.24	40.24	138.80	142.76
1.0050	35.86	39.98	142.84	

2.2.7　文冠果种仁油酸值的测定

根据 GB 5530—1998，对三个不同地区（阿鲁科尔沁旗、敖汉旗、翁牛特旗）的酸值进行测定，结果见表 2-14～表 2-16。

表 2-14　阿鲁科尔沁旗文冠果种仁油酸值的测定

原油质量 /g	KOH/mL	AV/(mg/g)	平均值 /(mg/g)
1.0906	0.125	1.2860	
1.1306	0.123	1.2206	1.2542
1.1256	0.126	1.2560	

表 2-15　敖汉旗文冠果种仁油酸值的测定

原油质量 /g	KOH/mL	AV/(mg/g)	平均值 /(mg/g)
1.0963	0.125	1.2793	
1.1036	0.126	1.2810	1.2790
1.0809	0.123	1.2768	

表 2-16　翁牛特旗旗文冠果种仁油酸值的测定

原油质量 /g	KOH/mL	AV/(mg/g)	平均值 /(mg/g)
1.0987	0.124	1.2663	
1.1006	0.127	1.2947	1.2804
1.1042	0.126	1.2803	

2.2.8　文冠果种仁油分子质量的测定

把计算得到的三个地区（翁牛特旗、敖汉旗和阿鲁科尔沁旗）文冠果种仁油 AV 的平均值和 SV 的平均值带入到公式 $M = 3 \times 1000 \times 56.1/(SV - AV)$ 中，分别得到：

阿鲁科尔沁旗文冠果种仁油的相对分子质量 $M = 3 \times 1000 \times 56.1/(SV - AV)$
$$= 3 \times 1000 \times 56.1/(162.12 - 1.2542)$$
$$= 1046.214$$

敖汉旗文冠果种仁油的相对分子质量 $M = 3 \times 1000 \times 56.1 / (SV - AV)$
$$= 3 \times 1000 \times 56.1 / (143.95 - 1.2790)$$
$$= 1179.637$$

翁牛特旗文冠果种仁油的相对分子质量 $M = 3 \times 1000 \times 56.1 / (SV - AV)$
$$= 3 \times 1000 \times 56.1 / (142.76 - 1.2804)$$
$$= 1189.5708$$

2.2.9　文冠果种仁油过氧化值的测定

根据 GB/T 5538—2005，对三个不同地区（阿鲁科尔沁旗、敖汉旗、翁牛特旗）文冠果种仁油的过氧化值进行测定，结果见表 2-17～表 2-19。

表 2-17　阿鲁科尔沁旗文冠果种仁油过氧化值的测定

原油质量 /g	$V_{Na_2S_2O_3}$/mL	$V_{空白}$/mL	过氧化值 /(meq/kg)	平均值 /(meq/kg)
2.2	3.82	3.64	0.163	
2.5	4.14	3.98	0.146	0.151
2.1	3.86	3.70	0.145	

表 2-18　敖汉旗文冠果种仁油过氧化值的测定

原油质量 /g	$V_{Na_2S_2O_3}$/mL	$V_{空白}$/mL	过氧化值 /(meq/kg)	平均值 /(meq/kg)
2.5	4.12	3.68	0.160	
2.2	3.82	3.86	0.130	0.148
2.1	3.78	3.78	0.153	

表 2-19　翁牛特旗文冠果种仁油过氧化值的测定

原油质量 /g	$V_{Na_2S_2O_3}$/mL	$V_{空白}$/mL	过氧化值 /(meq/kg)	平均值 /(meq/kg)
2.3	3.88	3.68	0.172	
2.6	4.08	3.86	0.169	0.164
2.4	4.96	3.78	0.152	

2.2.10　文冠果种仁油碘值的测定

根据 GB/T 5532—2008，对三个不同地区（阿鲁科尔沁旗、敖汉旗、翁牛特旗）文冠果种仁油的碘值进行测定，结果见表 2-20～表 2-22。

表 2-20　阿鲁科尔沁旗文冠果种仁油碘值的测定

原油质量 /g	$V_{Na_2S_2O_3}$/mL	碘值 /(g/100g)	平均值 /(g/100g)
0	25.864		
0.1584	11.791	115.337	115.416

续表

原油质量 /g	$V_{Na_2S_2O_3}$/mL	碘值 /(g/100g)	平均值 /(g/100g)
0.1572	11.912	115.213	115.416
0.1596	11.640	115.698	

表 2-21 敖汉旗文冠果种仁油碘值的测定

原油质量 /g	$V_{Na_2S_2O_3}$/mL	碘值 /(g/100g)	平均值 /(g/100g)
0	25.864		
0.1582	11.695	116.271	
0.1591	11.582	116.535	116.425
0.1587	11.590	116.470	

表 2-22 翁牛特旗文冠果种仁油碘值的测定

原油质量 /g	$V_{Na_2S_2O_3}$/mL	碘值 /(g/100g)	平均值 /(g/100g)
0	25.864		
0.1602	11.502	116.383	
0.1598	11.542	116.349	116.349
0.1596	11.564	116.316	

从表 2-20～表 2-22 得出的三个地区的文冠果种仁油的碘值分别为：115.416g/100g、116.425g/100g 和 116.349g/100g。碘值略微偏高，不饱和脂肪酸含量较高，容易产生显著的质量变化，化学性质不稳定，经过长期储存，易因氧化而发生变质。

2.2.11 文冠果种仁油折射率的测定

根据 GB/T 5527—2010，对三个不同地区（阿鲁科尔沁旗、敖汉旗、翁牛特旗）文冠果种仁油的折光率进行测定，结果见表 2-23。

表 2-23 三个地区文冠果种仁油的折光率

地区	折光率
敖汉旗	1.4702
阿鲁科尔沁旗	1.4519
翁牛特旗	1.4366

2.2.12 三个地区文冠果种仁油IR分析以及吸收峰归属

利用红外光谱仪，对三个不同地区文冠果种仁油的红外光谱进行分析，结果见图 2-1 和表 2-24。

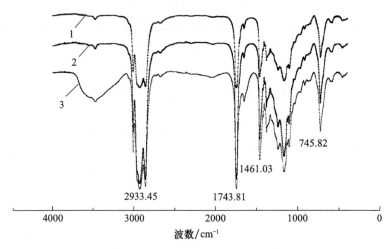

图 2-1　三个地区文冠果种仁油红外光谱图

表 2-24　文冠果种仁油的吸收峰归属

波数 /cm⁻¹	吸收峰归属	存在基团
3007.67	—C═C–H 基团中的碳氢键伸缩振动	—C ═ C—H
2933.45	—CH₃ 伸缩振动	—CH₃
1743.81	—C═O 伸缩振动	—C═O
1461.03	—OCH₂—中的碳氢键不对称弯曲振动	—C—H
2806.78	—CH₂—伸缩振动	—CH₂—
745.82	—CH₂—伸缩振动	—CH₂—

三种地区的文冠果种仁油在 $2933.45cm^{-1}$ 为甲基的吸收峰，在 $1743.81cm^{-1}$ 出现了 C═O 伸缩振动，$2806.78cm^{-1}$、$745.82cm^{-1}$ 为亚甲基吸收峰，说明三地区的文冠果种仁油为羧酸酯。

2.2.13　三个地区文冠果种仁油气相色谱分析

文冠果种子分别产自内蒙古自治区的敖汉旗、阿鲁科尔沁旗和翁牛特旗，三个地区的地理位置和气候状况[137]见表 2-25。

表 2-25　文冠果产地位置及气候

文冠果产地	敖汉旗	翁牛特旗	阿鲁科尔沁旗
经度 /(°)	119.52	119.10	120.02
纬度 /(°)	42.18	42.37	43.80
日照小时数 /h	3002.5	2923	2800
海拔 /m	588.2	700	550
年均气温 /℃	6.5	7.1	5.0
年均降水量 /mm	429.6	340	350

文冠果产地	敖汉旗	翁牛特旗	阿鲁科尔沁旗
1月平均气温 /℃	−11.9	−11.0	−11.5
7月平均气温 /℃	22.8	23.7	22.9

由表 2-25 列出的三个地区的地理位置条件与其文冠果种仁油脂肪酸组成分析可以得出文冠果种仁油的主要成分油酸的含量随着经度的降低而增大，随着经度的增加而减小；亚油酸的含量随着纬度的增加而增大；亚麻酸随着经度的增加而增加，随着经度的降低而减小；芥酸随着纬度的增加而减小，随着纬度的降低而增大。

由表 2-26～表 2-28、图 2-2～图 2-4 可知，三个地区的文冠果种仁油的脂肪酸成分相同，含量有所差异，但是相差不大，碳链长度主要集中在 C16～C18，文冠果种仁油制备生物柴油，即脂肪酸甲酯的碳链长度为 C17～C19，与石化柴油碳链长度在 C15～C19 接近，因此可以得出，文冠果种仁油是制备生物柴油的适宜原料。还可以看出，三个地区的文冠果种仁油中的不饱和酸都占 75% 以上，主要是油酸（C18：1）和亚油酸（C18：2）的含量较高，这与三个地区的碘值测定结果得出的结论一致，即含有大量的不饱和酸。

表 2-26　敖汉旗文冠果种仁油化学成分

峰号	保留时间 /min	分子式	组分名称	相对含量 /%
1	4.688	$C_{16}H_{32}O_2$	棕榈酸	5.903 81
2	8.354	$C_{18}H_{36}O_2$	硬脂酸	1.377 32
3	9.346	$C_{18}H_{34}O_2$	油酸	31.630 60
4	11.265	$C_{18}H_{32}O_2$	亚油酸	44.157 14
5	16.548	$C_{18}H_{30}O_2$	亚麻酸	8.385 79
6	31.086	$C_{22}H_{42}O_2$	芥酸	8.545 34

表 2-27　翁牛特旗文冠果种仁油化学成分

峰号	保留时间 /min	分子式	组分名称	相对含量 /%
1	4.661	$C_{16}H_{32}O_2$	棕榈酸	5.991 48
2	8.298	$C_{18}H_{36}O_2$	硬脂酸	1.823 41
3	9.277	$C_{18}H_{34}O_2$	油酸	32.262 88
4	11.165	$C_{18}H_{32}O_2$	亚油酸	44.611 06
5	16.457	$C_{18}H_{30}O_2$	亚麻酸	7.008 47
6	30.933	$C_{22}H_{42}O_2$	芥酸	8.302 69

表 2-28　阿鲁科尔沁旗文冠果种仁油化学成分

峰号	保留时间 /min	分子式	组分名称	相对含量 /%
1	4.674	$C_{16}H_{32}O_2$	棕榈酸	6.117 87
2	8.313	$C_{18}H_{36}O_2$	硬脂酸	1.785 47

续表

峰号	保留时间 /min	分子式	组分名称	相对含量 /%
3	9.301	$C_{18}H_{34}O_2$	油酸	31.610 27
4	11.203	$C_{18}H_{32}O_2$	亚油酸	45.442 54
5	16.485	$C_{18}H_{30}O_2$	亚麻酸	7.072 38
6	30.972	$C_{22}H_{42}O_2$	芥酸	7.971 47

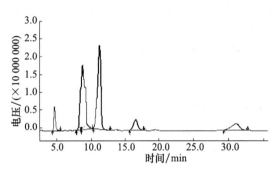

图 2-2　敖汉旗文冠果种仁油气相色谱图

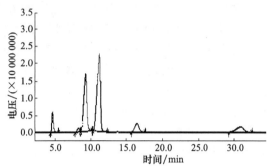

图 2-3　翁牛特旗文冠果种仁油气相色谱图

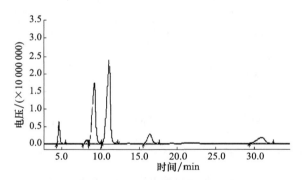

图 2-4　阿鲁科尔沁旗文冠果种仁油气相色谱图

2.3　小　　结

三个地区文冠果种仁油的各项基本理化指标如表 2-29 所示。

表 2-29　三个地区文冠果种仁油各项理化指标的分析结果

地区	水分及挥发物 /%	相对密度 /(g/cm³)	皂化值 /(mg/g)	酸值 /(mg/g)	相对分子质量	过氧化值 /(meq/g)	碘值 /(g/100g)	折光率
阿鲁科尔沁旗	0.064	0.8486	162.12	1.2542	1046.214	0.151	115.416	1.4519
敖汉旗	0.0653	0.8782	143.95	1.2790	1179.637	0.148	116.425	1.4702
翁牛特旗	0.066	0.8568	142.76	1.2804	1189.5708	0.164	116.349	1.4366

通过对三个地区的文冠果种仁油基本理化性质的测定，可以得到以下结论。

（1）水分及挥发物的含量相差不大，都小于 0.1%。

（2）相对密度与其他植物油相比偏低。

（3）皂化值略微偏低，说明油脂中的长链脂肪酸含量较高。

（4）酸值大于 1，所以三个地区的文冠果种仁油在制备生物柴油之前都需要进行脱酸处理，否则会使催化剂中毒、酯交换反应速度下降。

（5）过氧化值都为 0.1～0.2，说明三个地区的文冠果种仁油较新鲜无变质。

（6）碘值都偏大，说明不饱和酸的含量较高，可作为优质的食用油原料，不饱和脂肪酸的双键被空气中的氧氧化，油脂不稳定。

（7）折光率越高，不饱和脂肪酸含量越高。

（8）三个地区的文冠果种仁油存在羟基和羰基的伸缩振动，证明其主要由各种脂肪酸组成。

（9）通过对三个地区的地理位置条件的分析和文冠果种仁油的气相色谱分析，可知文冠果种仁油的碳链长度主要集中在 C16～C18，不饱和酸占 75% 以上，主要是油酸（C18：1）和亚油酸 (C18：2) 的含量较高，是制备生物柴油的优质原料。文冠果种仁油的主要成分油酸的含量随着经度的降低而增大，随着经度的增加而减小；亚油酸的含量随着纬度的增加而增大；亚麻酸随着经度的增加而增加，随着经度的降低而减小；芥酸随着纬度的增加而减小，随着纬度的降低而增大。

第3章 文冠果种仁油脱胶和碱炼脱酸的研究

脱胶和碱炼是降低文冠果种仁油酸值、降低固体碱催化剂损失、提高酯化率的先前处理过程。游离的脂肪酸含量过大，会直接增加酯交换反应中碱催化剂的用量，导致反应过程缓慢，同时，脂肪酸与碱催化剂会发生皂化反应，增加了生物柴油及副产物的分离难度，造成了生物柴油的浪费，因此文冠果种仁油酯交换反应之前的碱炼脱酸过程是必须要进行的预处理过程。脱胶主要是降低文冠果种仁油中的磷脂含量，磷脂含量过高会给脱酸降低酸值过程带来很大的影响。

3.1 试验材料和方法

3.1.1 试验材料

文冠果种仁油，甲醇、无水磷酸二氢钾、乙醇（95%），天津市风船化学试剂科技有限公司；冰乙酸、甲基橙、酚酞，天津市红岩化学试剂厂；浓硫酸（95%～98%），天津市翔宇化工工贸有限责任公司；30% 过氧化氢、无水碳酸钠、盐酸、磷酸，天津市化学试剂三厂；钼酸铵，天津市红旗化工厂；硫酸肼，天津市光复精细化工研究所；氢氧化钾、氢氧化钠，天津市北方天医化学试剂厂；以上试剂均为分析纯。硫酸溶液（$C\frac{1}{2}H_2SO_4=10mol/L$）；钼酸铵溶液 4g/100mL；硫酸肼溶液 0.05g/100mL；磷标准储备液：称取无水磷酸二氢钾 0.4391g，溶于水并准确稀释至 1000mL，混匀，此溶液含磷 0.1mg/mL；磷标准应用液：移取上述磷标准储备液 10mL，加水准确稀释至 100mL，混匀，此溶液含磷 10μg/mL。

3.1.2 试验设备

H2050R 台式高速冷冻离心机，长沙湘仪离心机仪器有限公司；JC-HH-S24 恒温水浴锅，济南精诚实验仪器有限公司；KDM 型调温电热套，山东鄄城华鲁电热仪器有限公司；TU-1901 双光束紫外可见分光光度计，北京普析通用仪器有限公司；BS210S 分析天平，北京赛多利斯天平有限公司；V-3003 旋转蒸发仪，青岛仪航设备有限公司；荣华 HJ-10 型多头磁力加热搅拌器，金坛市荣华仪器制造有限公司；10mL 具塞离心试管、25mL 具塞消化 - 比色管、1mL 移液管、2mL 移液管、5mL 移液管，10mL 移液管、酸式微量滴定管。

3.1.3 试验方法

简单酸法脱胶一般是把油预热到 60℃左右，加入占油重 0.05%～0.2%、浓度为 75%～85% 的磷酸。充分混合后，再加 1%～5% 的水进行水化，继续搅拌 20min 左右，然后用离心分离或沉降法将油脚分出。本试验选取脱胶温度、磷酸量、加水量为考察因素（表 3-1），各取 3 水平，选用 L9（33）正交试验优化提取工艺条件，以期达到最佳脱胶工艺。

表 3-1　试验因素水平表

因素名称	A 脱胶温度 /℃	B 磷酸量 /%	C 加水量 /%
水平 1	70	0.10	2
水平 2	80	0.15	3
水平 3	90	0.20	4

称取脱胶后的文冠果种仁油 10g，加入一定浓度、一定质量的 NaOH 溶液，放在搅拌器上搅拌，按要求设置初温，在恒速下搅拌 1h，升温至终温 65℃，待油中出现明显的絮状沉淀，则停止搅拌，将油放在离心机中旋转 5min。考察反应初温、NaOH 溶液浓度、超量碱对酸值的影响（表 3-2），搅拌速度设为 100r/min。

表 3-2　试验因素水平表

因素名称	A 反应初温 /℃	BNaOH 溶液浓度		C 超量碱 /%
		波美度 /(°Be)	质量浓度 /%	
水平 1	20	16	11.06	0.05
水平 2	30	18	12.59	0.10
水平 3	40	20	14.24	0.15
水平 4	50	22	16.00	0.20

3.1.4　磷脂含量测定[138]

称取油样 1g（准确至 0.01g）于 10mL 具塞离心试管中，加入 3.0mL 甲醇 + 冰乙酸（2∶1）溶液，塞好塞子，用力振摇 2min，在转速为 3000r/min 下离心 2min，移取上层甲醇 + 冰乙酸提取液 1.0mL 于 25mL 消化比色管中，加入 0.7mL 浓硫酸、1.0mL 过氧化氢，置于电热套中消化，待消化液出现棕色，补加过氧化氢，消化至溶液澄清无色，产生白烟，应彻底赶净消化液中的过氧化氢，取出消化管，冷却至室温，加水至 10mL 刻度处混匀。

吸取 0mL、1.0mL、2.0mL、4.0mL、6.0mL、8.0mL 磷标准应用液（相当于每毫升含 0μg、10μg、20μg、40μg、60μg、80μg 磷），分别置于 25mL 消化 - 比色管中。

硫酸溶液（C½H₂SO₄=10mol/L），加水至 10mL 刻度处，混匀。于样品溶液、标准溶液中各加入 1.0mL 4g/100mL 钼酸铵溶液、2.0mL 0.05g/100mL 硫酸肼溶液，摇匀，置于沸水浴中 10min，取出冷却，加水至 25mL 刻度处，摇匀。用 1cm 比色皿以 "0" 管调节零点，于波长 680nm 处测吸光度，绘制标准曲线（图 3-1）。

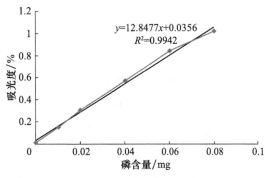

图 3-1　磷含量标准曲线

3.2　试验结果分析

3.2.1　文冠果种仁油脱胶的正交试验设计和方差分析

根据表 3-1 正交试验方案，以文冠果脱胶油中磷脂含量为考察指标，试验结果如表 3-3 所示。据表 3-3 分析可知，磷酸量的极差最大，是影响脱胶效果的关键因子，脱胶温度的影响次之，然后是加水量。因制备生物柴油用的文冠果种仁油磷脂含量应越小越好，所以文冠果种仁油脱胶最佳方案为 $A_2B_2C_3$，即脱胶温度 80℃，加磷酸量占油重的 0.15%，加水量为油重的 4.0% 时，脱胶效果最好，磷脂含量最低，可使文冠果种仁油中的磷脂含量从 284.41mg/kg 降至 46.23mg/kg。由表 3-4 方差分析可知，磷酸量对磷脂含量的影响比较显著。

表 3-3　正交试验结果

因素名称	A 脱胶温度 /℃	B 磷酸量 /%	C 加水量 /%	磷脂含量 /(mg/kg)
1	70	0.10	2.0	48.47
2	70	0.15	3.0	47.69
3	70	0.20	4.0	47.14
4	80	0.10	3.0	47.85
5	80	0.15	4.0	46.23
6	80	0.20	2.0	46.98
7	90	0.10	4.0	47.85
8	90	0.15	2.0	47.38
9	90	0.20	3.0	46.92
Ⅰ	143.30	144.17	142.83	
Ⅱ	141.06	141.3	142.46	
Ⅲ	142.15	141.04	141.22	
K1	47.767	48.057	47.610	
K2	47.020	47.100	47.487	
K3	47.383	47.013	47.073	
R	0.7467	1.0433	0.5367	

表 3-4　方差分析结果

方差来源	离差平方和	自由度	F 值	显著性
A	0.836 467	2	5.396 559 14	
B	2.011 267	2	12.975 913 98	
C	0.474 067	2	3.058 494 624	*
误差	0.155	2		

注：$F < F_{0.05}$ 表示不显著，$*$ 表示 B 相对 A 和 C 比较显著。$F_{0.1}(2, 2)=9$，$F_{0.05}(2, 2)=19$。

3.2.2　文冠果种仁油碱炼脱酸的正交试验设计和方差分析

根据表 3-2 正交试验方案，以文冠果种仁脱胶油的酸值为考察指标，试验结果如表 3-5 所示。

表 3-5　正交试验结果

因素	A 反应初温 /℃	B NaOH 溶液浓度 /(°Bé)	C 超量碱 /%	酸值 /(mg/g)
1	20	16	0.05	1.065
2	30	18	0.05	1
3	40	20	0.05	1.061
4	50	22	0.05	1.03
5	20	18	0.1	0.704
6	30	16	0.1	0.74
7	40	22	0.1	0.816
8	50	20	0.1	0.79
9	20	20	0.15	0.617
10	30	22	0.15	0.665
11	40	16	0.15	0.615
12	50	18	0.15	0.603
13	20	22	0.2	0.627
14	30	20	0.2	0.633
15	40	18	0.2	0.599
16	50	16	0.2	0.622
I	3.012	3.04	4.156	
II	3.04	2.904	3.048	
III	3.092	3.1	2.5	
IV	3.044	3.136	2.48	
K1	0.753	0.76	1.039	
K2	0.76	0.726	0.762	
K3	0.773	0.775	0.625	
K4	0.761	0.784	0.62	
R	0.02	0.058	0.419	

由表 3-5 分析结果可知，超量碱对文冠果种仁油酸值的影响最大，NaOH 溶液浓度次之，反应初温的影响很小。由极差分析结果可知，各影响因素的最优水平分别是 $A_2B_2C_4$，即超量碱为 0.2%，反应初温为 30℃，溶剂浓度为 18°Bé。采用 $A_2B_2C_4$ 工艺条件做放大试验，重复 3 次，酸值分别可降至 0.563mg/g、0.566mg/g、0.565mg/g，平均值为 0.564mg/g。

3.3　小　　结

（1）在脱胶温度80℃，加磷酸量占油重的0.15%，加水量为油重4.0%的优化条件下，文冠果种仁油的脱胶效果最好，磷脂含量最低，可使文冠果种仁油中的磷脂含量从284.41mg/kg降至46.23mg/kg。

（2）经过脱胶处理后的文冠果种仁油在优化条件为超量碱0.2%，反应初温30℃，NaOH溶液浓度为18°Bé进行脱酸处理，酸值可降至0.5643mg/g。

第二篇 文冠果种仁油制备生物柴油前置工艺

第4章 固体酸催化剂SO_4^{2-}/SnO_2-杭锦2#土的制备及表征

日本科学家 Hino 等[139]于 1979 年首次报道了 SO_4^{2-}/Fe_2O_3 固体强酸催化剂，这拉开了研究开发 SO_4^{2-}/M_xO_y 类催化剂的大幕。自此之后，有关这类固体酸催化剂的研究越来越多，并合成了许许多多 SO_4^{2-}/M_xO_y 固体酸催化剂。这类催化剂的优点是对设备不腐蚀、对环境污染小，而且耐高温、可重复使用，因此成为目前催化剂领域的研究热点之一，通过一些报道可知，这类催化剂在已有应用的实例中都表现出了较高的催化活性[140]。这类催化剂的缺点，是在液固反应体系中，其表面上 SO_4^{2-} 会随着反应的进行缓慢溶解，而使活性下降，在焙烧温度以上使用会很快失活等。这类催化剂中的载体氧化物多种多样，但是研究者们在 SO_4^{2-}/TiO_2、SO_4^{2-}/ZrO_2、SO_4^{2-}/Fe_2O_3 这三类催化剂上投入了主要的精力[141]。

杭锦 2# 土为国内所发现的一种罕见的非金属矿物，原矿位于内蒙古杭锦旗境内，该矿土储量丰富、易于开采。该黏土主要矿物的组成成分包括凹凸棒石、伊利石、绿泥石、长石、方解石等的结合物，是一种新型的混合型黏土矿种，目前已经开发出了一些经济环保的绿色产品，被应用到了多个领域。据研究表明，杭锦 2# 土具有自然粒度细、比表面积大、纯度高、吸蓝量大、吸附能力强、热稳定性好等优良特性[142,143]，所以被广泛地应用到了陶瓷、造纸和涂料等生产领域。近年来，白丽梅等[144]、魏景芳等[145]对杭锦 2# 土的催化性能进行了研究，证明杭锦 2# 土经改性处理后有较强的催化活性。但是还未见有关杭锦 2# 土改性后用于催化合成生物柴油的报道，因此，本章对杭锦 2# 土改性负载金属盐 SnO₂ 后用于催化合成生物柴油进行了研究，并对制备的 SO_4^{2-}/ZnO_2-杭锦 2# 土固体酸催化剂进行了表征。

4.1 试验材料、试剂与仪器

4.1.1 试验材料

文冠果种子购自内蒙古赤峰市阿鲁科尔沁旗，陆运到呼和浩特市，在实验室去壳，110℃干燥 4h 后，粉碎过 10 目筛备用；杭锦 2# 土购自内蒙古杭锦旗；吸附白土（江苏澳特邦非金属矿业有限公司生产）；胡麻油，购于内蒙古呼和浩特市。

4.1.2　试验试剂与仪器

结晶四氯化锡（分析纯），天津市光复精细化工研究所；氨水（分析纯），天津风船化学试剂科技有限公司；甲醇（分析纯），天津风船化学试剂科技有限公司；浓硫酸（分析纯），国药集团化学试剂有限公司；无水硫酸钠（分析纯），天津市耀华化工厂；甲醇（分析纯），天津风船化学试剂科技有限公司；电子分析天平（BS210S），北京赛多利斯仪器系统有限公司；紫外可见分光光度计（T6 新悦），北京普析通用仪器有限责任公司；集热式磁力搅拌器（DF-101S 型），郑州杜甫仪器厂；电热鼓风干燥箱 [PH-030（A）]，上海一恒科技有限公司；箱式高温烧结炉（KSL 系列），合肥科晶材料技术有限公司；离心机（TDL-5-A），上海安亭科学仪器厂；Spectrum two FTIR 仪（L160000A），美国 PE 公司；差热 - 热重分析仪（HCT-1），北京恒久科学仪器厂；扫描电子显微镜（S-4300），上海日立电器有限公司生产；X 射线衍射仪（6000X 型），德国 Bruker。

4.2　杭锦 2# 土的活化

4.2.1　杭锦2# 土的活化方法

称取粉碎后过 20 目筛的杭锦 2# 土 10g，加入圆底烧瓶中，并按一定的液固比加入一定浓度的硫酸溶液。在一定的温度下，恒温水浴加热不断搅拌下活化 4h 后，离心分离，并水洗至 pH 为 5～6，在 110℃下干燥 3h，制得活性白土，记为 SO_4^{2-}/ 杭锦 2# 土，粉碎后备用。

4.2.2　杭锦2# 土活化效果试验[143,146]

量取 100mL 胡麻油放于 250mL 圆底烧瓶中，加入 2g 活化后的杭锦 2# 土，在磁力搅拌条件下，于 90℃恒温水浴下反应 1h 后，进行离心分离，取上层清液 2mL，用 10mL 氯仿进行稀释，并以氯仿作参比液，在波长为 470nm 处测定其吸光度。

4.3　固体酸催化剂的制备以及催化活性试验

4.3.1　固体酸催化剂的制备

称取一定量的 $SnCl_4 \cdot 5H_2O$ 溶于蒸馏水中，配成一定浓度的 $SnCl_4$ 溶液，向其中滴加 6mol/L 的氨水，调节 pH 为 5～6，即得 Sn（OH）4 溶胶。在磁力搅拌下将制得的杭锦 2# 土活性白土按照 Sn 溶液与土 5∶1 的比例（mL/g）加入到该溶胶中，在 70℃水浴下回流 12h，冷却，离心分离后，水洗至无 Cl^-，在 90℃下，鼓风干燥 3h，制得 SnO_2- 杭锦 2# 土复合载体，粉碎备用。

按液固比 5∶1（mL/g）将上述 SnO_2- 杭锦 2# 土复合载体与一定浓度的硫酸混合，磁力搅拌下浸渍 4h 后，静置过夜，离心分离，110℃下干燥 3h，粉碎后在一定温度下焙烧 3h，制得 SO_4^{2-}/SnO_2- 杭锦 2# 土固体酸催化剂。

4.3.2　固体酸催化剂的焙烧

将粉碎后的 SO$_4^{2-}$/ZnO$_2$- 杭锦 2$^#$ 土固体酸催化剂在一定温度下焙烧 3h。焙烧条件为：温度从 20℃以 2℃/min 的升温速率升至所需焙烧温度，保持 3h 后，自动降至室温，取出后放入保干器内保存，备用。

4.3.3　固体酸催化剂的催化活性评价

以文冠果种仁油与甲醇合成生物柴油的酯交换反应考察催化剂的催化性能。并通过生物柴油得率考察上述固体酸催化剂的制备条件。其操作过程为：取 10mL 的文冠果种仁油置于三口烧瓶中，再放入 1%（油重的百分含量）的固体催化剂和 2mL 甲醇（按照醇油摩尔比 6∶1 加入），然后放在磁力搅拌器上，在磁力搅拌条件下，恒温水浴加热至 90℃进行酯交换反应。反应时间 2h，当反应结束后，离心分离，将产品倒入分液漏斗使之分层，精制后，称重，计算生物柴油得率。

4.3.4　固体酸催化剂制备条件的选择

使用自制得到的 SO$_4^{2-}$/ZnO$_2$- 杭锦 2$^#$ 土固体酸催化剂，催化文冠果种仁油与甲醇合成生物柴油，并以生物柴油得率为考察指标，采用单因素试验分别考察不同 Sn 加入量、不同浓度硫酸浸渍、不同焙烧温度对催化剂催化活性的影响，从而确定催化剂的制备工艺条件。

4.4　固体酸催化剂的表征

4.4.1　催化剂比表面积（BET）测定

样品 BET 采用贝士德仪器科技（北京）有限公司的 3H-2000PS2 型比表面积测定仪进行测定。脱气模式是加热—抽真空，脱气温度为 120℃，脱气时间为 180min，吸附质为 N$_2$，饱和蒸气压 0.9238MPa，环境温度 20℃。

4.4.2　催化剂红外光谱（FTIR）测定

样品 FT-IR 采用美国 Perkin-Elmer 公司的 L160000A 型 Spectrum two 红外光谱仪进行测定。KBr 压片，扫描范围 400～4000cm^{-1}。

4.4.3　催化剂X射线多晶衍射（XRD）测定

样品 XRD 采用德国 Bruke 公司的 6000X 型 X 射线衍射仪测定。入射光源为 Cu-Kα 靶，扫描角度范围 20°～70°，扫描速率为 2°/min。

4.4.4　催化剂热重分析（TG）分析

样品 TG 采用北京恒久科学仪器厂的 HCT-1 型差热 - 热重分析仪测定。由室温升到 1000℃，升温速率 5℃/min，在空气气氛中进行测定。

4.4.5　催化剂扫描电子显微镜（SEM）测定

样品 SEM 采用日本日立公司的 S-4300 型扫描电镜分析仪进行测定。观察测试样品的表面形貌。

4.5　试验结果与分析

4.5.1　杭锦2#土活化结果分析

1. 活化酸浓度对脱色效果的影响

称取 10g 粉碎并过 20 目筛的杭锦 2# 土 5 份，放入烧瓶中，按照 5：1 的液固比分别加入 1.5mol/L、2.0mol/L、2.5mol/L、3.0mol/L、3.5mol/L 的硫酸溶液，在不断搅拌的条件下，90℃恒温水浴活化 4h，离心分离后在 110℃下干燥 3h，得到不同酸浓度浸渍的脱色剂。然后按油土比为 100：2（mL/g），对市售胡麻油进行脱色处理，考察其活化效果。活化酸浓度对活化效果的影响如图 4-1 所示。

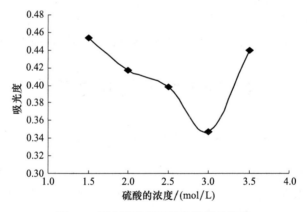

图 4-1　活化酸浓度对脱色效果的影响

由图 4-1 可以看出，当硫酸的浓度为 3.0mol/L 时，其脱色效果最佳。其原因可能是酸溶液可以除去杭锦 2# 土中的杂质，也就是说原矿土中的 Na^+、K^+、Mg^{2+}、Ca^{2+}、Fe^{3+} 等离子被硫酸溶液中的 H^+ 所取代，从而具有活性氢原子，即形成了新的活性吸附表面，也说明该条件下获得的活性白土具有较强的吸附活性。从图 4-1 中还可以看到，若硫酸浓度较低，不足以去除杂质；反之若硫酸浓度太高，杭锦 2# 土表面的结构会受到一定程度的破坏，使其吸附活性降低。故活化的硫酸浓度以 3.0mol/L 为宜。

2. 活化温度对脱色效果的影响

称取 10g 粉碎并过 20 目筛的杭锦 2# 土 5 份，放入烧瓶中，按照 5：1 的液固比加入 3.0mol/L 硫酸溶液，在不断搅拌下，分别于 75℃、80℃、85℃、90℃、95℃恒温水浴中活化 4h，制备得到不同活化温度下的脱色剂。按油土比 100：2（mL/g），对市售胡麻油进行脱色处理，考察其活化效果。活化温度对活化效果的影响如图 4-2 所示。

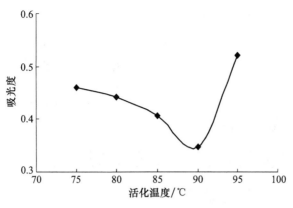

图 4-2 活化温度对脱色效果的影响

由图 4-2 可以看出，制备杭锦 2$^{\#}$ 土活化剂的最适宜的活化温度为 80℃。其原因可能是低温时杭锦 2$^{\#}$ 土中 Fe$_2$O$_3$ 的活性比较低，随着温度的升高，Fe$_2$O$_3$ 的化学活性也在不断地提高，活化效果增强。但是当活化温度超过 80℃ 以后，可能会使杭锦 2$^{\#}$ 土的表面结构受到一定程度的破坏。因此，活化温度应控制在 80℃ 为宜。

3. 液固比对脱色效果的影响

称取 10g 粉碎并过 20 目筛的杭锦 2$^{\#}$ 土 5 份，置于 250mL 圆底烧瓶中，分别按照 3∶1、4∶1、5∶1、6∶1、7∶1 的液固比加入 3.0mol/L 的硫酸溶液，在不断搅拌下，于 90℃恒温水浴中活化 4h，制备得到不同液固比的脱色剂。按油土比 100∶2（mL/g），对市售胡麻油进行脱色处理，考察其活化效果。液固比对活化效果的影响如图 4-3 所示。

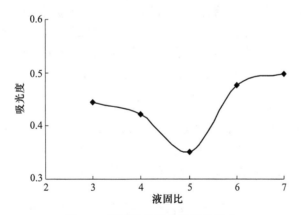

图 4-3 液固比对脱色效果的影响

活化过程是在一定条件下，杭锦 2$^{\#}$ 土与硫酸发生化学反应。反应物之间的接触面积越大，反应速率越快，反应更加充分，故增大液固比有利于活化的进行。但液固比过大，会降低杭锦 2$^{\#}$ 土中有效成分的浓度，使反应速率降低，故而会导致其活化效果不佳。由图 4-3 可以看出，最适宜的液固比为 5∶1。

由此可见，杭锦 2$^{\#}$ 土的最佳活化条件为：活化酸浓度 3mol/L、液固比 5∶1、活化温度 90℃。

4. 活化杭锦 2# 土与市售活性白土脱色效果比较

量取 100mL 胡麻油 2 份，分别以活化的杭锦 2# 土与市售吸附白土为脱色剂，按照 4.2.2 中的方法对胡麻油进行脱色。试验结果表明，活化的杭锦 2# 土脱色后的吸光度值为 0.347，市售活性白土脱色后的吸光度值为 0.450。由此可见，硫酸活化后的杭锦 2# 土的脱色效果好于市售活性吸附白土，证明该活性条件下活化的杭锦 2# 土具有较强的吸附能力，可以用于 SO_4^{2-}/SnO_2- 杭锦 2# 土固体酸催化剂的制备。

4.5.2　固体酸催化剂制备条件的试验结果分析

1. 不同催化剂催化活性的评价

分别以杭锦 2# 土原矿土、硫酸活化后的 SO_4^{2-}/ 杭锦 2# 土、SnO_2- 杭锦 2# 土、SO_4^{2-}/SnO_2- 杭锦 2# 土（按照 4.3.1 和 4.3.2 中的方法制得，其中，$SnCl_4$ 溶液的浓度为 0.4mol/L，H_2SO_4 溶液的浓度为 3.0mol/L，焙烧温度 300℃）为催化剂，并按 4.3.3 中的方法对其催化活性进行评价。不同催化剂的催化活性结果见表 4-1。

表 4-1　不同催化剂催化活性

催化剂种类	生物柴油得率 /%	催化剂种类	生物柴油得率 /%
杭锦 2# 土原矿土	—	SnO_2- 杭锦 2# 土	31.12
SO_4^{2-}/ 杭锦 2# 土	—	SO_4^{2-}/SnO_2- 杭锦 2# 土	88.58

由表 4-1 可以看到，以杭锦 2# 土原矿土和硫酸活化后的杭锦 2# 土为催化剂进行酯交换反应，没有催化效果。当以硫酸活化后的杭锦 2# 土为载体负载 SnO_2 后，虽然有一定的活性，但是生物柴油得率却很低，当以制备的 SnO_2- 杭锦 2# 土为复合载体负载 H_2SO_4，并在 300℃下焙烧后，催化活性明显提高。因此，说明需要制备 SO_4^{2-}/SnO_2- 杭锦 2# 土的固体酸催化剂用于催化文冠果种仁油与甲醇进行酯交换反应才是可行的。

2. 不同 Sn 加入量对催化剂催化活性的影响

分别配制 0.1mol/L、0.2mol/L、0.3mol/L、0.4mol/L、0.5mol/L 的 $SnCl_4$ 溶液，按照 4.3.1 和 4.3.2 中的方法，制得 SO_4^{2-}/SnO_2- 杭锦 2# 土固体酸催化剂，并按 4.3.3 中的方法对其催化活性进行评价。不同 Sn 加入量的催化剂的催化活性结果见表 4-2。

表 4-2　不同 Sn 加入量对催化剂催化活性的影响

$SnCl_4$ 溶液的浓度 /（mol/L）	0.1	0.2	0.3	0.4	0.5
生物柴油得率 /%	69.32	75.68	85.36	88.89	84.78

表 4-2 是 Sn 溶液与土的比例为 5∶1，硫酸浸渍浓度为 3.0mol/L，焙烧温度为 300℃ 条件下，不同 Sn 加入量的催化效果。由表 4-2 可以看到，当 $SnCl_4$ 溶液的浓度为 0.4mol/L 时，其催化活性最高，故本试验中 $SnCl_4$ 溶液的浓度选为 0.4mol/L。

3. 不同酸浓度浸渍对催化剂催化活性的影响

分别配制 1.5mol/L、2.0mol/L、2.5mol/L、3.0mol/L、3.5mol/L 的 H$_2$SO$_4$ 溶液,按 4.3.1 和 4.3.2 的方法,制得 SO$_4^{2-}$/SnO$_2$- 杭锦 2$^\#$ 土固体酸催化剂,并按 4.3.3 的方法对其催化活性进行评价。不同硫酸浓度浸渍的催化剂的催化活性结果见表 4-3。

表 4-3 不同酸浓度对催化剂催化活性的影响

H$_2$SO$_4$ 溶液的浓度 /(mol/L)	1.5	2.0	2.5	3.0	3.5
生物柴油得率 /%	73.24	79.12	84.65	89.13	79.26

表 4-3 是 Sn 溶液与土的比例为 5∶1,SnCl$_4$ 溶液的浓度为 0.4mol/L,焙烧温度为 300℃ 条件下,不同酸浓度浸渍催化剂的催化效果。由表 4-3 可以看到,当 H$_2$SO$_4$ 溶液的浓度为 3.0mol/L 时,其催化活性最高,故 H$_2$SO$_4$ 溶液的浓度选为 3.0mol/L。

4. 不同焙烧温度对催化剂催化活性的影响

按 4.3.1 和 4.3.2 的方法,制得 SO$_4^{2-}$/SnO$_2$- 杭锦 2$^\#$ 土固体酸催化剂,分别在 250℃、300℃、350℃、400℃、450℃的温度下进行焙烧,并按 4.3.3 的方法对其催化活性进行评价。不同焙烧温度的催化剂的催化活性结果见表 4-4。

表 4-4 不同焙烧温度对催化剂催化活性的影响

焙烧温度 /℃	250	300	350	400	450
生物柴油得率 /%	81.34	88.74	90.09	84.28	81.06

表 4-4 是 Sn 溶液与土的比例为 5∶1,SnCl$_4$ 溶液的浓度为 0.4mol/L,硫酸浸渍浓度为 3.0mol/L 的条件下,不同焙烧温度催化剂的催化效果。由表 4-4 可以看到,当焙烧温度为 350℃时,其催化活性最高,故本试验中焙烧温度选择 350℃。

由上述试验结果分析可知,SO$_4^{2-}$/SnO$_2$- 杭锦 2$^\#$ 土固体酸催化剂制备条件为采用 0.4mol/L 的 SnCl$_4$ 溶液制取 Sn(OH)$_4$ 溶胶,按照 Sn 溶液与杭锦 2$^\#$ 土活性白土 5∶1(mL/g)的比例将活性白土加入到该溶胶中,制备复合载体,再以 3.0mol/L H$_2$SO$_4$ 溶液浸渍(液固比 5∶1),350℃下焙烧 3h,即可制得 SO$_4^{2-}$/SnO$_2$- 杭锦 2$^\#$ 土固体酸催化剂。

4.5.3 催化剂表征结果分析

1. 催化剂比表面积(BET)测定结果分析

根据以杭锦 2$^\#$ 土原矿土、SO$_4^{2-}$/ 杭锦 2$^\#$ 土、SnO$_2$- 杭锦 2$^\#$ 土、SO$_4^{2-}$/SnO$_2$- 杭锦 2$^\#$ 土为催化剂时催化试验的评价结果,本节对 SO$_4^{2-}$/ 杭锦 2$^\#$ 土、SnO$_2$- 杭锦 2# 土、SO$_4^{2-}$/SnO$_2$- 杭锦 2$^\#$ 土(按照 4.3.1 和 4.3.2 中的方法制得,其中,SnCl$_4$ 溶液的浓度为 0.4mol/L,H$_2$SO$_4$ 溶液的浓度为 3.0mol/L,焙烧温度 350℃)的比表面积和孔体积进行了测定,其测定结果见表 4-5。

表 4-5　加入不同物质的杭锦 2# 土的比表面积和孔体积

催化剂	比表面积 /(m²/g)	孔体积 /(mL/g)
SO_4^{2-}/ 杭锦 2# 土	144.94	0.6853
SnO_2- 杭锦 2# 土	175.78	0.3688
SO_4^{2-}/SnO_2- 杭锦 2# 土	65.14	0.2756

据文献 [147] 报道，杭锦 2# 土经 H_2SO_4 酸化处理后，制得的活性白土的比表面积比原矿土明显增大，使杭锦 2# 土的孔道畅通、孔径有所扩大。由表 4-5 可知，SnO_2- 杭锦 2# 土和 SO_4^{2-}/ 杭锦 2# 土都有比较高的比表面积，当在 SO_4^{2-}/ 杭锦 2# 土中加入 Sn 组分后，可以看到比表面积增大近 31m²/g，但是孔体积有所下降，可能是因为 SnO_2 组分进入到了 SO_4^{2-}/ 杭锦 2# 土的孔结构中使孔道变得更加丰富的原因。当进一步使用 H_2SO_4 浸渍处理 SnO_2- 杭锦 2# 土复合载体后，比表面积明显变小，孔体积也进一步减小，其原因可能是由于 SnO_2- 杭锦 2# 土复合载体具有良好的吸附性，从而吸附了大量的 SO_4^{2-} 使得一些孔道被堵塞，因此比表面积和孔体积均会下降。之所以反应活性大大增强，其原因可能是 SnO_2- 杭锦 2# 土复合载体吸附了大量的 SO_4^{2-} 后在表面形成了大量的酸中心，从而增强了催化剂的活性。

2. 催化剂红外光谱（FTIR）测定结果分析

本文对 SO_4^{2-}/ 杭锦 2# 土、SnO_2- 杭锦 2# 土、SO_4^{2-}/SnO_2- 杭锦 2# 土（按照 4.3.1 和 4.3.2 中的方法制得，其中，$SnCl_4$ 溶液的浓度为 0.4mol/L，H_2SO_4 溶液的浓度为 3.0mol/L，焙烧温度 350℃）的红外光谱进行了测定，其测定结果见图 4-4。

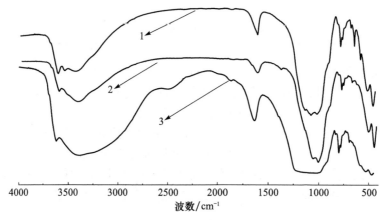

图 4-4　加入不同物质的杭锦 2# 土的红外光谱图

图 4-4 中 1、2、3 分别为 SO_4^{2-}/ 杭锦 2# 土、SnO_2- 杭锦 2# 土、SO_4^{2-}/SnO_2- 杭锦 2# 土的红外光谱图。由图 4-4 可知，红外光谱图中波数 472cm⁻¹ 和 799cm⁻¹ 两处的吸收峰与 SiO_2 有关，波数 472cm⁻¹ 处的峰是 O—Si—O 的弯曲振动吸收峰。添加锡后，在 529cm⁻¹、599cm⁻¹ 处的吸收峰消失，而在 1270cm⁻¹ 处出现一个小的吸收峰，这说明活化后的杭锦 2# 土中已经引入了 SnO_2。文献 [140] 中提到当用硫酸浸渍处理 SnO_2 后，在 990cm⁻¹、1037cm⁻¹、1157cm⁻¹、1272cm⁻¹ 附近应该出现 4 个特征峰，其中 990cm⁻¹ 左右的峰是由于硫酸根和锡以双齿配位进行结合而出现的吸收峰。对于 SO_4^{2-}/SnO_2- 杭锦 2# 土的红外光谱图，因为 SiO_2 吸

收峰的影响，没有观察到以上几个吸收峰，在波数1047cm^{-1}处出现了一个宽而强的峰，因此，通过红外光谱还不能判断SO_4^{2-}/SnO_2- 杭锦2#土的表面硫酸根与锡的结合方式。但是从红外光谱的测定结果可以看出，引入杭锦2#土有效增强了Sn与硫酸根的结合，从而提高了该催化剂的催化剂活性。波数1622cm^{-1}处的峰是水分子弯曲振动吸收峰。波数3430cm^{-1}处的吸收峰是缔合的—OH伸缩振动引起的。

3. 催化剂X射线多晶衍射（XRD）测定结果分析

本文对杭锦2#土原矿土、SO_4^{2-}/ 杭锦2#土、SnO_2- 杭锦2#土、SO_4^{2-}/SnO_2- 杭锦2#土（按照4.3.1和4.3.2中的方法制得，其中，$SnCl_4$溶液的浓度为0.4mol/L，H_2SO_4溶液的浓度为3.0mol/L，焙烧温度350℃）以及采用0.4mol/L的$SnCl_4$溶液和3.0mol/L的H_2SO_4溶液，在不同焙烧温度下，制备得到的SO_4^{2-}/SnO_2- 杭锦2#土固体酸催化剂进行了XRD测定。其测定结果分别见图4-5和图4-6。

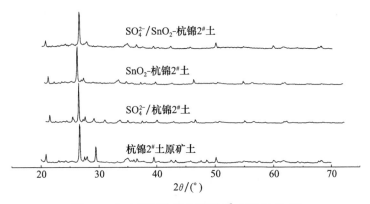

图4-5　加入不同物质的杭锦2#土的XRD图

从图4-5中可以看到，在杭锦2#土原矿土的XRD图中的2θ=20.85°、26.60°、50.15°、68.76°附近出现了很明显的衍射峰，经与JCPDF卡99-0088进行对比后，确定是二氧化硅晶体的衍射峰，说明杭锦2#土原矿土中含有大量的石英；在2θ=23.14°、27.90°附近和29.41°、39.50°、43.26°、48.53°附近也有明显的衍射峰出现，经与JCPDF卡99-0001、99-0085、99-0012和99-0022等PDF卡片进行对比后，确定为长石和方解石的特征衍射峰，这表明在杭锦2#土中有一定量的长石以及方解石存在，这与文献[141]的分析一致。在SO_4^{2-}/杭锦2#土的XRD图中可以看到，经酸化处理后的杭锦2#土中SiO_2以及方解石的衍射峰都明显降低，而且在2θ=25.43°、31.94°、49.24°附近出现新的衍射峰，经与JCPDF卡99-0010卡片进行对比后确认为$CaSO_4$的特征衍射峰，这说明经硫酸处理后，$CaCO_3$转化为了$CaSO_4$。在SnO_2- 杭锦2#土的XRD图中可以看到，当加入Sn元素后，$CaSO_4$的衍射峰消失，SiO_2衍射峰的强度也降低，这表明催化剂的结晶度下降，缺陷增多，因而致使比表面积增大。在SO_4^{2-}/SnO_2- 杭锦2#土的XRD图中可以看到，加入H_2SO_4浸渍处理后，SiO_2衍射峰的强度进一步降低，这表明催化剂的结晶度进一步下降，由于SnO_2与SO_4^{2-}的结合，使得催化剂的活性大大增强。

图4-6是采用0.4mol/L的$SnCl_4$溶液和3.0mol/L的H_2SO_4溶液，分别在250℃、300℃、350℃、400℃、450℃焙烧后的XRD测定结果。

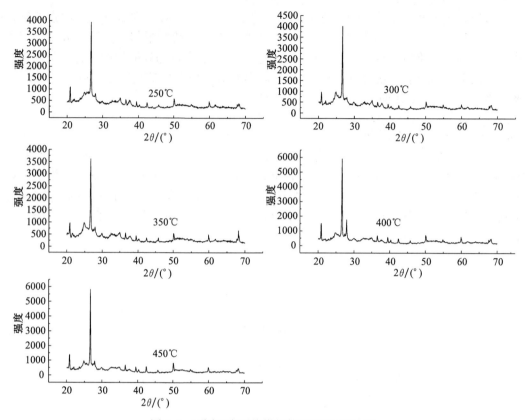

图 4-6　不同温度下焙烧的催化剂的 XRD 图

由图 4-6 可知，随着焙烧温度的逐渐升高，$2\theta=20.85°$、$26.60°$ 附近的 SiO_2 特征衍射峰逐渐地减弱，当焙烧温度达到 350℃时，其衍射峰强度最小，当焙烧温度高于 350℃后，随着焙烧温度的升高，催化剂在 $2\theta=20.85°$、$26.60°$ 附近的 SiO_2 特征衍射峰强度逐渐增强，据文献 [144] 报道，在较高温度时催化剂表面吸附的 SO_4^{2-} 会以 SO_x 的形式进行分解，而且随着 SO_4^{2-} 的分解，催化剂的结晶度越来越高，催化剂表面的活性中心数目却不断地减少，因此催化剂的催化活性将会有所降低，这与表 4-4 的试验结果分析一致。

4. 催化剂热重分析（TG）分析结果分析

本文对 $SO_4^{2-}/$杭锦 $2^{\#}$ 土、SO_4^{2-}/SnO_2- 杭锦 $2^{\#}$ 土（按照 4.3.1 和 4.3.2 中的方法制得，其中，$SnCl_4$ 溶液的浓度为 0.4mol/L，H_2SO_4 溶液的浓度为 3.0mol/L，焙烧温度 350℃）以及采用 0.4mol/L 的 $SnCl_4$ 溶液和焙烧温度为 350℃时，不同浓度的 H_2SO_4 溶液浸渍下，制备得到的 SO_4^{2-}/SnO_2- 杭锦 $2^{\#}$ 土固体酸催化剂进行了 TG 测定。其测定结果分别见图 4-7 和图 4-8。

图 4-7 是杭锦 $2^{\#}$ 土添加锡前后的 TG 曲线，其中在温度为 20～200℃的失重，主要原因是催化剂表面吸附的水脱附所致，而温度在 400～800℃的失重，主要原因是催化剂表面所吸附的 SO_4^{2-} 进行分解所致。由图 4-7 可以看出，添加 Sn 后，测试样品在 400～800℃的失重率有所增大，这说明加入 Sn 后，催化剂表面结合 SO_4^{2-} 量有所增加。换而言之，在杭锦 $2^{\#}$ 土中添加 Sn 可以在催化剂表面稳定地结合 SO_4^{2-}，使催化剂表面的酸中心数目有所增加，近而达到提高催化剂的催化活性的目的，这与表 4-1 的试验结果分析一致。

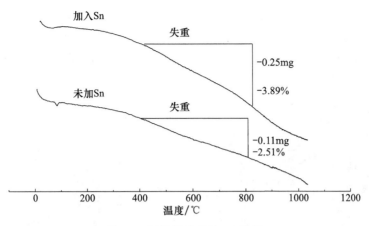

图 4-7　添加锡前后的 TG 曲线

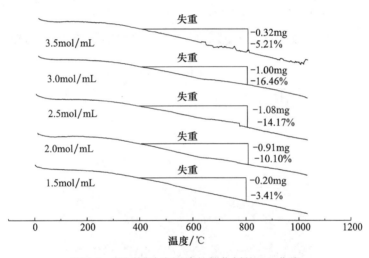

图 4-8　不同酸浓度浸渍的催化剂的 TG 曲线

图 4-8 是以不同浓度的 H$_2$SO$_4$ 溶液浸渍处理 SnO$_2$- 杭锦 2$^#$ 土后制得的固体酸催化剂的 TG 曲线，由图 4-8 中可以看出，随着 H$_2$SO$_4$ 溶液浓度的不断增大，SO$_4^{2-}$/SnO$_2$- 杭锦 2$^#$ 土催化剂在 400～800℃的失重率呈现先增大后减小的变化趋势，当 H$_2$SO$_4$ 溶液的浓度为 3.0mol/L 时，固体酸催化剂的失重率达到最大值，为 16.46%，这说明此时 SnO$_2$- 杭锦 2$^#$ 土复合载体的表面上结合的 SO$_4^{2-}$ 最多，也就是酸中心的数目最多，催化剂的催化活性应该最强，这与表 4-3 的试验结果分析一致。

5. 催化剂扫描电子显微镜（SEM）测定结果分析

本文对 SO$_4^{2-}$/ 杭锦 2$^#$ 土、SnO$_2$- 杭锦 2$^#$ 土、SO$_4^{2-}$/SnO$_2$- 杭锦 2$^#$ 土（按照 4.3.1 和 4.3.2 中的方法制得，其中，SnCl$_4$ 溶液的浓度为 0.4mol/L，H$_2$SO$_4$ 溶液的浓度为 3.0mol/L，焙烧温度 350℃）进行了 SEM 测定。其测定结果分别见图 4-9（a）～（c），其中图 4-9（a）为 SO$_4^{2-}$/ 杭锦 2$^#$ 土，图 4-9（b）为 SnO$_2$- 杭锦 2$^#$ 土，图 4-9（c）SO$_4^{2-}$/SnO$_2$- 杭锦 2$^#$ 土。

从图 4-9 中测试样品的 SEM 照片可以看出，加入 Sn 元素后，样品的表面变得粗糙疏松，其表面已被加入的 SnO$_2$ 组分修饰了，整体呈现类似蜂窝状的结构，致使其比表面积有所增加。而在此基础上再使用硫酸浸渍处理后，就会发现由于硫酸的加入，其表面结构更加松散、有序，可以看到 Sn 与 SO_4^{2-} 很好地结合在了一起，因此，其催化活性会大大增强，但是加入硫酸后表面整体呈团聚现象，将其孔道堵塞，致使其比表面积有所下降，这与 XRD 和比表面积的分析结果一致。

图 4-9　SO_4^{2-}/ 杭锦 2# 土、SnO_2- 杭锦 2# 土、SO_4^{2-}/SnO_2- 杭锦 2# 土的扫描电镜图

4.6　小　　结

（1）采用硫酸对杭锦 2# 土进行活化处理，最适宜的活化条件为 H_2SO_4 的浓度为 3.0mol/L，活化温度为 90℃，液固比为 5∶1，经对胡麻油进行脱色试验，可以确定其具有较强的吸附性，可以用于 SO_4^{2-}/SnO_2- 杭锦 2# 土固体酸催化剂的制备。

（2）通过对催化剂制备条件试验结果分析，确定了 SO_4^{2-}/SnO_2- 杭锦 2# 土固体酸催化剂制备条件为：$SnCl_4$ 溶液的浓度为 0.4mol/L，H_2SO_4 溶液的浸渍浓度为 3.0mol/L，焙烧温度为 350℃，即可制得 SO_4^{2-}/SnO_2- 杭锦 2# 土固体酸催化剂，并通过 BET、FT-IR、XRD、TG-DTA、SEM 对制得的催化剂进行了表征，并对表征结果进行了分析。

第5章 固体碱催化剂载体——活性炭的制备及其吸附性能的研究

染料广泛应用于造纸、塑料、食品、化妆和纺织等领域[148]。染料溶入水中，即使浓度很低，也会造成许多污染和环境问题。吸附是一种比较有效地去除水溶液中有机染料的方法。当前，在许多工业领域，应用比较有效的方法为采用活性炭作吸附剂。近几年，农林加工剩余物，如稻壳[149]、茶渣、生物污泥[150]和麦秸等越来越广泛地应用于废水中有害和有色物质的吸附。

亚甲基蓝（methylene blue）和碱性品红（basic fuchsin）是典型的可评价吸附剂性能的有机染料，应用比较广泛，包括染色棉、头发着色剂和彩色相纸等行业。近年来，国内外学者开始寻找便宜有效的吸附剂来去除水溶液中的亚甲基蓝和碱性品红，其中应用最有效的就是利用废弃的生物质为原料制备活性炭。糠醛废渣[151]、花生壳[152]、纤维素[153]、小麦壳[154]、米糠壳[155]等生物质都能用来制备活性炭。通常制备活性炭主要采用化学试剂活化的方法，常用的酸性活化剂有 H_2SO_4、H_3PO_4 和 HCl 等，碱性活化剂有 KOH、NaOH 和 K_2CO_3 等[156]。

试验选用文冠果子壳和果壳为原料制备活性炭，文冠果是我国特有的油料物种，文冠果果壳占文冠果全质量的 30%～40%，其果壳内含有大量的纤维素和半纤维素。通常文冠果子壳和果壳未被利用而被丢弃，既造成了浪费又污染环境。我国目前对文冠果的研究主要围绕文冠果油的提取和制备生物柴油，而将废弃的文冠果子壳和果壳制备活性炭的研究鲜见报道，本试验的目的即通过超声波处理后的文冠果子壳和果壳活性炭吸附有机染料——亚甲基蓝和碱性品红能力的评价，并对其吸附等温线和动力学进行研究，以制备一种高性能的吸附剂，应用于重金属、染料治理和环境保护等领域。

5.1 试验材料和方法

5.1.1 试验材料

文冠果子壳和果壳粉末；氯化锌、盐酸、磷酸，天津市化学试剂三厂；氢氧化钠、亚甲基蓝 $C_{16}H_{18}N_3SCl$、碱性品红 $C_{20}H_{20}N_3Cl$，天津市瑞金特化学品有限公司；碘化钾、碘、重铬酸钾、硫代硫酸钠，天津市风船化学试剂科技有限公司。

5.1.2 试验设备

TU-1901 双光束紫外可见分光光度计，北京普析通用仪器有限公司；BZN-1.5 变压吸附制氮机，杭州博达华工科技发展有限公司；FSX2-12-15N 箱式电阻炉，天津华北实验仪器有限公司；BS210S 分析天平，北京赛多利斯天平有限公司；SHA-C 水温恒温振荡器，金坛市荣华仪器制造有限公司；PB-10 pH 测定仪，塞多利斯科学仪器有限责任公司；H2050R 台式高速冷冻离心机，长沙湘仪离心机仪器有限公司；S-3400N 扫描电镜（图 5-1），日本日立公司。

图 5-1　扫描电镜（S-3400N）

5.1.3　试验原理

在实际的吸附过程中，两类吸附往往同时发生，难于明确区分。例如，某些物质在发生物理吸附后，其化学键被拉长，甚至能改变这个分子的化学性质。物理吸附和化学吸附在一定的条件下也是可以互相转化的。同一物质，可能在较低温度下进行物理吸附，而在较高温度下所进行的往往又是化学吸附。Demir 等[157]认为 $|\Delta H|<25\text{kJ/mol}$ 发生的是物理吸附，$|\Delta H|>40\text{kJ/mol}$ 为化学吸附。Lian[158] 给出一般来说吸附过程中位 ΔH 在 $-20\sim40\text{kJ/mol}$ 时，认为吸附是物理吸附；$-400\sim-80\text{kJ/mol}$ 时则是化学吸附，正值时是放热反应，负值时是吸热反应。

1. 吸附平衡与等温式

固液两相经过充分的接触后，最终将会达到吸附与脱附的动态平衡，达到平衡时，单位吸附剂吸附的物质的量称为平衡吸附量，用 $Q(\text{mg/g})$ 表示，计算公式为：

$$Q = \frac{(c_0 - c_e) \times V}{m} \tag{5-1}$$

式中，Q 为平衡吸附量（mg/g）；c_0 为吸附前溶液浓度（mg/L）；c_e 为平衡后的溶液浓度（mg/L）；V 为所取溶液体积（L）；m 为所取活性炭的质量（g）。

用来描述吸附等温线的数学公式称为吸附等温式。常用的有 Langmuir 等温式和 Freundlich 等温式[159]，计算公式分别为：

$$\text{Langmuir} \quad \frac{c_e}{Q_e} = \frac{1}{K_L \times Q_m} + \frac{c_e}{Q_m} \tag{5-2}$$

$$\text{Freundlich} \quad Q = K_F \times c^{\frac{1}{n}} \tag{5-3}$$

式中，Q_m（mg/g）是活性炭最大吸附量；K_L（L/mg）是 Langmuir 常数；K_F（L/g）和 n 是

Freundlich 经验常数。

　　Langmuir 等温线特性用无量纲平衡常数 R_L 表示[160]：

$$R_L = \frac{1}{1 + K_L c_0} \quad (5\text{-}4)$$

式中，c_0(mg/L) 是溶液初始浓度。

　　根据 Langmuir 等温线公式，做 c_e/Q_e 和 c_e 的关系图，利用斜率和截距可以推导出 Q_m 和 K_L 以及直线的线性相关系数 R^2，如果得到的直线 R^2 越接近 1，则说明吸附剂对吸附质的吸附方式符合 Langmuir 模型，其假设是单层吸附；根据 Freundlich 等温线公式，做 $\ln Q$ 与 $\ln c$ 的关系图形，通过系数 R^2 判断线性相关性，其中 $1/n$ 越小，吸附性能越好，一般认为为 $0.1 < 1/n < 0.5$ 时，较容易吸附，$1/n > 2$ 时，比较难于吸附。

　　通过描绘吸附溶液在活性炭上的吸附等温线，不仅能够寻找适合的等温线模型，更能揭示吸附平衡状态下溶液分子在液相与固相中分布的曲线。

2. 吸附动力学

　　吸附过程大致上可分为三个连续的阶段。第一个阶段为吸附质扩散通过水膜而到达吸附剂的表面，称为膜扩散；第二个阶段为吸附质在孔隙内的扩散；第三个阶段为溶质在吸附剂的内部表面发生的吸附。通常情况下，第三个阶段的吸附速度非常快，总的吸附速度由速率较慢的第一、第二阶阶段所控制，吸附过程初始阶段往往由膜扩散控制，而在吸附接近完成时，内扩散起到决定作用。

　　分别用一级动力学方程与二级动力学方程研究表面能比较大的活性炭的吸附速率[161]。

$$\text{一级动力学方程：} \quad \ln(Q_e - Q_t) = \ln Q_e - \left(\frac{K_1}{2.303}\right)t \quad (5\text{-}5)$$

$$\text{二级动力学方程：} \quad \frac{t}{Q_t} = \frac{1}{K_2 Q_e^2} + \left(\frac{1}{Q_e}\right)t \quad (5\text{-}6)$$

式中，Q_e(mg/g) 和 Q_t(mg/g) 分别为吸附平衡和时间 t 时的吸附量；K_1(1/min) 为一级吸附速率常数；K_2[g/(mg·min)] 为二级吸附速率常数。

　　根据一级动力学方程，做 $\ln(Q_e - Q_t)$ 与 t 的图，通过线性相关系数 R^2 判断线性相关性，R^2 值越大表明该吸附过程越接近于一级动力学方程。根据二级动力学方程，对实验数据做 t/Q_t 和 t 的关系图，可以通过斜率和截距求出二级速率常数 K_2。通过系数 R^2 判断线性相关性，R^2 值越大表明该吸附过程越接近于二级动力学方程。

3. 吸附热力学参数

　　热力学吉布斯自由能变（$\triangle G$）、熵（$\triangle S$）、焓（$\triangle H$）分别用以下公式计算：

$$\Delta G = -RT \ln K \quad (5\text{-}7)$$

$$\ln K = \frac{\Delta S}{R} - \frac{\Delta H}{RT} \quad (5\text{-}8)$$

$$K = Q_e / c_e \quad (5\text{-}9)$$

式中，R 是气体摩尔常数，8.314×10^{-3}kJ/(mol·K)；T 是绝对温度 (K)；K 是 Langmuir 平衡常量（L/mol）；$\triangle G$ 是吉布斯自由能变（kJ/mol）；$\triangle S$ 是熵值 [J/(mol·K)]；$\triangle H$ 是反应焓变

(kJ/mol)。

ln$K$ 对 1/T 作图由斜率和截距得出 $\triangle S$、$\triangle H$。根据计算得到的 $\triangle H$，判断反应是吸热还是放热；根据得到的 $\triangle G$，判断吸附是否为自发的反应；通过 $\triangle S$ 值，表明在吸附过程中固液界面上分子运动无序性增加。

5.1.4　试验方法

1. 文冠果果壳活性炭的制备

文冠果果壳采自内蒙古自治区赤峰市。文冠果果壳先在 100℃ 的干燥箱内干燥 24h，干燥完之后进行粉碎和过筛，选取 60 目的颗粒。称取一定量的文冠果果壳粉末于烧杯内，加入 60% 的 $ZnCl_2$ 溶液，搅拌，浸渍 1h 后置于 200℃ 箱式电阻炉中炭化 12h，并通入 N_2。然后将温度调至 500℃，活化 1.5h。取出后，放入超声波清洗仪中，用蒸馏水清洗 60min，至 pH = 7。过滤，将湿炭粉置基于 120℃ 干燥箱中干燥，研磨后得到活性炭，装入自封袋内。

准确配制 5mg/L 的亚甲基蓝溶液 20mL 于 250mL 锥形瓶中，加热至 90℃。准确称取文冠果果壳活性炭 0.02g，倒入锥形瓶中，搅拌 20min。冷却后，取上清液，用分光光度计，测定 670nm 处吸光度，计算脱色率。计算公式为：

$$脱色率\,(\%) = (A_0 - A)/A_0 \times 100\% \qquad (5\text{-}10)$$

式中，A_0 为处理前亚甲基蓝溶液的吸光度；A 为处理后的亚甲基蓝溶液吸光度。

在波长 670nm 处测得 5mg/L 亚甲基蓝溶液的吸光度 A_0 为 0.7447。设计适宜的条件进行正交试验，考察文冠果果壳活性炭制备因素液固比、活化液浓度、活化温度和活化时间对亚甲基蓝脱色率的影响。

2. 文冠果子壳活性炭的制备

文冠果子壳采自内蒙古赤峰市。文冠果子壳先在 100℃ 的干燥箱内干燥 24h，然后进行粉碎和过筛，选取 60 目的文冠果子壳颗粒。称取一定量的文冠果子壳粉末于烧杯内，加入 85% 的 H_3PO_4 溶液，搅拌 1h 后置于 500℃ 的箱式电阻炉中反应 12h，同时通入 N_2。取出后，放入超声波清洗仪中，用蒸馏水反复清洗 1h，至 pH = 7。过滤，将湿炭粉置于 120℃ 干燥箱中干燥，研磨后得到黑色活性炭，装入自封袋内，备用。设计正交试验，考察文冠果子壳活性炭制备因素液固比、活化液浓度、活化温度和活化时间对亚甲基蓝脱色率。

3. 活性炭的吸附试验

准确称取 0.05g 活性炭放入 100mL 的锥形瓶中，加入 50mL 的 500mg/L 的亚甲基蓝溶液，置于恒温振荡器（振速 150r/min）振荡至吸附平衡后离心分离，取上清液，用分光光度计测其浓度，由式（5-1）计算吸附量。

准确称取 0.04g 活性炭放入 100mL 的锥形瓶中，加入 50mL 的 300mg/L 的碱性品红溶液，测定方法同上。

4. 亚甲基蓝和碱性品红标准曲线

以浓度为横坐标，吸光度为纵坐标，绘制亚甲基蓝和碱性品红溶液的标准工作曲线，见图 5-2 和图 5-3。

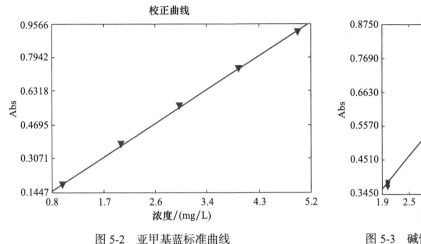

图 5-2　亚甲基蓝标准曲线

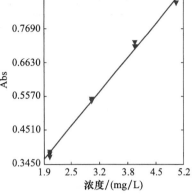

图 5-3　碱性品红标准曲线

5. 活性炭吸附碘值的测定 [162]

取 26g 碘化钾溶于 30mL 水中，加入 13g 碘，使碘充分溶于碘化钾溶液中，然后加水稀释至 1000mL，配成（0.1±0.002）mol/L 的标准碘溶液，充分摇匀并静置 2 天，经标定后，储存于棕色玻璃瓶中。称取 0.1000g 活性炭于锥形瓶中，加入 10.0mL 盐酸使试样湿润，加热至沸 30s，冷却后加入 50.0mL 的 0.1mol/L 碘标准溶液，振荡 15min，过滤，用移液管吸取 10.0mL 滤液，放置于 250mL 碘量瓶中，加入 100mL 水，用 0.1mol/L 硫代硫酸钠标准溶液进行滴定，当滴定至淡黄色时，加 2mL 的淀粉指示剂，继续滴定至溶液呈无色。碘值计算公式：

$$E = 5(10c_1 - V \times c_2) \times 126.9/m \tag{5-11}$$

式中，c_1 为碘溶液的浓度（mol/L）；V 为滴定体积（mL）；c_2 为硫代硫酸钠的浓度（mol/L）；m 为活性炭质量（g）。

硫代硫酸溶液的浓度先用重铬酸钾滴定测得，再用硫代硫酸钠溶液滴定碘液，碘液的浓度由下式计算：

$$c_{Na_2S_2O_3} = 0.017 \times 25 \times 6 \times 20/140 \times V_{K_2Cr_2O_7} \tag{5-12}$$

$$c_{1/2I_2} = c_{Na_2S_2O_3} \times V_{Na_2S_2O_3}/20 \tag{5-13}$$

5.2　试验结果与分析

5.2.1　氯化锌活化法制备文冠果果壳活性炭

根据式（5-11）计算亚甲基蓝的脱色率，并以脱色率为指标，优化氯化锌溶液活化法制备文冠果果壳活性炭的工艺，见表 5-1。

表 5-1　$L_9(3^4)$ 正交试验结果与数据分析

试验序号	液固比 A（w/w）	活化液浓度 B/%	活化温度 C/℃	活化时间 D/min	亚甲基蓝脱色率 /%
1	1.5∶1	45	400	60	95.61
2	1.5∶1	50	450	90	96.12

试验序号	液固比 A（w/w）	活化液浓度 B/%	活化温度 C/℃	活化时间 D/min	亚甲基蓝脱色率 /%
3	1.5∶1	55	500	120	95.06
4	2.0∶1	45	450	120	94.84
5	2.0∶1	50	500	60	96.20
6	2.0∶1	55	400	90	95.40
7	2.5∶1	45	500	90	95.18
8	2.5∶1	50	400	120	96.20
9	2.5∶1	55	450	60	95.57
K1	95.597	95.210	95.737	95.793	
K2	95.480	96.173	95.510	95.567	
K3	95.650	95.343	95.480	95.367	
R	0.170	0.963	0.257	0.426	

通过表 5-1 得出氯化锌法制文冠果果壳活性炭最主要的影响因素是活化液浓度，其次为活化时间、活化温度和液固比，即 B＞D＞C＞A，优化工艺条件为液固比 2.5∶1，氯化锌浓度 50%，活化温度 400℃，活化时间 60min，亚甲基蓝脱色率达 90% 以上。通过表 5-2 试验数据分析，活化液浓度对文冠果果壳制备活性炭的亚甲基蓝脱色率影响显著。

表 5-2　方差结果分析

方差来源	离差平方和	自由度	F 值	显著性
A	0.045	2	1.000	
B	1.635	2	36.333	*
C	0.118	2	2.622	
D	0.273	2	6.607	
误差	0.04	2		

注：$F＞F_{0.05}$，* 表示显著。

5.2.2　磷酸锌活化法制备文冠果子壳活性炭

从表 5-3 数据分析得出，对文冠果子壳活性炭的亚甲蓝脱色率影响最大的因素是活化液磷酸的浓度，其次为活化温度、液固比和活化时间，即 B＞C＞A＞D，优化工艺条件为液固比 2.0∶1，磷酸浓度 85%，活化温度 500℃，活化时间 150min。从表 5-4 的试验数据分析，磷酸溶液的浓度对文冠果子壳制备活性炭的亚甲基蓝脱色率影响显著。因此采用磷酸活化法制备文冠果子壳活性炭，活化液磷酸浓度是影响亚甲基蓝脱色率的主要的影响因素。

表 5-3　$L_9(3^4)$ 正交试验结果与数据分析

试验序号	液固比 A（w/w）	活化液浓度 B/%	活化温度 C/℃	活化时间 D/min	亚甲基蓝脱色率 /%
1	1.5∶1	70	400	90	94.20
2	1.5∶1	85	450	120	95.41

续表

试验序号	液固比 A（w/w）	活化液浓度 B/%	活化温度 C/℃	活化时间 D/min	亚甲基蓝脱色率/%
3	1.5：1	90	500	150	95.80
4	2.0：1	70	450	150	94.10
5	2.0：1	85	500	90	96.05
6	2.0：1	90	400	120	95.06
7	2.5：1	70	500	120	94.58
8	2.5：1	85	400	150	95.10
9	2.5：1	90	450	90	94.12
K1	95.137	94.627	94.620	94.790	
K2	95.237	95.520	94.877	94.850	
K3	94.600	94.827	95.477	95.333	
R	0.637	0.893	0.857	0.543	

表 5-4　方差结果分析

方差来源	离差平方和	自由度	F 值	显著性
A	0.527	2	5.067	
B	2.278	2	21.904	*
C	1.392	2	13.385	
D	0.107	2	1.000	
误差	0.10	2		

注：$F>F_{0.05}$，＊表示显著。

5.2.3　文冠果果壳活性炭吸附亚甲基蓝的研究

1 文冠果果壳活性炭电镜扫描分析

从图 5-4（a）中可以看出，未用超声波处理过的活性炭的表面结构，有大量紧密排列的孔隙，表面含有一定量的杂质；图 5-4（b）为经过超声波清洗仪处理过的活性炭，可以看到，其表面杂质数量减少，并且孔隙的比表面积增大，排列有序；图 5-4（c）为吸附亚甲基蓝后的活性炭的表面结构，可以看出，活性炭的表面出现了不规则的排列。

2. pH 对亚甲基蓝溶液吸附量的影响

pH 对亚甲基蓝溶液吸附量的影响见图 5-5。从图 5-5 中可以看出，pH 从 2.0 增大到 10.0，活性炭对亚甲基蓝溶液的吸附量也随着增加。溶液的 pH 为影响亚甲基蓝吸附的重要影响因素之一，因为 pH 可能控制亚甲基蓝和活性炭之间的静电相互作用力。当溶液 pH 从 2.0 增大到 10.0 时，亚甲基蓝的吸附量从 202.316mg/g 增加到 238.158mg/g，在酸性条件下溶液中的 H^+ 较多，使得活性炭表面带正电荷，占据了吸附剂的位置，与阳离子的亚甲基蓝分子相互排斥因而减少了吸附量，在 pH 为 8~10 条件下，活性炭表面带负电荷，与亚甲基蓝分子相互吸引增加了吸附量，可以看出 pH 的变化对吸附量的影响很小，这是因为活性炭表面电荷改变量很小。对浮萍、葵花籽壳吸附亚甲基蓝研究也得出类似的结果[163, 164]。

图 5-4　文冠果果壳活性炭扫面电镜图

3. 温度对亚甲基蓝吸附量的影响

在 30℃、40℃ 和 50℃ 条件下，测定了活性炭对亚甲基蓝溶液吸附的影响，结果如图 5-6 所示。试验结果表明吸附量随温度的增加成比例的增大，从 235.041mg/g 升至 287.307mg/g。这是因为升高温度加快了亚甲基蓝的迁移速度，促进了活性炭对亚甲基蓝分子的吸附；同时这是一个吸热的反应，升高温度能使活性炭内部结构发生膨胀作用[165]，从而穿透亚甲基蓝分子，也使吸附量增大。试验结果与椰子壳活性炭吸附亚甲基蓝结果类似[166]。

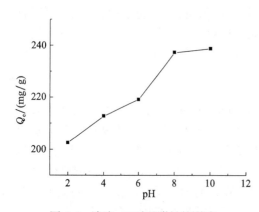

图 5-5　溶液 pH 对吸附量的影响

4. 时间对吸附量的影响

文冠果果壳活性炭对亚甲基蓝溶液的吸附量随时间的变化曲线，结果如图 5-7 所示。从图 5-7 中可以看出，在吸附的初始阶段，吸附量的变化很大，而 75min 后趋于缓和，即此时开始活性炭对亚甲基蓝的吸附已经达到平衡。达到吸附平衡以后，吸附量有稍微增大，变化不明显，这是因为初始阶段开始亚甲基蓝分子能迅速进入到活性炭的边界层，随后又扩散至活性炭的表面，最后进入活性炭的孔隙中，吸附量接近饱和，变化不明显。

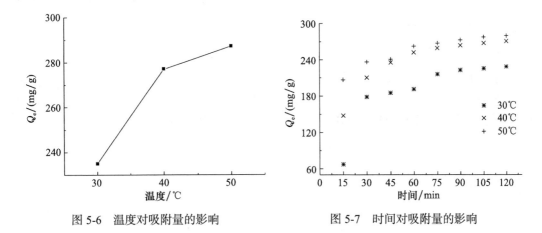

图 5-6　温度对吸附量的影响　　　　　图 5-7　时间对吸附量的影响

5. 吸附等温曲线

通过描绘亚甲基蓝在文冠果果壳活性炭上的吸附等温线，不仅能够寻找适合的等温线模型，更能揭示吸附平衡状态下亚甲基蓝分子在液相与固相中分布的曲线。在温度 30℃、40℃、50℃下，采用 Langmuir 与 Freundlich 两种吸附等温线模型对亚甲基蓝在文冠果果壳活性炭上的吸附等温线进行拟合，得到的结果示于图 5-8 和图 5-9，各项参数列于表 5-5。

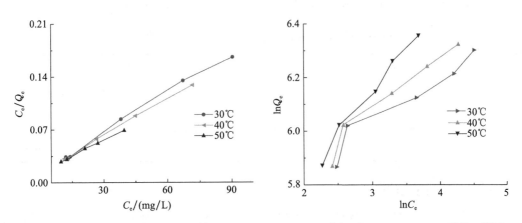

图 5-8　不同温度下 Langmuir 吸附等温线图　　　图 5-9　不同温度下 Freundlich 吸附等温线图

表 5-5　不同温度下活性炭吸附亚甲基蓝的 Langmuir 和 Freundlich 等温线相关参数

T/℃	Langmuir 吸附等温线			Freundlich 吸附等温线		
	R^2	K_L/(L/mg)	R_L	$\ln K_F$	R^2	$1/n$
30	0.995	1.5968	0.1828	5.4788	0.8158	0.1793
40	0.9948	1.2349	0.1645	5.3965	0.9415	0.2208
50	0.997	1.1691	0.1654	5.1449	0.9807	0.333

从图 5-8 与图 5-9 中 Langmuir 与 Freundlich 对亚甲基蓝吸附量的拟合曲线可以看出，Langmuir 方程的拟合结果与试验结果有很好的一致性，从表 5-5 中（$R^2 > 0.99$）也可比较得出以上结论。这表明 Langmuir 方程能够更好地描述亚甲基蓝在活性炭表面的吸附平衡态。在温度 30℃、40℃、50℃下都有 $0 < R_L < 1$，说明亚甲基蓝在文冠果果壳活性炭上的吸附是向有利于反应的过程进行的。

6. 吸附动力学

文冠果果壳活性炭吸附亚甲基蓝的动力学模型见图 5-10 和图 5-11，可以得出表 5-6 的动力学参数，由表 5-6 可知，在实验浓度范围内，二级动力学方程的线性相关系数 $R^2 > 0.99$，表明文冠果果壳活性炭吸附亚甲基蓝遵循二级动力学方程。

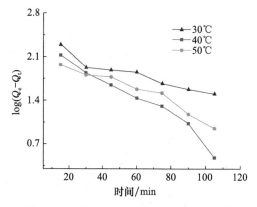
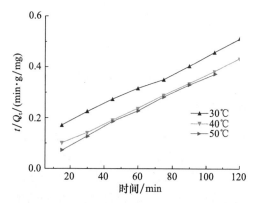

图 5-10　不同温度下吸附一级反应动力学　　　图 5-11　不同温度下吸附二级反应动力学

表 5-6　不同温度下活性炭吸附亚甲基蓝的动力学参数

T/℃	一级动力学方程			二级动力学方程		
	R^2	Q_e/(mg/g)	K_1/min	R^2	Q_e/(mg/g)	K_2[g/(mg·min)]
30	0.9375	9.7874	0.0078	0.9966	312.5	8.1433
40	0.9107	10.9168	0.0164	0.9996	312.5	20.1207
50	0.9107	8.4629	0.0096	0.9979	303.0303	35.3356

7. 吸附热力学参数

由表 5-7 可知，$\triangle H > 0$，说明是一个吸热反应。$\triangle G < 0$，表明是一个自发的反应，所以文冠果果壳活性炭吸附亚甲基蓝是一个自发吸热的反应过程。$\triangle S > 0$ 表明在吸附过程中固／液界面上分子运动无序性增加。

表 5-7　活性炭吸附亚甲基蓝的热力学参数

T/℃	$\triangle G$/(kJ/mol)	$\triangle H$/(kJ/mol)	$\triangle S$/[J/(mol·K)]
30	−5.0488		
40	−6.3284	33.26	126.37
50	−7.9602		

5.2.4　文冠果子壳活性炭吸附亚甲基蓝的研究

1. pH 对亚甲基蓝吸附量的影响

从图 5-12 可以得出，随着 pH 从 2.0 增大到 10.0，亚甲基蓝的吸附量从 557.12mg/g 增大到 583.53mg/g。当 pH 从 2.0 增大到 5.0 时，亚甲基蓝的吸附量增加迅速，因为在酸性很强的条件下，H^+ 浓度较高，H^+ 与亚甲基蓝之间相互竞争吸附，随着酸性减弱，H^+ 浓度降低，吸附量又快速增大；当 pH 从 5.0 增大到 10.0 时，由于吸附在活性炭表面的亚甲基蓝分子和未被吸附的亚甲基蓝分子存在"空间位阻效应"，活性炭不能再吸收更多的亚甲基蓝分子，因此吸附量变化很小。

2. 温度对亚甲基蓝吸附量的影响

从图 5-13 可以看出，当温度从 20℃升高到 50℃时，文冠果子壳活性炭对亚甲基蓝溶液的吸附量从 536.25mg/g 增大到 591.47mg/g。这是因为随着温度的升高，亚甲基蓝分子的扩散速率增大，活性炭的表面随着温度的升高而扩张，增大了与亚甲基蓝分子的接触面积，使亚甲基蓝分子和活性炭的碰撞机会增大，因此吸附量增加。

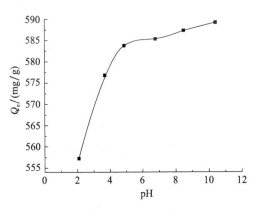

图 5-12　溶液 pH 对吸附量的影响

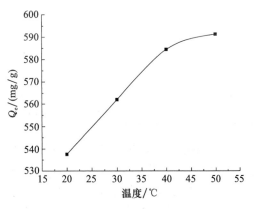

图 5-13　温度对吸附量的影响

3. 时间对亚甲基蓝吸附量的影响

由图 5-14 可以看出，4 个温度下亚甲基蓝吸附量随时间的变化曲线，在 15～105min 时，吸附量都是在逐渐增加；105min 后，吸附量基本没有发生变化，这是因为在吸附的前 105min 内，亚甲基蓝分子通过范德华力吸附在活性炭的表面，随着时间的延长其表面吸附达到饱和，吸附量不再改变。

4. 吸附等温曲线

在 20℃、30℃、40℃和 50℃下，采用 Langmuir 与 Freundlich 两种吸附等温线模型对亚甲基蓝在文冠果子壳活性炭上的吸附等温线进行拟合，

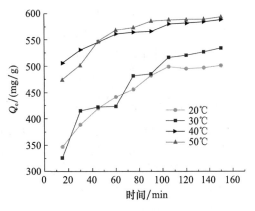

图 5-14　时间对吸附量的影响

得到的结果示于图 5-15 和图 5-16，各项参数列于表 5-8。

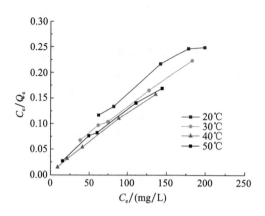

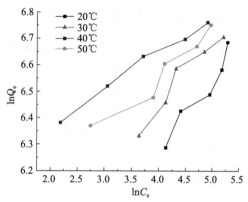

图 5-15　不同温度下 Langmuir 吸附等温线图　　图 5-16　不同温度下 Freundlich 吸附等温线图

表 5-8　不同温度下活性炭吸附亚甲基蓝的 Langmuir 和 Freundlich 等温线相关参数

等温线	$T/℃$	20	30	40	50
Langmuir	$K_L/(\text{L/mg})$	2.09×10^{-2}	4.09×10^{-2}	7.1×10^{-2}	0.152
	R_L	0.045	0.023	0.014	0.007
	R^2	0.982	0.998	0.995	0.994
Freundlich	n	3.4494	4.1946	5.8891	7.299
	$k_f/(\text{L/g})$	1.646	2.425	2.579	4.432
	R^2	0.917	0.934	0.931	0.987

　　通过 Langmuir 与 Freundlich 对亚甲基蓝吸附量的拟合曲线可以看出，Langmuir 方程的拟合结果与实验结果有很好的一致性，从表 5-8 中（$R^2>0.99$）也可比较得出以上结论。这表明 Langmuir 方程能够更好地描述亚甲基蓝在活性炭表面的吸附平衡态。在温度 20℃、30℃、40℃、50℃下都有 $0<R_L<1$，说明亚甲基蓝在文冠果子壳活性炭上的吸附是向有利于反应的过程进行的。

5. 吸附动力学

　　文冠果子壳活性能吸附亚甲基蓝溶液的吸附动力学曲线分别用一级和二级动力学方程进行拟合，见图 5-17、图 5-18，动力学参数见表 5-9。

　　从表 5-9 可知，在实验浓度范围内，二级动力学方程的线性相关系数 $R^2>0.99$，表明文冠果子壳活性炭吸附亚甲基蓝遵循二级动力学方程。

6. 吸附热力学参数

　　在吸附温度分别为 20℃、30℃、40℃ 和 50℃ 条件下，$\triangle G$ 分别为 -3.386kJ/mol、-3.778kJ/mol、-4.632kJ/mol 和 -4.968kJ/mol；$\triangle H$ 和 $\triangle S$ 分别为 13.05kJ/mol 和 55.99J/(mol·K)；因此，根据 $\triangle H>0$，说明是一个吸热反应。$\triangle G<0$，表明是一个自发的反应，所以文冠果子壳活性炭吸附亚甲基蓝是一个自发吸热的反应过程。$\triangle S>0$ 表明在吸附过程中固液界面上分子运动无序性增加。

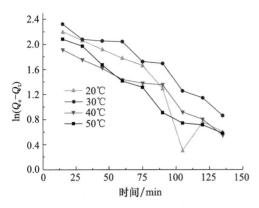

图 5-17　不同温度下吸附一级反应动力学　　　　图 5-18　不同温度下吸附二级反应动力学

表 5-9　不同温度下活性炭吸附亚甲基蓝的动力学参数

动力学	参数	亚甲基蓝			
		20℃	30℃	40℃	50℃
一级动力学方程	Q_e	501	534	560	593
	$K_1/(L/min)$	3.6×10^{-2}	2.7×10^{-2}	2.5×10^{-2}	3.1×10^{-2}
	R^2	0.855	0.943	0.958	0.963
二级动力学方程	$K_2/[g/(mg \cdot min)]$	1.73×10^{-4}	1.08×10^{-4}	5.4×10^{-4}	2.9×10^{-4}
	$Q_e(t)$	526	558	588	625
	R^2	0.998	0.995	0.998	0.999

5.2.5　文冠果子壳活性炭吸附碱性品红的研究

1. pH 对碱性品红吸附量的影响

由图 5-19 可知，当溶液 pH 从 4.0 增加到 10.0 时，碱性品红的吸附量从 340.87mg/g 增加到 359.52mg/g。在 pH 从 4.0 增加到 8.0 时，酸性很强条件下，溶液中的 H^+ 浓度较高，使活性炭表面分子带正电荷，根据同性相斥原理，因此酸性条件下文冠果子壳活性炭对碱性品红的吸附量较小；当 pH 从 8.0 增加到 10.0 时，活性炭表面不能再吸附更多的碱性品红分子，达到吸附平衡，所以吸附量基本保持不变。

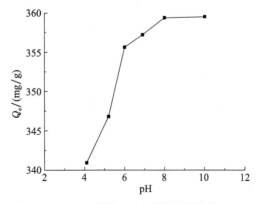

图 5-19　溶液 pH 对吸附量的影响

2. 温度对碱性品红吸附量的影响

由图 5-20 可知，当吸附温度从 30℃升高到 50℃时，活性炭对碱性品红的吸附量从 342.85mg/g 增大到 355.94mg/g。这是因为温度的升高，能促进活性炭吸附碱性品红溶液的进行，温度越高，碱性品红分子越活泼，越容易与活性炭发生碰撞，因此吸附量逐渐增加。

3. 时间对碱性品红吸附量的影响

文冠果子壳活性炭对碱性品红溶液的吸附量随时间的变化曲线，结果如图 5-21 所示。从图 5-21 可以看出，在吸附的初始阶段，吸附量的变化很大，而 30min 后趋于缓和，即此时开始活性炭对碱性品红的吸附已经达到平衡。达到吸附平衡以后，吸附量有稍微增大，变化不明显，这是因为初始阶段开始碱性品红分子能迅速进入到活性炭的边界层，最后进入活性炭的孔隙中，吸附量已接近饱和，所以吸附量变化不明显。

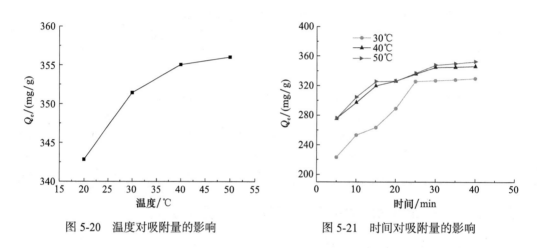

图 5-20　温度对吸附量的影响　　　　　图 5-21　时间对吸附量的影响

4. 吸附等温线

在温度 30℃、40℃、50℃下，采用 Langmuir 与 Freundlich 两种吸附等温线模型对碱性品红在文冠果子壳活性炭上的吸附等温线进行拟合，得到的结果示于图 5-22 和图 5-23，各项参数列于表 5-10。

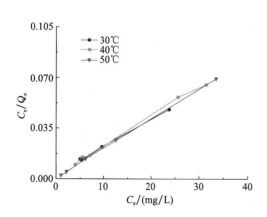
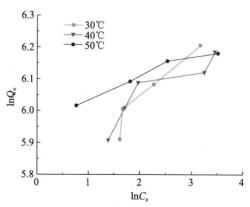

图 5-22　不同温度下 Langmuir 吸附等温线图　　　图 5-23　不同温度下 Freundlich 吸附等温线图

表 5-10　不同温度下活性炭吸附碱性品红的 Langmuir 和 Freundlich 等温线相关参数

等温线	参数	$T/℃$		
		30	40	50
Langmuir	$K_L/(L/mg)$	0.487 2	0.625	2.222
	R_L	0.004 863	0.003 795	0.001 07
	R^2	0.999 2	0.996 5	0.999 9
Freundlich	n	10.091	8.503	13.477
	$K_F/(L/g)$	328.912 5	329.672 6	382.030 3
	R^2	0.886 5	0.833 8	0.954 2

从图 5-22 与图 5-23 中 Langmuir 与 Freundlich 对碱性品红吸附量的拟合曲线可以看出，Langmuir 方程的拟合结果与实验结果有很好的一致性，从表 5-10 中（$R^2>0.99$）也可比较得出以上结论。这表明 Langmuir 方程能够更好地描述碱性品红在活性炭表面的吸附平衡态。在温度 30℃、40℃、50℃下都有 $0<R_L<1$，说明碱性品红在文冠果子壳活性炭上的吸附是向有利于反应的过程进行的。

5. 吸附动力学

文冠果子壳活性炭吸附碱性品红的动力学模型见图 5-24 和图 5-25，可以得出表 5-11 中的动力学参数，从表 5-11 可知，在实验浓度范围内，二级动力学方程的线性相关系数 $R^2>0.99$，表明文冠果子壳活性炭吸附碱性品红遵循二级动力学方程。

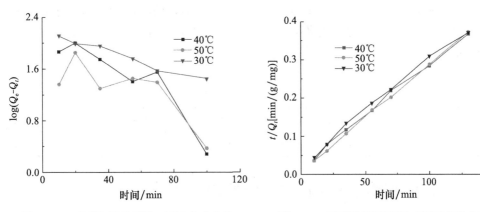

图 5-24　不同温度下吸附一级反应动力学　　　图 5-25　不同温度下吸附二级反应动力学

表 5-11　不同温度下活性炭吸附碱性品红的动力学参数

动力学	参数	碱性品红		
		30℃	40℃	50℃
一级动力学方程	Q_e	149.589 1	197.106 1	50.968 28
	$K_1/(L/min)$	0.017 503	0.043 757	0.028 788
	R^2	0.973	0.941 2	0.474 4
二级动力学方程	$K_2/[g/(mg·min)]$	$2.45×10^{-4}$	$3.68×10^{-4}$	$8.62×10^{-4}$

动力学	参数	碱性品红		
		30℃	40℃	50℃
二级动力学方程	$Q_e(t)$	370.370 4	370.370 4	357.142 9
	R^2	0.993 4	0.996 1	0.997 6

6. 吸附热力学参数

由表 5-12 可知，$\triangle H > 0$，说明是一个吸热反应，$\triangle G < 0$，表明是一个自发的反应，所以文冠果子壳活性炭吸附碱性品红是一个自发吸热的反应过程，$\triangle S > 0$ 表明在吸附过程中固 / 液界面上分子运动无序性增加。

表 5-12　活性炭吸附碱性品红的热力学参数

$T/℃$	$\triangle G/(\text{kJ/mol})$	$\triangle H/(\text{kJ/mol})$	$\triangle S/[\text{J/(mol·K)}]$
30	−5.394		
40	−6.917	26.444	105.50
50	−7.485		

5.2.6　活性炭对碘值的吸附

由表 5-13 测定的碘值可知，以文冠果子壳和果壳制备的活性炭都具有很强的碘值吸附能力，文冠果子壳活性炭的碘值吸附性能要优于以其果壳制备的活性炭，碘值吸附值为 1438.05mg/g。

表 5-13　活性炭的碘值

活性炭	文冠果子壳 1	子壳 2	文冠果果壳 1	果壳 2
碘值/（mg/g）	1438.05	1432.67	1274.10	1278.46

5.2.7　不同吸附材料的吸附性能比较[167~169]

不同吸附材料，如柚子皮、花生壳、大麻秆活性炭等对亚甲基蓝吸附量的比较，见表 5-14。

表 5-14　不同吸附材料吸附性能的比较

吸附材料	亚甲基蓝吸附量 $Q/(\text{mg/g})$
柚子皮	169.49
花生壳	68.03
大麻秆活性炭	471.698

吸附材料	亚甲基蓝吸附量 Q/(mg/g)
废弃木材活性炭	416.7
文冠果子壳活性炭	591.47

5.3 小 结

通过对以文冠果果壳和子壳,分别用氯化锌和磷酸活化的方法制备的活性炭进行工艺条件优化,以及活性炭对亚甲基蓝、碱性品红和碘值进行吸附试验,得出以下结论。

(1)氯化锌法制备文冠果果壳活性炭的主要影响因素是活化液浓度,其次为活化时间、活化温度和液固比,氯化锌法制备文冠果果壳活性炭的优化工艺条件为液固比 2.5∶1,氯化锌浓度 50%,活化温度 400℃,活化时间 60min,亚甲基蓝脱色率达 90% 以上。

(2)对文冠果子壳活性炭的亚甲蓝脱色率影响最大的因素是活化液磷酸的浓度,其次为活化温度、液固比和活化时间,磷酸法制备文冠果子壳活性炭的优化工艺条件为液固比 2.0∶1,磷酸浓度 85%,活化温度 500℃,活化时间 150min。

(3)亚甲基蓝溶液在弱碱或碱性条件下,有利于被文冠果果壳活性炭吸附,温度越高,越有利于被活性炭吸附,反应在 75min 后,活性炭对亚甲基蓝的吸附已经达到平衡,吸附量最高为 287.31mg/g;Langmuir 单层吸附方程能很好地拟合文冠果果壳活性炭对亚甲基蓝的吸附,吸附过程符合二级动力学方程;最后通过热力学方程计算得 $\triangle G < 0$,$\triangle S$ 为 126.37J/(mol·K),$\triangle H$ 为 33.26kJ/mol,表明文冠果果壳活性炭吸附亚甲基蓝是一个吸热自发的反应。

(4)文冠果子壳活性炭吸附亚甲基蓝溶液受 pH、时间和温度的影响,pH 越大,越有利于亚甲基蓝的吸附,在 105min 时吸附达到平衡,温度越高越有利于亚甲基蓝的吸附,最大吸附值高达 591.47mg/g;在任意温度下,吸附符合 Langmuir 等温线并且遵循二级动力学模型;热力学参数 $\triangle G < 0$,$\triangle H$ 为 13.05kJ/mol,$\triangle S$ 为 55.99J/(mol·K),表明文冠果子壳活性炭吸附亚甲基蓝是一个吸热自发的反应。

(5)在 pH=8.0 时,文冠果子壳活性炭吸附碱性品红溶液达到平衡,吸附时间为 30min 时吸附量不再发生明显变化,温度越高越有利于碱性品红的吸附,最大吸附值高达 359.52mg/g;文冠果子壳活性炭吸附碱性品红溶液同样符合 Langmuir 等温线并且遵循二级动力学模型;热力学参数 $\triangle G < 0$,$\triangle H$ 为 26.444kJ/mol,$\triangle S$ 为 105.50J/(mol·K),也同样表明文冠果子壳活性炭吸附碱性品红是一个吸热自发的反应。

(6)文冠果果壳活性炭和子壳活性炭都有很强的碘值吸附能力,最大可分别达到 1278.46mg/g 和 1438.05mg/g。

(7)文冠果子壳活性炭的亚甲基蓝吸附量高于常见吸附材料的亚甲基蓝吸附量。

综上所述,文冠果子壳活性炭对亚甲基蓝溶液、碱性品红溶液和碘值的吸附量要高于其果壳制备的活性炭,因此,选择文冠果子壳活性炭作为制备固体碱催化剂的载体。

第6章　文冠果子壳活性炭（XSBL-AC）吸附重金属离子

6.1　XSBL-AC 吸附 Zn（Ⅱ）

锌（zinc，Zn），元素周期表中原子序数 30，是ⅡB族金属。密度 7.14g/cm³，熔点 419.5℃，沸点 906℃。锌是一种浅灰色的过渡金属，在常温下，性较脆；100～150℃时，变软；超过 200℃后，又变脆。锌在常温下表面会生成一层薄而致密的碱式碳酸锌膜，可阻止进一步被氧化。当温度达到 225℃后，锌则会剧烈氧化。锌在自然界中分布较广，主要以硫化锌、氧化锌状态存在，锌也与铅、铜、镉等元素的矿物共生，如 ZnS（闪锌矿）、ZnCO₃（菱锌矿）、ZnO（红锌矿）以及与 PbS 共生的铅锌矿等。全世界每年通过河流进入海洋的锌约有 393 万 t。锌污染，是指锌及其化合物所引起的环境污染，主要污染源有选矿厂、采矿场、镀锌厂、冶金合金企业、仪器仪表厂和造纸厂等工业的排放，以及煤燃烧产生的粉尘、烟尘中也含有锌及其化合物（GB 25466—2010/XG1—2013《铅、锌工业污染物排放标准》国家标准第 1 号修改单，水污染中总锌的排放限值为 1.5mg/L）。锌是人体必需微量元素的一种，普通成年人全身含锌量 2.0～2.5g，含锌的酶有 80 余种，正常人每天从食物中摄入锌 10～15mg。但摄入含有过量锌的食物会引起锌中毒，特别在涂锌容器内制造酸性食品更易发生中毒引起急性胃肠炎，如有胃肠道症状、呕吐、肠功能失调和腹泻、头晕、周身乏力。锌不溶于水，但是锌盐，如氯化锌、硝酸锌、硫酸锌等却易溶于水。工业废水中锌常以锌的羟基络合物存在，如 Zn（OH）⁺、Zn（OH）₂、Zn（OH）₄²⁻、Zn（OH）₂·2H₂O，废水中锌的浓度为 Zn²⁺ 与上述 4 种络合物之和。氢氧化锌沉淀的最适 pH 为 9～10，当 pH 升高时，沉淀物将重新溶解。因此，工业废水中重金属锌的污染是目前引人关注的一种具有蓄积性和生物富集性的慢性水体污染。

6.1.1　试验材料

锌标准溶液：称取分析纯 ZnO 1.2447g 于 200mL 烧杯中，用少量水润湿，然后逐滴加入 HCl 溶液（1:1），边加边搅拌至完全溶解为止。然后，将所得溶液定量转移入 1000mL 容量瓶中，稀释至刻度并摇匀。此溶液作为储备液，1mL 含 Zn（Ⅱ）1mg，放置备用。下述步骤中将此标准储备液稀释成不同浓度的 Zn（Ⅱ）溶液进行吸附实验；试验中所用试剂均为分析纯，未经进一步纯化；试验用水均为去离子水。

6.1.2　试验仪器

BS210S 分析天平（北京赛多利斯天平有限公司）；DHG-9254A 型电热恒温鼓风干燥箱（上海齐欣科学仪器有限公司）；TU-1901 型双光束紫外可见分光光度计（北京普析通用仪器

有限责任公司）；PB-10 型 pH 测定仪（北京赛多利斯科学仪器有限责任公司）；SHA-C 型数显水浴恒温振荡器（江苏金坛江南仪器制造厂）；H-2500R 型台式高速冷冻离心机（湖南湘仪离心机仪器有限公司）；KS-300EI 型超声波振荡器（上海比朗仪器有限公司）；HITACHI S-4800 型扫描电子显微镜（日本）；HITACHI S-4800 型能谱分析仪（日本）；Thermo Nicolet 红外光谱仪（美国），KBr 压片样品。

6.1.3 锌的测定方法

水溶液中锌离子的测定如下所述：分别移取 50mg/L 的锌标准溶液 0.50mL、1.00mL、1.50mL、2.00mL、2.50mL、3.00mL、3.50mL 于 50mL 的容量瓶中，均加入 10mLpH = 5.7 的乙酸/乙酸钠缓冲溶液和 2.5mL 1.5g/L 的二甲酚橙溶液，用水稀释至刻度，摇匀。在波长为 570nm 处用 1cm 的比色皿以试剂空白作参比测定其吸光度，以浓度为横坐标，吸光度为纵坐标绘制标准工作曲线，得其标准曲线方程，如图 6-1 所示。

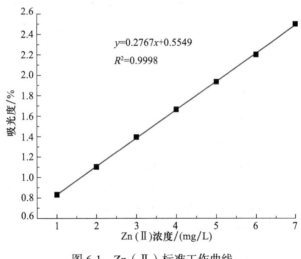

图 6-1 Zn（Ⅱ）标准工作曲线

6.1.4 吸附试验

分别称取 XSBL-AC 0.1000g，置于 100mL 锥形瓶中，然后加入 50mL 一定浓度的 Zn（Ⅱ）溶液，用乙酸 - 乙酸钠缓冲溶液调节溶液 pH，置于恒温水浴振荡器中（振速 120r/min）振荡。在一定条件下达到吸附平衡后，混合物过滤，离心分离（转速 6000r/min）10min，取上层澄清液，使用紫外可见分光光度计测定溶液中剩余 Zn（Ⅱ）的离子浓度。在不同 Zn（Ⅱ）初始浓度、pH、吸附温度和吸附时间下进行吸附试验，由式（6-1）计算 XSBL-AC 对 Zn（Ⅱ）的吸附量（考虑到试验误差，在相同的条件下平行进行 3 次吸附试验，结果取其平均值）：

$$q_{t,1} = \frac{(C_0 - C_{t,1})V_1 \times 65.38}{m_1} \qquad (6\text{-}1)$$

式中，$q_{t,1}$ 为 t 时刻的吸附量（mg/g）；C_0 和 $C_{t,1}$ 分别为 Zn（Ⅱ）的初始浓度和 t 时刻的剩余浓度（mol/L）；V_1 为吸附 Zn（Ⅱ）溶液的体积（mL）；m_1 为吸附剂质量（g）。Zn 的分子质

量为 65.38g/mol。计算过程中，忽略 Zn（Ⅱ）离子损耗的其他机理（如挥发、降解以及器壁残留的损失等）。

6.1.5　XSBL-AC吸附Zn（Ⅱ）的影响因素

1. Zn（Ⅱ）初始浓度对 XSBL-AC 吸附量的影响

称取 0.1000g XSBL-AC 分别加入到 0.005mol/L、0.0070mol/L、0.010mol/L、0.013mol/L、0.015mol/L、0.018mol/L、0.020mol/L、0.025mol/L 的 Zn（Ⅱ）溶液中，调节溶液 pH 为 5.20，吸附温度控制在 60℃，在恒温水浴振荡器中以 120r/min 振荡 40min 后，静置，过滤，离心分离（转速 6000r/min）10min，取上层清液，用紫外可见分光光度计测定溶液中剩余 Zn（Ⅱ）的离子浓度，考察不同 Zn（Ⅱ）初始浓度对 XSBL-AC 吸附量的影响。

2. 溶液 pH 对 XSBL-AC 吸附量的影响

称取 0.1000g XSBL-AC 分别加入到 0.015mol/L 的 Zn（Ⅱ）溶液中，调节溶液 pH 分别为 2.18、3.14、4.03、4.48、5.01、5.20、5.74，吸附温度控制在 60℃，在恒温水浴振荡器中以 120r/min 振荡 40min 后，静置，过滤，离心分离（转速 6000r/min）10min，取上层清液，用紫外可见分光光度计测定溶液中剩余 Zn（Ⅱ）的离子浓度，考察不同溶液 pH 对 XSBL-AC 吸附量的影响。

3. 吸附温度对 XSBL-AC 吸附量的影响

称取 0.1000g XSBL-AC 分别加入到 0.015mol/L 的 Zn（Ⅱ）溶液中，调节溶液 pH 为 5.20，控制吸附温度分别为 25℃、30℃、40℃、50℃、55℃、60℃、65℃、70℃、75℃，在恒温水浴振荡器中以 120r/min 振荡 40min 后，静置，过滤，离心分离（转速 6000r/min）10min，取上层清液，用紫外可见分光光度计测定溶液中剩余 Zn（Ⅱ）的离子浓度，考察不同吸附温度对 XSBL-AC 吸附量的影响。

4. 吸附时间对 XSBL-AC 吸附量的影响

称取 0.1000g XSBL-AC 分别加入到 0.015mol/L 的 Zn（Ⅱ）溶液中，调节溶液 pH 为 5.20，吸附温度控制在 60℃，在恒温水浴振荡器中以 120r/min 振荡吸附，控制吸附时间分别为 10min、20min、30min、35min、40min、45min、50min、60min、70min、80min 后，静置，过滤，离心分离（转速 6000r/min）10min，取上层清液，用紫外可见分光光度计测定溶液中剩余 Zn（Ⅱ）的离子浓度，考察不同吸附时间对 XSBL-AC 吸附量的影响。

6.1.6　解吸试验

称取 0.1000g 吸附 Zn（Ⅱ）饱和的 XSBL-AC，分别加入 50mL 的不同浓度解吸剂溶液中，在一定温度下超声波振荡（100W，40kHz），达到吸附平衡后，过滤，离心分离解吸液（转速 6000r/min），取离心后上层清液，用紫外可见分光光度计测定解吸后溶液中 Zn（Ⅱ）的离子浓度，计算在不同解吸剂溶液、HNO_3 浓度、解吸温度和解吸时间下进行解吸试验，由式（6-2）计算 XSBL-AC 对 Zn（Ⅱ）的解吸量（考虑到试验误差，在相同的条件下平行进行 3 次解吸试验，结果取其平均值）：

$$q_{t,2} = \frac{C_{t,2}V_2 \times 65.38}{m_2}$$ （6-2）

式中，$q_{t,2}$ 为解吸量（mg/g）；$C_{t,2}$ 为 t 时刻解吸溶液中 Zn（Ⅱ）的浓度（mol/L）；V_2 为解吸实验所用 Zn（Ⅱ）溶液的体积（mL）；m_2 为吸附 Zn（Ⅱ）饱和的 XSBL-AC 质量（g）。

6.1.7　XSBL-AC解吸Zn（Ⅱ）的影响因素

1. 不同解吸剂对 XSBL-AC 解吸量的影响

称取 0.1000g 吸附 Zn（Ⅱ）饱和的 XSBL-AC，分别加入到 0.2000mol/L 的 HCl、H_2SO_4、HNO_3、H_3PO_4、C_2H_5OH 和 NaOH 溶液中，在 50℃时超声波振荡 70min 后，静置，过滤，离心分离解吸液（转速 6000r/min），取离心后上层清液，用紫外可见分光光度计测定解吸后溶液中 Zn（Ⅱ）的离子浓度，考察不同解吸剂对 XSBL-AC 解吸量的影响。

2. HNO_3 浓度对 XSBL-AC 解吸量的影响

称取 0.1000g 吸附 Zn（Ⅱ）饱和的 XSBL-AC，分别加入到 0.10mol/L、0.15mol/L、0.20mol/L、0.25mol/L、0.30mol/L、0.40mol/L、0.50mol/L 的 HNO_3 溶液中，在 50℃时超声波振荡 70min 后，静置，过滤，离心分离解吸液（转速 6000r/min），取离心后上层清液，用紫外可见分光光度计测定解吸后溶液中 Zn（Ⅱ）的离子浓度，考察不同 HNO_3 浓度对 XSBL-AC 解吸量的影响。

3. 解吸温度对 XSBL-AC 解吸量的影响

称取 0.1000g 吸附 Zn（Ⅱ）饱和的 XSBL-AC，分别加入到 0.20mol/L 的 HNO_3 溶液中，在 30℃、40℃、50℃、55℃、60℃、70℃时超声波振荡 70min 后，静置，过滤，离心分离解吸液（转速 6000r/min），取离心后上层清液，用紫外可见分光光度计测定解吸后溶液中 Zn（Ⅱ）的离子浓度，考察不同解吸温度对 XSBL-AC 解吸量的影响。

4. 解吸时间对 XSBL-AC 解吸量的影响

称取 0.1000g 吸附 Zn（Ⅱ）饱和的 XSBL-AC，分别加入到 0.20mol/L 的 HNO_3 溶液中，在 50℃时超声波（100W，40kHz）振荡 20min、30min、40min、50min、60min、70min、80min 后，静置，过滤，离心分离解吸液（转速 6000r/min），取离心后上层清液，用紫外可见分光光度计测定解吸后溶液中 Zn（Ⅱ）的离子浓度，考察不同解吸时间对 XSBL-AC 解吸量的影响。

6.1.8　循环试验

称取 0.1000g XSBL-AC 加入到 0.015mol/L 的 Zn（Ⅱ）溶液中，调节溶液 pH 为 5.20，吸附温度控制在 60℃，在恒温水浴振荡器中以 120r/min 振荡 40min 后，静置，过滤，离心分离（转速 6000r/min）10min，取上层清液测定溶液中剩余 Zn（Ⅱ）的离子浓度；下层固体样品用去离子水清洗至中性，120℃烘干，研磨，过 200 目筛。

称取上述 0.1000g 吸附 Zn（Ⅱ）饱和的 XSBL-AC，加入到 0.20mol/L 的 HNO_3 溶液中，在 50℃时超声波振荡 70min 后，静置，过滤，离心分离解吸液（转速 6000r/min），取离心后上层清液测定解吸后溶液中 Zn（Ⅱ）的离子浓度；下层固体样品去离子水清洗至中性，120℃烘干，研磨，过 200 目筛，以备循环试验使用。重复上述吸附和解吸试验操作 5 次，测定每次吸附和解吸平衡后溶液中 Zn（Ⅱ）的离子浓度，使用式（6-1）和式（6-2）计算 XSBL-AC 的吸附量和解吸量。

6.1.9　傅里叶变换红外光谱分析

将吸附 Zn（Ⅱ）前后的 XSBL-AC 烘干，研磨，过 200 目筛，样品采用 KBr 压片法制片，进行傅里叶红外光谱分析。

6.1.10　扫描电镜和X射线能谱分析

对吸附 Zn（Ⅱ）前后的 XSBL-AC 进行电镜扫描和能谱分析，观察吸附前后活性炭的表观形貌和能谱变化。

6.1.11　试验结果与分析

1. Zn（Ⅱ）初始浓度对 XSBL-AC 吸附量的影响

图 6-2 为不同 Zn（Ⅱ）初始浓度对 XSBL-AC 吸附量的影响。吸附试验条件为：XSBL-AC 用量 0.1000g，溶液 pH5.20，吸附温度 60℃，吸附时间 40min。结果表明：当 Zn（Ⅱ）初始浓度为 5.0～15.0mmol/L 时，随着 Zn（Ⅱ）初始浓度的增加，吸附量从 36.72mg/g 增加到 102.97mg/g；当 Zn（Ⅱ）初始浓度为 15.0～25.0mol/L 时，随着 Zn（Ⅱ）初始浓度的增加，吸附量保持稳定。这可以认为，当 Zn（Ⅱ）初始浓度较低时，Zn（Ⅱ）可以与 XSBL-AC 表面的活性吸附位点充分接触，加入的 Zn（Ⅱ）均可与活性炭作用，所以吸附量呈快速增大的趋势，在 Zn（Ⅱ）初始浓度为 15.0mol/L 时达到最大饱和吸附量 102.97mg/g；而随着 Zn（Ⅱ）初始浓度继续增大，由于有效的活性吸附位点已被占据，吸附量保持稳定。因此，选择浓度为 15.0mol/L 为最适宜 Zn（Ⅱ）初始浓度。

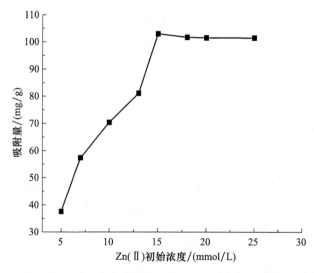

图 6-2　Zn（Ⅱ）初始浓度对 XSBL-AC 吸附量的影响

2. 溶液 pH 对 XSBL-AC 吸附量的影响

图 6-3 为不同溶液 pH 对 XSBL-AC 吸附量的影响。吸附试验条件为：XSBL-AC 用量 0.1000g，Zn（Ⅱ）初始浓度为 15.0mmol/L，吸附温度 60℃，吸附时间 40min。结果表明：溶液 pH 对 XSBL-AC 吸附 Zn（Ⅱ）的影响较大。当溶液 pH 为 2.18～5.20 时，随着 pH 的增加，吸附量从 47.17mg/g 快速增加到 103.64mg/g；当 pH 为 5.20～5.74 时，吸附量呈下降趋势。这是因为，当溶液 pH 较低时，XSBL-AC 表面的活性吸附位点处于阳离子的氛围中，溶液中的 H⁺ 与 Zn（Ⅱ）发生竞争吸附，使吸附位点的有效吸附活性降低，从而使 Zn（Ⅱ）的吸附量达不到饱和；在 pH 为 5.20 时达到最大饱和吸附量 103.64mg/g；当溶液 pH 过高时，Zn（Ⅱ）处在负离子的氛围中，不利于与活性炭进行吸附作用，而且 Zn（Ⅱ）易与 OH⁻ 产生氢氧化物沉淀或发生碱性络合反应。由此可以确定，Zn（Ⅱ）溶液最佳的吸附 pH 为 5.20。

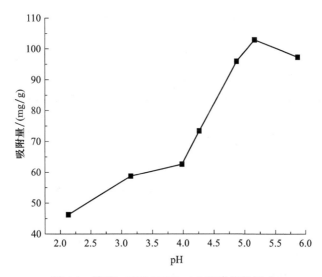

图 6-3 溶液 pH 对 XSBL-AC 吸附量的影响

3. 温度对 XSBL-AC 吸附量的影响

图 6-4 为不同吸附温度对 XSBL-AC 吸附量的影响。吸附试验条件为：XSBL-AC 用量 0.1000g，Zn（Ⅱ）初始浓度为 15.0mmol/L，溶液 pH 为 5.20，吸附时间 40min。结果表明：当吸附温度为 25～60℃时，随着吸附温度的上升，吸附量从 42.85mg/g 快速增加到 103.82mg/g；当吸附温度为 60～75℃时，吸附量呈下降趋势。这是由于随着吸附温度升高，活性炭内部孔结构会发生膨胀，使表面活性功能基团呈现较高的活性，便于 Zn（Ⅱ）的吸附，在吸附温度为 60℃时达到最大饱和吸附量 103.82mg/g；当吸附温度继续升高时，由于活性炭的化学吸附过程是放热的，因而高温不利于吸附反应的进行，导致吸附量下降。因此，吸附温度选择 60℃为宜。

4. 吸附时间对 XSBL-AC 吸附量的影响

图 6-5 为不同吸附时间对 XSBL-AC 吸附量的影响。吸附试验条件为：XSBL-AC 用量 0.1000g，Zn（Ⅱ）初始浓度为 15.0mmol/L，溶液 pH 为 5.20，吸附温度 60℃。结果表明：当

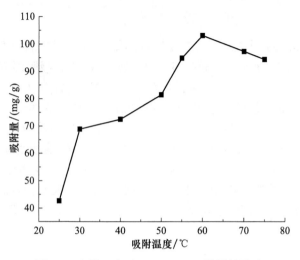

图 6-4　吸附温度对 XSBL-AC 吸附量的影响

吸附时间为 10～40min 时，随着吸附时间的延长，吸附量从 18.40mg/g 快速增加到 102.34mg/g；当吸附时间为 40～80min 时，吸附量基本保持稳定。这是因为 Zn（Ⅱ）先从溶液中扩散到活性炭表面，与表面活性位点发生吸附作用，再扩散到活性炭内部微孔和介孔结构中，很快达到吸附平衡状态，在吸附时间为 40min 时，吸附量达到最大值 102.34mg/g；随着吸附时间的增加，活性炭表面的活性吸附位点接近饱和，使得吸附量呈现出保持稳定的趋势。因此，吸附时间选择 40min 为宜。

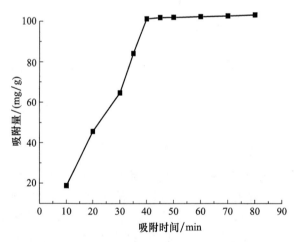

图 6-5　吸附时间对 XSBL-AC 吸附量的影响

5. 吸附动力学

称取 XSBL-AC 0.1000g 于锥形瓶中，调节溶液 pH5.20，吸附温度为 60℃，Zn（Ⅱ）初始浓度分别是 13.0mmol/L、15.0mmol/L、18.0mmol/L 时，不同吸附时间对 XSBL-AC 吸附量的影响如图 6-6 所示。由图 6-6 可见，在开始阶段，q_t 随时间 t 的增加而显著增大，40min 后吸附量 q_t 达到最大值，之后随着 t 的增加，Zn（Ⅱ）初始浓度为 13.0mmol/L、15.0mmol/L 时，吸附量保持平衡，Zn（Ⅱ）初始浓度为 18.0mmol/L 时吸附量则出现下降趋势。这是因为 Zn（Ⅱ）在介孔活性炭材料上的吸附包括：首先 Zn（Ⅱ）吸附在 XSBL-AC 表层，与表层的活性基团发生反应，吸附速率加快，然后 Zn（Ⅱ）沿介孔活性炭材料表层孔道向内部扩散，吸附速率逐渐下降，最后达到吸附平衡。

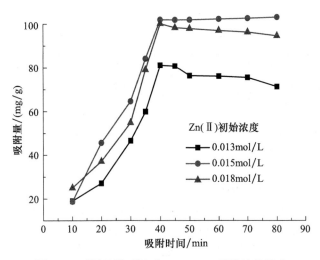

图 6-6　不同吸附时间对 XSBL-AC 吸附量的影响

XSBL-AC 材料的吸附动力学曲线用准一级和准二级吸附动力学方程进行拟合，并计算相关系数：

$$\lg(q_e - q_{t,1}) = \lg q_e - \frac{k_1 t}{2.303} \tag{6-3}$$

$$\frac{t}{q_{t,1}} = \frac{1}{k_2 q_e^{\,2}} + \frac{t}{q_e} \tag{6-4}$$

式中，q_e 为吸附平衡时的吸附量（mg/g）；q_t 为吸附时间为 t 时刻的吸附量（mg/g）；k_1 为准一级方程速率常数（/min）；k_2 为准二级方程速率常数 [g/(mg/min)]。

对试验数据分别用准一级和准二级动力学方程进行线性回归拟合，并计算相关参数，结果见图 6-7。介孔型材料 XSBL-AC 对 Zn（Ⅱ）的吸附动力学不符合准一级动力学模型，但

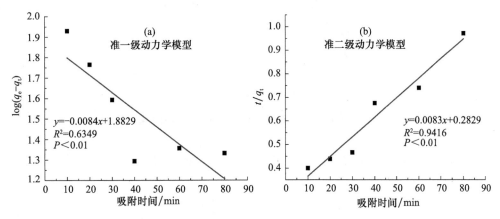

图 6-7　试验数据的准一级动力学模型和准二级动力学模型方程拟合曲线

符合准二级动力学模型，相关系数 $R^2 = 0.9416$（$P < 0.01$）。根据准二级动力学模型的假设可知，吸附反应的速率限制步骤可能是以化学吸附为主的过程，吸附质和吸附剂之间有化学键形成或离子交换过程发生。因此，XSBL-AC 对 Zn（Ⅱ）的吸附符合准二级吸附速率方程，即以化学吸附为主。

表 6-1　XSBL-AC 对 Zn（Ⅱ）的吸附动力学参数

准一级动力学模型				准二级动力学模型		
吸附量（试验值）/（mg/g）	吸附量（计算值）/(mg/g)	$k_1/(\times 10^{-2}/\text{min})$	R^2	吸附量（计算值)/(mg/g)	$k_2/[\times 10^{-4}\text{g/}(\text{mg·min})]$	R^2
103.82	76.36	1.329	0.6349	110.48	2.764	0.9416

6. 吸附热力学

称取 XSBL-AC 0.1000g 于锥形瓶中，调节溶液 pH 为 5.20，吸附时间 40min，分别在吸附温度为 55℃、60℃、65℃，不同 Zn（Ⅱ）初始浓度对 XSBL-AC 吸附量的影响如图 6-8 所示。由图 6-8 可见，随着 Zn（Ⅱ）的浓度增大，XSBL-AC 对 Zn（Ⅱ）的平衡吸附量增大，较低浓度时增加程度大，随浓度增加渐趋平缓。这是因为 XSBL-AC 表面的活性吸附位点数目是一定的，当初始浓度较小时，吸附剂有足够的活性吸附位点供 Zn（Ⅱ）发生吸附作用，而随 Zn（Ⅱ）浓度的逐渐增多，活性炭表面的活性吸附位点基本被 Zn（Ⅱ）占据覆盖，进一步发生吸附受到限制，达到最大平衡吸附量后，呈现出较为稳定的吸附容量。试验结果表明，60℃时的吸附量达到最大值。

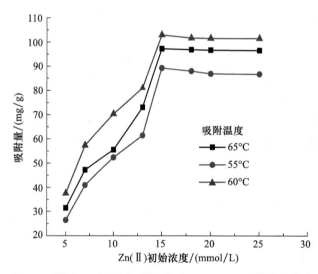

图 6-8　不同 Zn（Ⅱ）初始浓度对 XSBL-AC 吸附量的影响

XSBL-AC 材料的吸附动力学曲线选用 Langmuir 和 Freundlich 吸附等温模型方程进行拟合，并计算相关参数：

$$\frac{C_e}{q_e} = \frac{1}{bq_m} + \frac{C_e}{q_m}$$

（6-5）

$$\ln q_{\mathrm{e}} = \ln k_{\mathrm{f}} + \frac{1}{n}\ln C_{\mathrm{e}} \qquad (6\text{-}6)$$

$$R_{\mathrm{L}} = \frac{1}{1+bC_0} \qquad (6\text{-}7)$$

式中，b 为与吸附能量有关的 Langmuir 常数（L/mg）；n、k_{f} 为 Freundlich 常数；C_{e} 为吸附平衡时溶液中剩余 Zn（Ⅱ）的浓度（mol/L）；q_{m} 为单分子层饱和吸附量（mg/g）；q_{e} 为 Zn（Ⅱ）的平衡吸附量（mg/g）；C_0 为 Zn（Ⅱ）溶液的初始浓度（mol/L）。

对吸附热力学实验数据分别用 Langmuir 和 Freundlich 吸附等温方程进行线性回归，并计算相关的拟合参数，结果如图 6-9 和表 6-2 所示。XSBL-AC 对 Zn（Ⅱ）的吸附符合 Langmuir 等温吸附模型，$0<R_L（0.1362）<1$，实验条件下有利于吸附作用的发生，由式（6-5）求出的最大吸附量 $q_{\max}$（100.76mg/g）更接近于实验的平衡吸附量 103.82mg/g，线性相关系数 $R^2=0.9793$（$P<0.01$），说明 XSBL-AC 对 Zn（Ⅱ）的吸附过程属于单分子层的化学吸附。

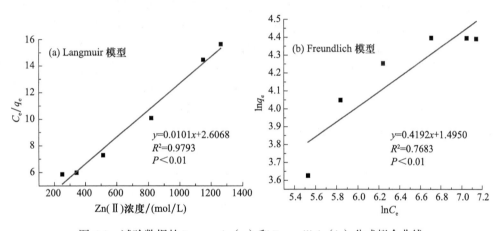

图 6-9　试验数据的 Langmuir（a）和 Freundlich（b）公式拟合曲线

表 6-2　XSBL-AC 对 Zn（Ⅱ）的等温吸附模型及相关参数

吸附量（试验值）/(mg/g)	Langmuir 等温吸附模型				Freundlich 等温吸附模型		
	吸附量（计算值)/(mg/g)	b/(mg/L)	R_{L}	R^2	$1/n$	k_{f}/(mg/L)	R^2
103.82	100.76	0.0039	0.1362	0.9793	0.4133	4.614	0.7683

XSBL-AC 吸附 Zn（Ⅱ）的热力学参数，吉布斯自由能（ΔG_{o}）、熵（ΔS_{o}）、焓（ΔH_{o}）分别用以下公式计算：

$$\ln K = \frac{\Delta S_{\mathrm{o}}}{R} - \frac{\Delta H_{\mathrm{o}}}{RT} \qquad (6\text{-}8)$$

$$\Delta G_{\mathrm{o}} = -RT\ln K \qquad (6\text{-}9)$$

式中，R 是摩尔气体常数 [8.314J/(mol·K)]；T 是绝对温度（K）；k 是 Langmuir 平衡常量（L/mol）；ΔG_{o} 是吉布斯自由能（kJ/mol）；ΔS_{o} 是熵值 [J/(mol·K)]；ΔH_{o} 是反应焓变（kJ/

mol）。

根据式（6-8）和式（6-9）计算得出，在最佳吸附温度为 60℃时，ΔG_{o} 值为 −19.91kJ/mol，可判断出吸附反应是自发进行的；计算的 ΔH_{o} 值为 +59.68kJ/mol，说明该吸附反应是放热的过程；得到的 ΔS_{o} 值为 +0.239J/（mol·K），表明在吸附过程中固/液界面上分子自由度较小，其运动呈现无序性，说明实验条件下很有利于 Zn（Ⅱ）吸附的进行。由上述各热力学参数可知，XSBL-AC 吸附 Zn（Ⅱ）是一个自发进行的放热过程。

7. 不同解吸剂对 XSBL-AC 解吸量的影响

图 6-9 为不同解吸剂对 XSBL-AC 解吸量的影响。解吸试验条件为：吸附 Zn（Ⅱ）饱和的 XSBL-AC 0.1000g，不同解吸剂浓度 0.20mol/L，解吸温度 50℃，超声波（100W，40kHz）解吸时间 70min。结果表明：使用 NaOH 溶液作为解吸剂时，XSBL-AC 对 Zn（Ⅱ）的解吸量最小，因为碱性解吸剂一般是通过提高溶液 pH 达到解吸的目的，对以阴离子基团形式存在的重金属离子的解吸具有较高的解吸量；以 C_2H_5OH 作为解吸剂时，解吸量也相对较低，而使用无机酸 HCl、H_2SO_4、HNO_3、H_3PO_4 作为解吸剂时，吸附量较高，因为 Zn（Ⅱ）主要是以阳离子形式存在于水溶液中，XSBL-AC 吸附 Zn（Ⅱ）属于阳离子吸附，在解吸过程中加入大量的酸，即引入大量的 H^+，H^+ 将和 Zn（Ⅱ）产生竞争吸附，由于 H^+ 浓度大大高于 Zn（Ⅱ），XSBL-AC 表面的活性吸附位点被大量的 H^+ 或水和氢离子所占据，从而使活性炭表面已吸附的 Zn（Ⅱ）发生脱落，重新以阳离子的形式返回水溶液中，另外，酸的加入会破坏 XSBL-AC 表面，使原本凸起或凹陷的地方变得平滑，从而改变了活性炭表面的某些结构，使 Zn（Ⅱ）从活性炭表面解吸下来。解吸剂 HNO_3 具有最高的解吸量，因此，解吸试验中选择 HNO_3 作为解吸剂为宜。

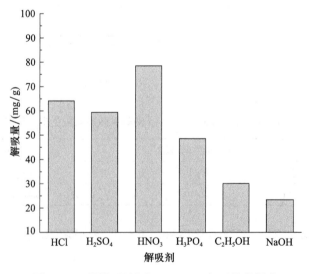

图 6-10　不同解吸剂对 XSBL-AC 解吸量的影响

8. HNO_3 浓度对 XSBL-AC 解吸量的影响

图 6-11 为不同 HNO_3 溶液浓度对 XSBL-AC 解吸量的影响。解吸试验条件为：吸附 Zn（Ⅱ）饱和的 XSBL-AC 0.1000g，解吸温度 50℃，超声波（100W，40kHz）解吸时间 70min。

结果表明：当 HNO_3 溶液浓度为 0.10～0.20mol/L 时，随着 HNO_3 溶液浓度的增加，XSBL-AC 的解吸量从 64.21mg/g 快速增加到 76.09mg/g；当 HNO_3 溶液浓度为 0.20～0.50mol/L 时，随着 HNO_3 溶液浓度的增加，吸附量略下降直至保持稳定。原因是，当 HNO_3 溶液浓度增加时，溶液中 H^+ 浓度增大，对 XSBL-AC 表面的活性吸附位点产生竞争吸附，并与被吸附的 Zn（Ⅱ）发生离子交换作用，有利于解吸反应，当 HNO_3 浓度为 0.20mol/L 时，XSBL-AC 的解吸量达到最大值 76.09mg/g；若继续增大 HNO_3 浓度，或导致溶液中的 H^+ 浓度急剧增加，与 Zn（Ⅱ）之间产生静电排斥作用，因而便会抑制 Zn（Ⅱ）的解吸。因此，解吸试验中选择 HNO_3 溶液浓度为 0.20mol/L 为宜。

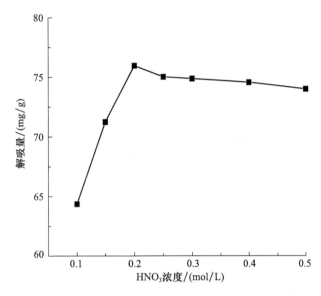

图 6-11 不同 HNO_3 浓度对 XSBL-AC 解吸量的影响

9. 解吸温度对 XSBL-AC 解吸量的影响

图 6-12 为不同解吸温度对 XSBL-AC 解吸量的影响。解吸试验条件为：吸附 Zn（Ⅱ）饱和的 XSBL-AC 0.1000g，HNO_3 溶液浓度为 0.20mol/L，超声波解吸时间 70min。结果表明：当解吸温度为 30～50℃时，随着解吸温度的升高，XSBL-AC 的解吸量从 64.21mg/g 快速增加到 76.09mg/g；当解吸温度为 50～70℃时，随着解吸温度的增加，解吸量略下降直至保持稳定。这是因为，随着解吸温度的升高，XSBL-AC 表面的活性吸附位点能量升高，活性增强，H^+ 与 Zn（Ⅱ）发生竞争吸附反应，解吸量显著，当解吸温度为 50℃时，XSBL-AC 的解吸量达到最大值 76.86mg/g；若持续升温，活性吸附位点的活性能力减弱，限制了 Zn（Ⅱ）的解吸，解吸量呈现出略微下降直至稳定的趋势。因此，解吸实验中选择解吸温度为 50℃为宜。

10. 超声波解吸时间对 XSBL-AC 解吸量的影响

图 6-13 为不同超声波解吸时间对 XSBL-AC 解吸量的影响。解吸试验条件为：吸附 Zn（Ⅱ）饱和的 XSBL-AC 0.1000g，HNO_3 溶液浓度为 0.20mol/L，解吸温度 50℃。结果表明：当超声波解吸时间为 20～70min 时，随着解吸时间的延长，XSBL-AC 的解吸量从 48.67mg/g

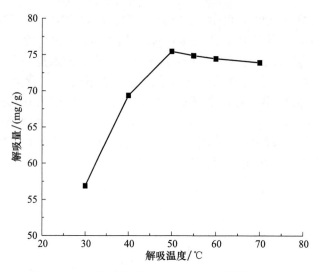

图 6-12　不同解吸温度对 XSBL-AC 解吸量的影响

逐渐增加到 78.52mg/g；当超声波解吸时间为 70～80min 时，解吸量保持稳定。这是由于，随着超声波解吸时间的增加，溶液中会产生超声空穴，导致溶液体系中存在高温、高压和强烈的冲击波，因而增加了 XSBL-AC 表面活性吸附位点的能量，使吸附反应的速率加快，有利于 Zn（Ⅱ）从活性炭表面发生解吸，当解吸时间为 70min 时，XSBL-AC 的解吸量达到最大值 78.52mg/g，继续延长超声波解吸时间，因解吸反应已经达到平衡，解吸量保持稳定。因此，解吸试验中选择解吸时间为 70min 为宜。

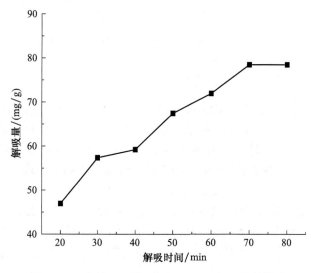

图 6-13　不同解吸时间对 XSBL-AC 解吸量的影响

11. 循环试验

表 6-3 是 XSBL-AC 对 Zn（Ⅱ）的循环吸附量/解吸量。由表 6-3 可知，XSBL-AC 在最佳的吸附和解吸条件下可重复循环使用 4 次，每次吸附量和解吸量均可达到 80.83mg/g 和

60.76mg/g 以上。因此，XSBL-AC 具有可循环再生使用性。

表 6-3 XSBL-AC 对 Zn（Ⅱ）的循环吸附量 / 解吸量

循环使用次数	1	2	3	4	5
吸附量 /（mg/g）	103.82	94.06	92.62	80.83	42.44
解吸量 /（mg/g）	78.52	73.31	71.05	60.76	19.17

12. 傅里叶变换红外光谱分析

图 6-14 为 XSBL-AC 和 XSBL-AC 吸附及解吸 Zn（Ⅱ）后的傅里叶变换红外光谱图。由图 6-14 可以看出，3422cm^{-1} 处的强宽峰是文冠果活性炭分子内缔合的 O—H 伸缩振动吸收峰以及分子间醇羟基和酚羟基相互结合氢键的特征吸收峰，吸附 Zn（Ⅱ）之后向低波数方向移动，该吸收峰变弱变窄，说明 O—H 键和相应的氢键部分断裂与 Zn（Ⅱ）发生了反应，解吸 Zn（Ⅱ）后发生漂移。2452cm^{-1} 和 3422cm^{-1} 处是活性炭结构中 C≡H 的反伸缩振动吸收峰，在发生吸附 Zn（Ⅱ）反应后几乎消失。1670cm^{-1} 处的强宽峰是羧酸、酯基和酮类等 C=O 伸缩振动吸收峰和 COO—反对称伸缩振动，在吸附 Zn（Ⅱ）后移至低波数方向。因使用磷酸作为活化剂制备活性炭，在 1184cm^{-1} 和 1127cm^{-1} 处的吸收峰是磷酸类物质的特征 P=O 吸收峰，可能形成磷酸纤维素酯。1043cm^{-1} 处的吸收峰是 COO—基团中 C—O 伸缩振动吸收峰，在吸附 Zn（Ⅱ）后峰值减弱，并向低波数方向移动。968cm^{-1}、815cm^{-1} 和 764cm^{-1} 是 O—H 面内弯曲振动吸收峰，在吸附 Zn（Ⅱ）后峰值减弱几近消失。560cm^{-1} 是芳环醇羟基或酚羟基的 O—H 反伸缩振动吸收峰，吸附 Zn（Ⅱ）后强度减弱。以上分析表明，XSBL-AC 结构中部分与羟基、羧基、羰基（羧酸羰基、酯羰基、酮羰基）等结合的氢被 Zn（Ⅱ）取代，引起相应活性功能基团的吸收振动峰位置发生漂移，吸收峰强度略有降低；解吸 Zn（Ⅱ）后的活性炭的 FTIR 图谱与原 XSBL-AC 的 FTIR 图谱各峰几乎重合，由此可得，XSBL-AC 在吸附和解吸 Zn（Ⅱ）后结构和性质相对稳定，是一种富含多种活性功能基团作为 Zn（Ⅱ）的吸附位点的介孔材料，对溶液中的 Zn（Ⅱ）具有优良的吸附性能。

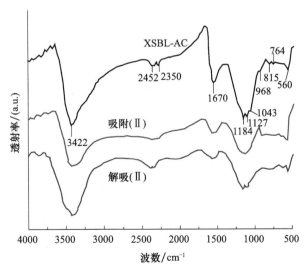

图 6-14 XSBL-AC 吸附及解吸 Zn（Ⅱ）后的 FTIR 图谱

13. 扫描电镜分析

图 6-15 为 XSBL-AC 吸附 Zn（Ⅱ）前后的 SEM 图谱。由图 6-15 可见，XSBL-AC [图 6-15（a）] 表面粗糙，疏松，并且有大量褶皱和孔结构，具有较大的比表面积，有利于 Zn（Ⅱ）的吸附。吸附 Zn（Ⅱ）完成后 [图 6-15（b）]，部分表面被有光泽的颗粒物质覆盖，且大量的空隙被填充，活性炭表面变得较为光滑，说明 XSBL-AC 表面大量的活性吸附位点和部分微孔已被 Zn（Ⅱ）附着，其中羟基、羧基等活性官能团作为配体与 Zn（Ⅱ）的外层空轨道相互键合，两者之间具有较强的作用力，其吸附过程以化学吸附为主。

图 6-15　XSBL-AC 吸附 Zn（Ⅱ）前后的 SEM 图谱

14. X 射线能谱分析

图 6-16 为 XSBL-AC 吸附 Zn（Ⅱ）前后的 EDX 图谱。可以看出，XSBL-AC[图 6-16

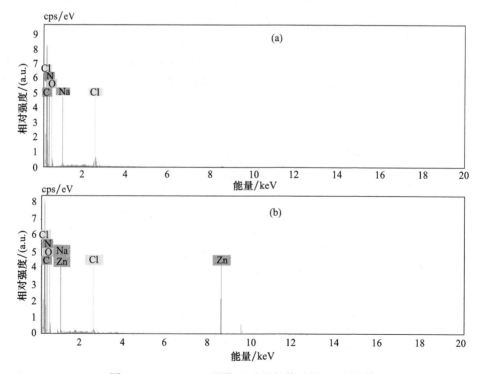

图 6-16　XSBL-AC 吸附 Zn（Ⅱ）前后的 EDX 图谱

（a）] 中各元素含量为 C（80.26%）、O（12.92%）、N（5.62%）、Cl（0.75%）和 Na（0.45%），未能检出 Zn 特征峰；吸附 Zn（Ⅱ）之后的 XSBL-AC[图 6-16（b）] 中，各元素含量分别为 C（77.76%）、O（10.73%）、N（5.21%）、Zn（5.88%）、Cl（0.31%）和 Na（0.11%）。其中，图 6-16（b）图谱中出现了明显的 Zn 特征峰，O 的含量较低，说明大量含氧的活性功能基团已经发生了吸附作用，Na 的含量也相对降低，说明在吸附 Zn（Ⅱ）的过程中也存在部分的阳离子交换作用，即 XSBL-AC 本身含有的轻质金属离子交换了溶液中的 Zn（Ⅱ）。这与傅里叶红外光谱 FTIR 分析的结果相一致。

6.1.12 小结

本节研究了 XSBL-AC 对 Zn（Ⅱ）的吸附和解吸循环性能。考察了 Zn（Ⅱ）溶液初始浓度、pH、吸附温度和吸附时间等因素对吸附的影响。结果表明，XSBL-AC 对 Zn（Ⅱ）有良好的吸附作用，最佳吸附试验条件是：吸附剂用量 0.1000g，Zn（Ⅱ）初始浓度为 15.0mmol/L，pH5.20，吸附温度为 60℃，吸附时间 40min，吸附 Zn（Ⅱ）达到最大饱和吸附量 103.82mg/g。吸附动力学和吸附等温线分别符合准二级动力学模型（相关系数 $R^2=0.9416$，$P<0.01$）和 Langmuir 等温线（相关系数 $R^2=0.9793$，$P<0.01$），由计算得出 ΔG_o（-19.91kJ/mol<0）、ΔS_o[$+0.239$J/（mol·K）>0] 和 ΔH_o（$+59.68$kJ/mol>0），说明在试验范围内，XSBL-AC 吸附 Zn（Ⅱ）的试验是一个自发进行的放热反应，吸附平衡属于单分子层的化学吸附。解吸试验表明，选取 HNO$_3$ 作为解吸剂时，吸附 Zn（Ⅱ）饱和的 XSBL-AC 用量 0.1000g，HNO$_3$ 浓度为 0.20mol/L，解吸温度 50℃，超声波解吸时间 70min，最大解吸量为 78.52mg/g。吸附/解吸循环再生试验表明，连续进行 4 次吸附/解吸循环再生试验后，XSBL-AC 对 Zn（Ⅱ）仍具有较好的吸附容量（80.83mg/g）和解吸容量（60.76mg/g）。通过分析吸附 Zn（Ⅱ）前后 XSBL-AC 的 FTIR、SEM 和 EDX 谱图可知，XSBL-AC 是一种富含羟基、羰基和羧基等活性官能团的介孔材料，对溶液中 Zn（Ⅱ）有较强的吸附能力，吸附过程中存在 XSBL-AC 多孔结构的物理吸附作用，以及 Zn（Ⅱ）与 XSBL-AC 表面官能团之间的离子交换和络合作用的单分子层化学吸附，其中化学吸附作用占主导。研究结果表明，XSBL-AC 对废水溶液中的 Zn（Ⅱ）具有很好的吸附性和循环使用性，为文冠果子壳等农业废弃物的高效利用提供了基础理论依据和参考。

6.2　XSBL-AC 吸附 Cd（Ⅱ）

镉（cadmium，Cd），原子序数是 48，密度为 8.65g/cm³。镉呈银白色，略带淡蓝色光泽，质软耐磨，有韧性和延展性，易燃且有刺激性。熔点为 320.9℃，其沸点为 765～767℃。在自然界中是比较稀有的元素，地壳中含量为 0.1～0.2mg/kg。镉在潮湿空气中可缓慢氧化并失去光泽，加热时生成棕色的氧化层，其蒸气燃烧产生棕色的烟雾。镉是人体非必需元素，在自然界中常以化合物状态存在，镉的主要氧化态为 +1 价和 +2 价，CdO 和 Cd（OH）$_2$ 的溶解度都很小，两者均溶于酸不溶于碱，镉还可以形成 Cd（NH$_3$）、Cd（CN）、CdCl 等多种配合物离子。镉和锌同是锌族元素，镉的主要矿物常与锌、铅共生，如有硫镉矿、锌矿、铅锌矿和铜铅锌矿等。镉的世界储量约为 900 万 t。镉在自然环境中分布广泛，但含量很低，天然淡水中的镉含量为 0.3～3.0g/kg，在正常状态下不会影响人体的健康。水体中的镉污染主要来自地表径流和电镀、采矿、冶炼、染料、电池和化学等工业排放的废水，硫铁矿石制取硫酸和由磷矿石制取磷肥时排出的废水中含镉较高，每升废水含镉可达数十至数百微克（GB 25466—2010/XG1—2013《铅、锌工业污染物排放标准》国家标准第 1 号修改单，水污染中总镉的排放限值为 0.05mg/L）。当环境受到镉污染后，镉可以在生物体内富集，通过食物链进入人体引起慢性中毒。镉被人体吸收后，在体内形成镉硫蛋白，选择性地蓄积在肝、肾中。其中，肾脏是慢性镉中毒最主要的损害部位，可吸收进入体内近 1/3 的镉，以肾小管功能受损为主要特征，表现为肾功能异常、锌尿和镁排泄增高。肝脏也是人体内镉蓄积的主要器官，储备镉的量约占体内镉总量的 60%。其他脏器，如脾、胰、甲状腺和毛发等也有一定量的蓄积，使骨骼的代谢受阻，造成骨质疏松、萎缩、变形等一系列症状。呼吸道是传播在空气中的镉进入人体的重要途径，对于从事镉作业的工人而言，长期呼吸充满镉粉尘的气体和暴露在镉污染环境中，可使镉化合物通过呼吸道和皮肤进入体内，造成肺炎、肺水肿、呼吸困难、胃肠痉挛、腹痛、嗅觉丧失症等综合性的病症。镉的毒性较大，被镉污染的空气、水源和食物对人体危害严重，研究显示，镉污染途径以水型污染为主（废水→土壤→稻米→人体），米镉含量、人体镉摄入量均可反映环境污染程度。

6.2.1　试验材料

$Cd(NO_3)_2 \cdot 4H_2O$（国药集团化学试剂有限公司）；碘化钾（湖北楚盛威化工有限公司）；抗坏血酸（天津永晟精细化工有限公司）；聚乙烯醇（PVA-124）（湖北楚盛威化工有限公司）；罗丹明 B（北京酷来搏科技有限公司）；硫酸（北京化工厂）；硝酸（北京化工厂）；试验中所用试剂均为分析纯，未经进一步纯化；实验用水均为去离子水。

6.2.2　实验仪器

TU-1901 型双光束紫外可见分光光度计（北京普析通用仪器有限责任公司）；KS-300EI 型超声波振荡器（上海比朗仪器有限公司）；HITACHI S-4800 型扫描电子显微镜（日本）；HITACHI S-4800 型能谱分析仪（日本）；Thermo Nicolet 红外光谱仪（美国），KBr 压片样品。

6.2.3　镉的测定方法

采用镉（Ⅱ）- 碘化钾 - 罗丹明 B-PVA-124 分光光度法。

准确吸取 2mL 镉标准溶液于 50mL 容量瓶中，依次加入 4mL1mol/L 硫酸、14mL 20% 碘化钾 –2% 抗坏血酸溶液，摇匀再静置 2min，再加入 10mL 1% PVA-124 溶液，摇匀，沿管壁缓慢加入 3mL 0.05% 罗丹明 B，静置 1min，再慢慢摇动试剂，用蒸馏水稀释至刻度，摇匀，静置 5min，用 1cm 比色皿在 620nm 波长处，以蒸馏水为参比，测定吸光度。

在 50mL 容量瓶中分别加入 1.0mL、2.0mL、4.0mL、6.0mL、8.0mL、10.0mL 1.0μg/mL Cd（Ⅱ）溶液，依次加入 4mL1mol/L 硫酸、14mL 20% 碘化钾 –2% 抗坏血酸溶液，摇匀再静置 2min，再加入 10mL 1% PVA-124 溶液，摇匀，沿管壁缓缓加入 3mL 0.05% 罗丹明 B，静置 1min，再慢慢摇动试剂，用蒸馏水稀释至刻度，摇匀，静置 5min，用 1cm 比色皿在 620nm 波长处，以蒸馏水为参比，测定吸光度。以浓度为横坐标，吸光度为纵坐标，制作标准曲线。镉浓度在 0～1.5μg/mL 范围内符合比尔定律，回归方程为：$y=3.6217x+0.5902$，相关系数 $R^2=0.9990$（图 6-17）。

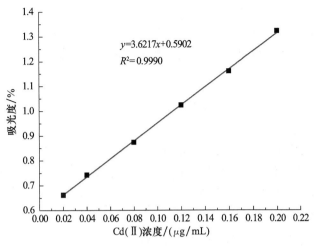

图 6-17　Cd（Ⅱ）标准工作曲线

6.2.4　吸附试验

分别称取 XSBL-AC 0.1000g，置于 100mL 锥形瓶中，然后加入 50mL 一定浓度的 Cd（Ⅱ）溶液，用乙酸-乙酸钠缓冲溶液调节溶液 pH，置于恒温水浴振荡器中（振速 120r/min）振荡。在一定条件下达到吸附平衡后，混合物过滤，离心分离（转速 6000r/min）10min，取上层澄清液，使用紫外可见分光光度计测定溶液中剩余 Cd（Ⅱ）的离子浓度。在不同 Cd（Ⅱ）初始浓度、pH、吸附温度和吸附时间下进行吸附试验，由式（6-10）计算 XSBL-AC 对 Cd（Ⅱ）的吸附量（考虑到试验误差，在相同的条件下平行进行 3 次吸附试验，结果取其平均值）：

$$q_{t,1} = \frac{(C_0 - C_{t,1})V_1 \times 112.41}{m_1} \qquad (6\text{-}10)$$

式中，$q_{t,1}$ 为 t 时刻的吸附量（mg/g）；C_0 和 $C_{t,1}$ 分别为 Cd（Ⅱ）的初始浓度和 t 时刻的剩余浓度（mol/L），V_1 为吸附 Cd（Ⅱ）溶液的体积（mL）；m_1 为吸附剂质量（g）；Cd 的分子质量为 112.41g/mol。计算过程中，忽略 Cd（Ⅱ）离子损耗的其他机理（如挥发、降解以及器壁残留的损失等）。

6.2.5　XSBL-AC吸附Cd（Ⅱ）的影响因素

1. Cd（Ⅱ）初始浓度对 XSBL-AC 吸附量的影响

称取 0.1000g XSBL-AC 分别加入到 3.5mmol/L、4.0mmol/L、4.5mmol/L、5.0mmol/L、5.5mmol/L、6.0mmol/L、6.5mmol/L 的 Cd（Ⅱ）溶液中，调节溶液 pH 为 5.1，吸附温度控制在 40℃，在恒温水浴振荡器中以 120r/min 振荡 65min 后，静置，过滤，离心分离（转速 6000r/min）10min，取上层清液，用紫外可见分光光度计测定溶液中剩余 Cd（Ⅱ）的离子浓度，考察不同 Cd（Ⅱ）初始浓度对 XSBL-AC 吸附量的影响。

2. 溶液 pH 对 XSBL-AC 吸附量的影响

称取 0.1000g XSBL-AC 分别加入到 5.5mmol/L 的 Cd（Ⅱ）溶液中，调节溶液 pH 分别

为 2.51、3.09、3.53、4.27、4.65、5.10、5.65、5.94，吸附温度控制在 40℃，在恒温水浴振荡器中以 120r/min 振荡 65min 后，静置，过滤，离心分离（转速 6000r/min）10min，取上层清液，用紫外可见分光光度计测定溶液中剩余 Cd（Ⅱ）的离子浓度，考察不同溶液 pH 对 XSBL-AC 吸附量的影响。

3. 吸附温度对 XSBL-AC 吸附量的影响

称取 0.1000g XSBL-AC 分别加入到 5.5mmol/L 的 Cd（Ⅱ）溶液中，调节溶液 pH 为 5.10，控制吸附温度分别为 30℃、35℃、40℃、45℃、50℃、60℃、70℃，在恒温水浴振荡器中以 120r/min 振荡 65min 后，静置，过滤，离心分离（转速 6000r/min）10min，取上层清液，用紫外可见分光光度计测定溶液中剩余 Cd（Ⅱ）的离子浓度，考察不同吸附温度对 XSBL-AC 吸附量的影响。

4. 吸附时间对 XSBL-AC 吸附量的影响

称取 0.1000g XSBL-AC 分别加入到 5.5mmol/L 的 Cd（Ⅱ）溶液中，调节溶液 pH 为 5.10，吸附温度控制在 40℃，在恒温水浴振荡器中以 120r/min 振荡吸附，控制吸附时间分别为 20min、30min、40min、50min、60min、65min、70min、80min 后，静置，过滤，离心分离（转速 6000r/min）10min，取上层清液，用紫外可见分光光度计测定溶液中剩余 Cd（Ⅱ）的离子浓度，考察不同吸附时间对 XSBL-AC 吸附量的影响。

6.2.6 解吸试验

称取 0.1000g 吸附 Cd（Ⅱ）饱和的 XSBL-AC，分别加入 50mL 的不同浓度解吸剂溶液中，在一定温度下超声波（100W，40kHz）振荡，达到吸附平衡后，过滤，离心分离解吸液（转速 6000r/min），取离心后上层清液，用紫外可见分光光度计测定解吸后溶液中 Cd（Ⅱ）的离子浓度，计算在不同解吸剂溶液、HCL 浓度、解吸温度和解吸时间下进行解吸试验，由式（6-11）计算 XSBL-AC 对 Cd（Ⅱ）的解吸量（考虑到试验误差，在相同的条件下平行进行 3 次解吸试验，结果取其平均值）：

$$q_{t,2} = \frac{C_{t,2}V_2 \times 112.41}{m_2} \tag{6-11}$$

式中，$q_{t,2}$ 为 XSBL-AC 的解吸量（mg/g）；$C_{t,2}$ 为 t 时刻解吸溶液中 Cd（Ⅱ）的浓度（mol/L），V_2 为解吸实验所用 Cd（Ⅱ）溶液的体积（mL）；m_2 为吸附 Cd（Ⅱ）饱和的 XSBL-AC 质量（g）。

6.2.7 XSBL-AC 解吸 Cd（Ⅱ）的因素影响

1. 不同解吸剂对 XSBL-AC 解吸量的影响

称取 0.1000g 吸附 Cd（Ⅱ）饱和的 XSBL-AC，分别加入到 0.15mol/L 的 HCl、H_2SO_4、HNO_3、CH_3COOH、NaOH、EDTA、H_2O 溶液中，在 50℃时超声波（100W，40kHz）振荡 40min 后，静置，过滤，离心分离解吸液（转速 6000r/min），取离心后上层清液，用紫外可见分光光度计测定解吸后溶液中 Cd（Ⅱ）的离子浓度，考察不同解吸剂对 XSBL-AC 解吸量的影响。

2. HCl 浓度对 XSBL-AC 解吸量的影响

称取 0.1000g 吸附 Cd（Ⅱ）饱和的 XSBL-AC，分别加入到 0.10mol/L、0.15mol/L、0.20mol/L、0.25mol/L、0.30mol/L、0.40mol/L、0.50mol/L 的 HCl 溶液中，在 50℃时超声波（100W，40kHz）振荡 40min 后，静置，过滤，离心分离解吸液（转速 6000r/min），取离心后上层清液，用紫外可见分光光度计测定解吸后溶液中 Cd（Ⅱ）的离子浓度，考察不同 HCl 浓度对 XSBL-AC 解吸量的影响。

3. 解吸温度对 XSBL-AC 解吸量的影响

称取 0.1000g 吸附 Cd（Ⅱ）饱和的 XSBL-AC，分别加入到 0.15mol/L 的 HCl 溶液中，在 30℃、40℃、50℃、55℃、60℃、70℃时超声波（100W，40kHz）振荡 40min 后，静置，过滤，离心分离解吸液（转速 6000r/min），取离心后上层清液，用紫外可见分光光度计测定解吸后溶液中 Cd（Ⅱ）的离子浓度，考察不同解吸温度对 XSBL-AC 解吸量的影响。

4. 解吸时间对 XSBL-AC 解吸量的影响

称取 0.1000g 吸附 Cd（Ⅱ）饱和的 XSBL-AC，分别加入到 0.15mol/L 的 HCl 溶液中，在 50℃时超声波（100W，40kHz）振荡 20min、30min、40min、50min、60min、70min 后，静置，过滤，离心分离解吸液（转速 6000r/min），取离心后上层清液，用紫外可见分光光度计测定解吸后溶液中 Cd（Ⅱ）的离子浓度，考察不同解吸时间对 XSBL-AC 解吸量的影响。

6.2.8　循环试验

称取 0.1000g XSBL-AC 加入到 5.5mmol/L 的 Cd（Ⅱ）溶液中，调节溶液 pH 为 5.10，吸附温度控制在 40℃，在恒温水浴振荡器中以 120r/min 振荡 65min 后，静置，过滤，离心分离（转速 6000r/min）10min，取上层清液测定溶液中剩余 Cd（Ⅱ）的离子浓度；下层固体样品用去离子水清洗至中性，120℃烘干，研磨，过 200 目筛。

称取上述 0.1000g 吸附 Cd（Ⅱ）饱和的 XSBL-AC，加入到 0.15 mol/L 的 HCl 溶液中，在 50℃时超声波振荡 40min 后，静置，过滤，离心分离解吸液（转速 6000r/min），取离心后上层清液测定解吸后溶液中 Cd（Ⅱ）的离子浓度；下层固体样品用去离子水清洗至中性，120℃烘干，研磨，过 200 目筛，以备循环试验使用。重复上述吸附和解吸试验操作 6 次，测定每次吸附和解吸平衡后溶液中 Cd（Ⅱ）的离子浓度，使用式（6-10）和式（6-11）计算 XSBL-AC 的吸附量和解吸量。

6.2.9　傅里叶变换红外光谱分析

将吸附 Cd（Ⅱ）前后的 XSBL-AC 烘干，研磨，过 200 目筛，样品采用 KBr 压片法制片，进行傅里叶红外光谱分析。

6.2.10　电镜扫描和X射线能谱分析

对吸附 Cd（Ⅱ）前后的 XSBL-AC 进行电镜扫描和能谱分析，观察吸附前后活性炭的表观形貌和能谱变化。

6.2.11　试验结果与分析

1. Cd（Ⅱ）初始浓度对 XSBL-AC 吸附量的影响

图 6-18 为不同 Cd（Ⅱ）初始浓度对 XSBL-AC 吸附量的影响。吸附试验条件为：XSBL-AC 用量 0.1000g，溶液 pH 为 5.10，吸附温度 40℃，吸附时间 65min。结果表明：当 Cd（Ⅱ）初始浓度为 3.5～5.5mmol/L 时，随着 Cd（Ⅱ）初始浓度的增加，吸附量从 264.3mg/g 增加到 381.1mg/g；当 Cd（Ⅱ）初始浓度为 5.5～6.5mmol/L 时，随着 Cd（Ⅱ）初始浓度的增加，吸附量略显下降趋势。可以认为，当 Cd（Ⅱ）初始浓度较低时，XSBL-AC 表面存在大量的活性吸附位点，Cd（Ⅱ）可与活性炭表面的活性吸附位点充分接触，吸附量呈快速增大的趋势，在 Cd（Ⅱ）初始浓度为 5.5mmol/L 时达到最大饱和吸附量 381.1mg/g；随着 Cd（Ⅱ）初始浓度继续增大，有效的活性吸附位点已被占据，吸附量没有增大的趋势。因此，选择浓度为 5.5mmol/L 为最适宜 Cd（Ⅱ）初始浓度。

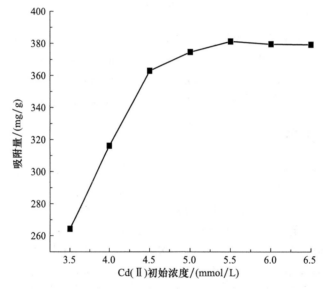

图 6-18　Cd（Ⅱ）初始浓度对 XSBL-AC 吸附量的影响

2. 溶液 pH 对 XSBL-AC 吸附量的影响

图 6-19 为不同溶液 pH 对 XSBL-AC 吸附量的影响。吸附试验条件为：XSBL-AC 用量 0.1000g，Cd（Ⅱ）初始浓度为 5.5mmol/L，吸附温度 40℃，吸附时间 65min。结果表明：溶液 pH 对 XSBL-AC 吸附 Cd（Ⅱ）的影响较大。当溶液 pH 为 2.51～5.10 时，随着 pH 的增加，吸附量从 106.71mg/g 快速增加到 375.2mg/g；当 pH 为 5.10～5.65 时，吸附量呈下降趋势。这是因为，当溶液 pH 较低时，XSBL-AC 表面的活性吸附位点处于阳离子的氛围中，溶液中的 H^+ 与 Cd（Ⅱ）发生竞争吸附，使吸附位点的有效吸附活性降低，导致吸附量较低；随着 H^+ 浓度减小，XSBL-AC 表面的活性位点与 Cd（Ⅱ）之间的吸附作用增强；在 pH 为 5.10 时达到最大饱和吸附量 375.24mg/g；当溶液 pH 过高时，Cd（Ⅱ）处在负离子的氛围中，易与 OH^- 产生氢氧化物沉淀或发生碱性络合反应，与活性炭进行吸附作用的能力减弱，因此吸附量呈现下降趋势。由此可以确定，Cd（Ⅱ）溶液最佳的吸附 pH 为 5.10。

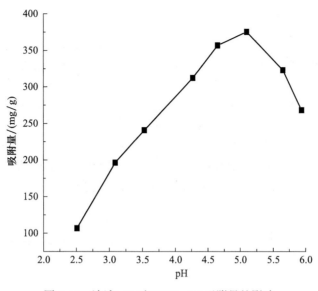

图 6-19　溶液 pH 对 XSBL-AC 吸附量的影响

3. 吸附温度对 XSBL-AC 吸附量的影响

图 6-20 为不同吸附温度对 XSBL-AC 吸附量的影响。吸附试验条件为：XSBL-AC 用量 0.1000g，Cd（Ⅱ）初始浓度为 5.5mmol/L，溶液 pH 为 5.10，吸附时间 65min。结果表明：当吸附温度为 30～40℃时，随着吸附温度的上升，吸附量从 278.5mg/g 快速增加到 388.7mg/g；当吸附温度为 40～70℃时，吸附量呈下降趋势。这是由于随着吸附温度升高，活性炭内部孔结构会发生膨胀，使表面活性功能基团呈现较高的活性，便于 Cd（Ⅱ）的吸附，在吸附温度为 40℃时达到最大饱和吸附量 103.82mg/g；当吸附温度继续升高时，由于活性炭的化学吸附过程是放热的，因而高温不利于吸附反应的进行，导致吸附量下降。因此，吸附温度选择 40℃为宜。

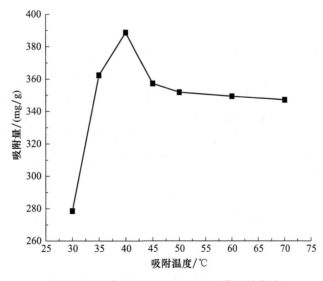

图 6-20　吸附温度对 XSBL-AC 吸附量的影响

4. 吸附时间对 XSBL-AC 吸附量的影响

图 6-21 为不同吸附时间对 XSBL-AC 吸附量的影响。吸附试验条件为：XSBL-AC 用量 0.1000g，Cd（Ⅱ）初始浓度为 5.5mmol/L，溶液 pH 为 5.10，吸附温度 40℃。结果表明：当吸附时间为 20～65min 时，随着吸附时间的延长，吸附量从 145.00mg/g 逐渐增加到 380.91mg/g；当吸附温度为 65～80min 时，吸附量基本保持稳定。这是因为在吸附试验的初期阶段，活性炭表面存在大量的活性吸附位点，Cd（Ⅱ）先与活性吸附位点发生化学吸附作用，随后再扩散到活性炭内部微孔和介孔结构中，逐渐达到吸附平衡状态，当吸附时间为 65min 时，吸附量达到最大值 380.91mg/g；随着吸附时间的增加，活性炭表面的活性吸附位点接近饱和，吸附量呈现相对稳定的趋势。因此，吸附时间选择 65min 为宜。

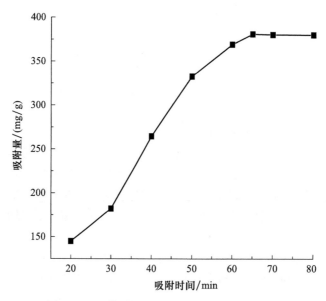

图 6-21　吸附时间对 XSBL-AC 吸附量的影响

5. 吸附动力学

吸附动力学是表征吸附有效性的最重要特征之一，良好的动力学数据相关性能很好地解释重金属离子在液相中的吸附机理。称取 XSBL-AC 0.1000g 于锥形瓶中，调节溶液 pH 为 5.10，吸附温度为 40℃，Cd（Ⅱ）初始浓度分别是 5.0mmol/L、5.5mmol/L、6.0mmol/L 时，不同吸附时间对 XSBL-AC 吸附量的影响如图 6-22 所示。XSBL-AC 对 Cd（Ⅱ）的吸附逐渐增加，在 65min 左右可以到达最大值，之后随着吸附时间的增加，吸附量基本保持稳定状态。从图 6-22 中的试验结果可以看出，Cd（Ⅱ）的初始浓度为 5.5mmol/L 时，XSBL-AC 对 Cd（Ⅱ）的吸附量最大。

XSBL-AC 材料的吸附动力学曲线分别用准一级和准二级吸附动力学方程进行拟合，并利用式（6-3）和式（6-4）计算相关系数。图 6-23 分别为 XSBL-AC 吸附 Cd（Ⅱ）的准一级动力学模型和准二级动力学模型的拟合曲线。拟合所得的动力学参数如表 6-4 所示。从拟合的相关系数可以看出，准二级动力学模型相关系数 $R^2 = 0.9931$（$P < 0.01$），吸附速率常数 k_2 为 1.876×10^{-2} g/(mg·min)，表明了吸附速率较大，且对于初始浓度为 5.5mmol/L 的

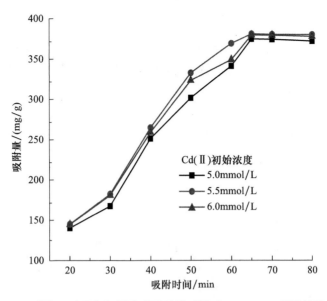

图 6-22　不同 Cd（Ⅱ）初始浓度下吸附时间对 XSBL-AC 吸附量的影响

Cd（Ⅱ）溶液，准二级动力学方程模型预测的吸附量为 379.20mg/g，与试验结果 388.7mg/g 最吻合。因此，准二级动力学模型最适合用来解释 Cd（Ⅱ）在 XSBL-AC 上的吸附过程。根据准二级动力学模型的假设可知，吸附反应的速率限制步骤是以化学吸附为主的过程，XSBL-AC 和金属 Cd（Ⅱ）离子之间有化学键形成或离子交换过程发生。

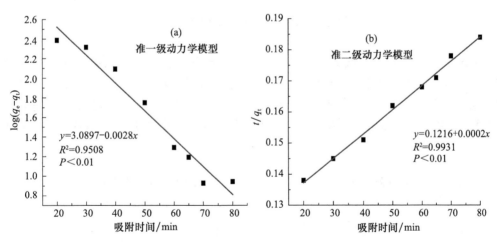

图 6-23　试验数据的准一级动力学模型和准二级动力学模型方程拟合曲线

表 6-4　XSBL-AC 对 Cd（Ⅱ）的吸附动力学参数

准一级动力学模型				准二级动力学模型		
吸附量（试验值）/(mg/g)	吸附量（计算值）/(mg/g)	k_1/(×10^{-2}/min)	R^2	吸附量（计算值）/(mg/g)	k_2/[×10^{-2}g/(mg·min)]	R^2
388.7	347.6	1.051	0.9508	379.20	1.876	0.9931

6. 吸附热力学

称取 XSBL-AC 0.1000g，调节溶液 pH 为 5.10，吸附时间 65min，吸附温度分别为 35℃、40℃、45℃时，不同 Cd（Ⅱ）初始浓度对 XSBL-AC 吸附量的影响如图 6-24 所示。图 6-24 反映了吸附相中金属离子 Cd（Ⅱ）的吸附容量随溶液中 Cd（Ⅱ）平衡浓度的变化，由图 6-24 可见，随着 Cd（Ⅱ）的初始浓度增大，XSBL-AC 对 Cd（Ⅱ）的平衡吸附量增大。为进一步明确吸附机理，分别使用 Langmuir 模型和 Freundlich 模型拟合等温吸附数据。

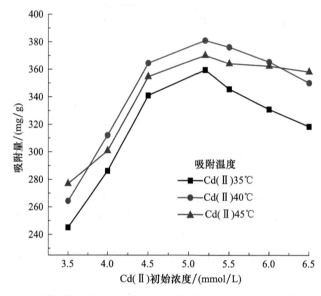

图 6-24　不同吸附温度下 Cd（Ⅱ）初始浓度对 XSBL-AC 吸附量的影响

Langmuir 模型假定均相吸附位吸附，用于描述单分子层吸附；Freundlich 模型假定为非均相表面吸附，即表面吸附热分布不均匀。吸附数据使用 Langmuir 和 Freundlich 吸附等温模型方程进行拟合（图 6-25），利用式（6-5）、式（6-6）和式（6-7）计算相关参数，结果列于表 6-5 中。由相关系数可以看出，Langmuir 模型的拟合程度高于 Freundlich 模型，Langmuir

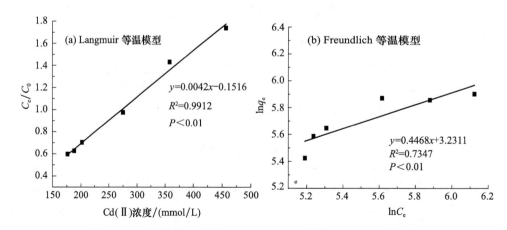

图 6-25　试验数据的 Langmuir (a) 和 Freundlich (b) 公式拟合曲线

等温吸附方程的线性相关系数 $R^2 = 0.9912$（$P < 0.01$），其中 $0 < R_L$（0.1865）< 1，试验条件下有利于吸附作用的发生，由 Langmuir 等温式计算出的最大吸附量 q_{max}（396.2mg/g）更接近于试验中的平衡吸附量 388.7mg/g，以上分析表明，XSBL-AC 对 Cd（Ⅱ）的吸附过程属于单分子层的化学吸附。

表 6-5　XSBL-AC 对 Cd（Ⅱ）的等温吸附模型及相关参数

吸附量（试验值）/（mg/g）	Langmuir 等温吸附模型				Freundlich 等温吸附模型		
	吸附量（计算值）/（mg/g）	b/（mg/L）	R_L	R^2	$1/n$	k_f/（mol/g）	R^2
388.7	396.2	0.0146	0.1865	0.9912	0.5132	94.8883	0.7347

对 XSBL-AC 吸附 Cd（Ⅱ）的热力学参数，吉布斯自由能变（ΔG_o）、熵（ΔS_o）、焓（ΔH_o）分别利用式（6-8）和式（6-9）计算得出，在最佳吸附温度为 40℃时，吸附的吉布斯自由能 ΔG_o 值为 –5.31kJ/mol，可知吸附反应是自发进行的，ΔH_o 值为 +22.68kJ/mol，说明该吸附反应是放热的过程；得到的 ΔS_o 值为 +14.23J/(K·mol)，表明在吸附过程中固/液界面上存在分子的无序运动，说明在试验条件下有利于 Cd（Ⅱ）离子在 XSBL-AC 上吸附的进行。由上述各热力学参数可知，Cd（Ⅱ）的吸附是一个自发进行的放热过程。

7. 不同解吸剂对 XSBL-AC 解吸量的影响

图 6-26 为不同解吸剂对 XSBL-AC 解吸量的影响。解吸试验条件为：吸附 Zn（Ⅱ）饱和的 XSBL-AC 0.1000g，不同解吸剂浓度为 0.15mol/L，解吸温度 50℃，超声波（100W，40kHz）解吸时间 40min。结果表明：选用价格最低的去离子水作为解吸剂时，XSBL-AC 对 Cd（Ⅱ）的解吸量为 57.6mg/g，相对其他解吸剂而言，解吸量最小，这是因为简单的水洗仅能解吸那些依靠静电吸引力以及分子间范德华力等物理作用而吸附的 Cd（Ⅱ），对于化学作用所吸附的 Cd（Ⅱ）则无明显效果，因此，去离子水的解吸效率是有限的。当 NaOH 作为解吸剂时，解吸量也较低，为 76.3mg/g，因为碱性解吸剂易于解吸带负电荷的含重金属离子的基团；以 EDTA 作为解吸剂时，解吸量较高，可以达到 155.4mg/g，通常络合剂作为解吸剂时，可以与吸附剂中以各种形式吸附（如络合吸附、离子交换、物理吸附等）的重金属离子发生络合反应，从而将其从吸附剂上解吸下来。EDTA 是一种有机络合剂，可以与 Cd（Ⅱ）发生较强的络合作用，这种络合作用强于 XSBL-AC 上的活性吸附位点对 Cd（Ⅱ）的吸附作用，而生成稳定的配合物，因而解吸量较高，但试验中未选用 EDTA 做解吸剂的原因有：① EDTA 作为络合剂时，需调节一定的酸度，以防出现酸效应而影响解吸量；② EDTA 络合解吸 Cd（Ⅱ）后较难再生，因而会影响循环试验中的再次吸附作用；有机酸 CH₃COOH 做解吸剂时，解吸量是 142.1mg/g，其对 Cd（Ⅱ）的解吸主要依靠乙酸根离子与 Cd（Ⅱ）的络合，形成具有一定稳定性的可溶性有机酸 - 金属络合物，而起到解吸作用，因而解吸量低于 EDTA；而无机酸 HCl、H₂SO₄、HNO₃ 作为解吸剂时，吸附量较高，因为 Cd（Ⅱ）主要是以阳离子形式存在于水溶液中，XSBL-AC 吸附 Cd（Ⅱ）属于阳离子吸附，在解吸过程中加入大量的酸，这时 H⁺ 浓度大大高于 Cd（Ⅱ），大量的 H⁺ 或水和氢离子与 XSBL-AC 表面的 Cd（Ⅱ）发生竞争吸附，使活性炭表面已吸附的 Cd（Ⅱ）发生脱落，重新以阳离子的形式返回水溶液中，另外，酸的加入会使 XSBL-AC 表面原本凸起或凹陷的

地方变平滑，易于 Cd（Ⅱ）从活性炭表面解吸下来。其中，解吸剂 HCl 具有最高的解吸量，且价格低，因此，解吸试验中选择 HCl 作为解吸剂为宜。

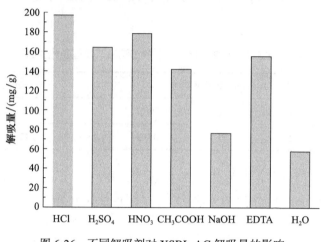

图 6-26　不同解吸剂对 XSBL-AC 解吸量的影响

8. HCl 浓度对 XSBL-AC 解吸量的影响

图 6-27 为不同 HCl 溶液浓度对 XSBL-AC 解吸量的影响。解吸试验条件为：吸附 Cd（Ⅱ）饱和的 XSBL-AC 0.1000g，解吸温度 50℃，超声波（100W，40kHz）解吸时间 40min。结果表明：当 HCl 溶液浓度为 0.10～0.15mol/L 时，随着 HCl 溶液浓度的增加，XSBL-AC 的解吸量从 174.5mg/g 快速增加到 197.2mg/g；当 HCl 溶液浓度为 0.15～0.50mol/L 时，随着解吸液 HCl 浓度的增加，吸附量呈现略微下降的趋势。原因是，当 HCl 溶液浓度增加时，溶液中 H^+ 浓度增大，对 XSBL-AC 表面的活性吸附位点产生竞争吸附，并与被吸附的 Cd（Ⅱ）发生离子交换作用，有利于解吸反应，当 HCl 浓度为 0.15mol/L 时，XSBL-AC 的解吸量达到最大值 197.2mg/g，大量的 Cd（Ⅱ）被 HCl 溶液洗脱下来；继续增大 HCl 浓

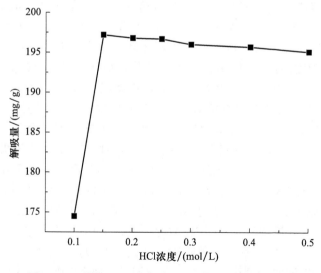

图 6-27　不同 HNO_3 浓度对 XSBL-AC 解吸量的影响

度，XSBL-AC 对 Cd（Ⅱ）的解吸量保持恒定状态。因此，解吸试验中选择 HCl 溶液浓度为 0.15mol/L 为宜。

9. 解吸温度对 XSBL-AC 解吸量的影响

图 6-28 为不同解吸温度对 XSBL-AC 解吸量的影响。解吸试验条件为：吸附 Cd（Ⅱ）饱和的 XSBL-AC 0.1000g，HCl 溶液浓度为 0.15mol/L，超声波（100W，40kHz）解吸时间 40min。结果表明：当解吸温度为 30～50℃时，随着解吸温度的升高，XSBL-AC 的解吸量从 117.2mg/g 快速增加到 196.1mg/g；当解吸温度为 50～70℃时，随着解吸温度的增加，解吸量保持稳定。这是因为，随着解吸温度的升高，XSBL-AC 表面的活性吸附位点能量升高，活性增强，易与解吸液中的 H^+ 发生竞争吸附，而且多孔性 XSBL-AC 内部的孔穴以及通道也会发生部分膨胀，从而使孔道畅通，迁移阻力减小，因此有利于被吸附的 Cd（Ⅱ）发生解吸；当解吸温度大于 50℃时，活性吸附位点的活性能力减弱，限制了 Cd（Ⅱ）的进一步解吸，解吸量保持稳定。解吸试验中选择解吸温度 50℃为宜。

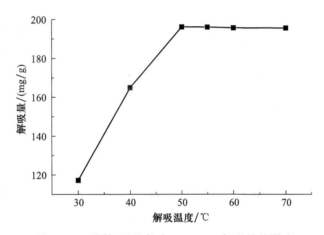

图 6-28　不同解吸温度对 XSBL-AC 解吸量的影响

10. 超声波解吸时间对 XSBL-AC 解吸量的影响

图 6-29 为不同超声波解吸时间对 XSBL-AC 解吸量的影响。解吸试验条件为：吸附 Cd（Ⅱ）饱和的 XSBL-AC 0.1000g，HCl 溶液浓度为 0.15mol/L，解吸温度 50℃，超声波功率 100W，超声频率 40kHz。结果表明：当超声波解吸时间为 20～40min 时，随着解吸时间的延长，XSBL-AC 的解吸量从 128.9mg/g 逐渐增加到 197.1mg/g；当超声波解吸时间为 40～70min 时，解吸量略有下降。这是由于，随着超声波解吸时间的增加，溶液中由于成穴和声学涡流引起传质加速产生局部热点，同时，声学气穴和高压冲击波会导致溶液体系中存在成穴效应，因而有利于 Cd（Ⅱ）从活性炭表面发生解吸，超声波解吸时间为 40min 时达到最大解吸量；但若超声波解吸时间延长，高频作用下会使 XSBL-AC 发生降解，因而阻碍了解吸反应的进行。因此，解吸试验中选择解吸时间 40min 为宜。

11. 循环试验

表 6-6 是 XSBL-AC 对 Cd（Ⅱ）的循环吸附量/解吸量。由表 6-6 可知，XSBL-AC 具有较好的再生能力，经过 5 次最佳条件的吸附和解吸试验后，其吸附量仍保持较高值，第 6

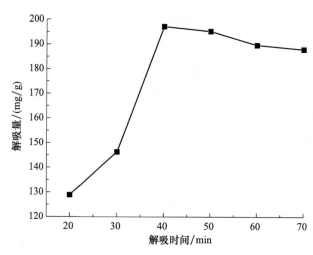

图 6-29　不同解吸时间对 XSBL-AC 解吸量的影响

次后吸附量便明显下降，可能是由于解吸不完全，使吸附剂中某些活性吸附位点被占据，或某些表面活性功能基团被解吸剂破坏等而降低再次吸附的效率。因此，XSBL-AC 具有可循环再生使用性和一定的经济价值。

表 6-6　XSBL-AC 对 Cd（Ⅱ）的循环吸附量 / 解吸量

循环使用次数	1	2	3	4	5	6
吸附量 /(mg/g)	388.7	385.1	381.0	372.3	357.4	176.4
解吸量 /(mg/g)	197.2	180.4	169.2	141.8	87.2	43.0

12. 傅里叶变换红外光谱分析

图 6-30 为 XSBL-AC 吸附 Cd（Ⅱ）前后的傅里叶变换红外光谱图。由图 6-30 可以看出，在 3300～3500cm^{-1} 处的强宽峰是文冠果活性炭分子内缔合的 O—H、游离 N—H 基团以及分子间氢键等的伸缩振动吸收峰，最强吸收位置在 3422cm^{-1}。吸附 Cd（Ⅱ）之后该峰向低波数 3410cm^{-1} 方向移动，且吸收峰强度变弱，表明活性炭结构中的 O—H 键、N—H 键和部分缔合氢键发生断裂，与溶液中的 Cd（Ⅱ）进行络合、配位以及发生化学作用等。2384cm^{-1} 和 2265cm^{-1} 处是 XSBL-AC 结构中 C—H 的伸缩振动吸收峰，吸附 Cd（Ⅱ）后移向低波数方向，2377cm^{-1} 的吸收峰几近消失。1620cm^{-1} 处的强宽峰是羧酸、酯基和酮类等 C＝O 伸缩振动吸收峰和 COO—反对称伸缩振动，在吸附 Cd（Ⅱ）后移至低波数方向 1609cm^{-1}。用磷酸作为活化剂制备活性炭，在 1192cm^{-1} 处的吸收峰是磷酸类物质的特征 P＝O 吸收峰，吸附 Cd（Ⅱ）后该峰消失，生成了磷酸纤维素酯。1075cm^{-1} 处的吸收峰是 COO—基团中 C—O 伸缩振动吸收峰，在吸附 Cd（Ⅱ）后峰值明显减弱，并移动到 1063cm^{-1} 低波数方向，说明 C—O 键已发生断裂，与 Cd（Ⅱ）进行吸附作用。964cm^{-1}、802cm^{-1} 和 729cm^{-1} 是 O—H 面内弯曲振动吸收峰，在吸附 Cd（Ⅱ）后峰值减弱几近消失。558cm^{-1} 是芳环醇羟基或酚羟基的 O—H 反伸缩振动吸收峰，吸附 Cd（Ⅱ）后强度减弱。以上分析表明，XSBL-AC 结构中的 O—H、C—O、—O—C＝O、N—H 等基团以及分子内及分子间缔合的氢键发生

断裂，并与 Cd（Ⅱ）进行配位络合反应，从而引起各相应活性功能基团的吸收振动峰位置向低波数方向移动，吸收峰强度明显降低。由此可得，XSBL-AC 对 Cd（Ⅱ）的吸附存在离子交换、配位络合、静电引力以及化学键的生成等作用，因此吸附过程主要以化学吸附为主。

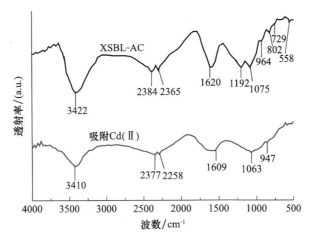

图 6-30　XSBL-AC 吸附 Cd（Ⅱ）前后的 FTIR 图谱

13. 扫描电镜分析

图 6-31 为 XSBL-AC 吸附 Cd（Ⅱ）前后的 SEM 图谱。由图 6-31 可见，XSBL-AC [图 6-31（a）] 表面粗糙，凹凸不平，有褶皱和缺陷，不规则的密布着大量微孔，形成了孔径大小不一的孔隙结构，预示着 XSBL-AC 具有较高的吸附能力；对比吸附 Cd（Ⅱ）后的 SEM 图片 [图 6-31（b）]，可以看出吸附后的 XSBL-AC 的表面聚集有更多的颗粒状物质，且大量的空隙被占据填充，孔道边缘变得相对模糊，说明 XSBL-AC 表面的活性吸附位点和大量的微孔已吸附有 Cd（Ⅱ）。

图 6-31　XSBL-AC 吸附 Cd（Ⅱ）前后的 SEM 图谱

14. X 射线能谱分析

图 6-32 为 XSBL-AC 吸附 Cd（Ⅱ）前后的 EDX 图谱。可以看出，XSBL-AC[图 6-32

（a）]中含有 C（80.26%）、O（12.92%）、N（5.62%）、Cl（0.75%）和 Na（0.45%），且峰均较强，未能检出 Cd 特征峰；吸附 Cd（Ⅱ）之后的 XSBL-AC[图 6-32（b）] 中，各元素含量分别为 C（76.87%）、O（10.01%）、N（4.52%）、Cd（8.15%）、Cl（0.37%）和 Na（0.08%），且吸附 Cd（Ⅱ）之后，图谱中出现镉峰，从各元素的含量上来看，O、N、Na 的含量均降低，表明吸附 Cd（Ⅱ）的过程中存在活性功能基团的化学作用和阳离子交换作用，SEM 和 EDX 结论与 FTIR 分析结果相一致。

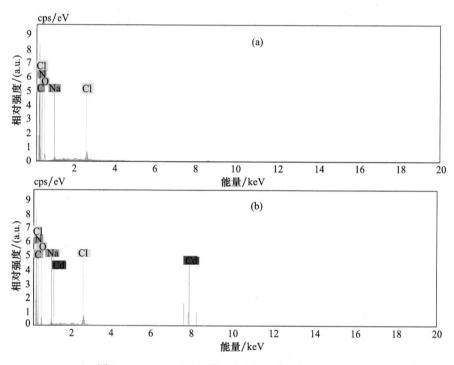

图 6-32　XSBL-AC 吸附 Cd（Ⅱ）前后的 EDX 图谱

6.2.12　小结

本节研究了 XSBL-AC 对 Cd（Ⅱ）的吸附和解吸循环性能。XSBL-AC 对 Cd（Ⅱ）最佳的吸附试验条件是：吸附剂用量 0.1000g，Cd（Ⅱ）初始浓度为 5.5mmol/L，pH 为 5.10，吸附温度为 40℃，吸附时间 65min，吸附 Cd（Ⅱ）达到最大饱和吸附量 388.7mg/g。吸附动力学和吸附等温线分别符合准二级动力学模型（相关系数 $R^2 = 0.9931$，$P < 0.01$）和 Langmuir 等温线（相关系数 $R^2 = 0.9912$，$P < 0.01$），由计算得出 ΔG_o（-5.31kJ/mol<0）、ΔS_o（$+14.23$J/(mol·K)>0）和 ΔH_o（$+22.68$kJ/mol>0），在试验范围内，XSBL-AC 吸附 Cd（Ⅱ）的试验是一个自发进行的放热反应。解吸试验结果表明，HCl 作为解吸剂最适宜，选取吸附 Cd（Ⅱ）饱和的 XSBL-AC 0.1000g，HCl 的浓度为 0.15mol/L，解吸温度 50℃，超声波（100W，40kHz）解吸时间 40min，最大解吸量为 197.2mg/g。吸附 / 解吸循环再生实验表明，连续进行 5 次吸附 / 解吸循环试验后，XSBL-AC 对 Cd（Ⅱ）仍具有较高的吸附量（357.4mg/g）和解吸量（87.2mg/g）。对比分析 XSBL-AC 吸附 Cd（Ⅱ）前后的 FTIR、SEM 和 EDX 图谱可知，XSBL-AC 是一种富含羟基、羰基和羧基等活性官能团的多孔性材料，其粗糙的表面结构有利于对水溶液中 Cd（Ⅱ）离子的吸附，吸附过程主要是包含离子交换和配位络合作用的单分子层化学吸附。研究结果表明，XSBL-AC 对废水溶液中 Cd（Ⅱ）的去除具有很强的吸附能力和循环使用性，为以废弃生物材料作为吸附剂处理含镉工业废水的研究和应用提供基础数据。

6.3　XSBL-AC 吸附 Hg（Ⅱ）

汞（mercury，Hg），原子序数 80，元素周期表中ⅡB 族金属，熔点 –38.87℃，沸点 356.6℃，密度 13.59g/cm³。汞是闪亮的银白色重质液体，也是在常温、常压下唯一以液态形式存在的金属。汞在自然界中分布量少，在地壳中自然生成，通过火山活动、岩石风化或作为人类活动的结果，释放到环境中，被认为是稀有金属。世界汞矿资源量约 70 万 t，基础储量 30 万 t，随着科技的发展，金属汞及其化合物被广泛应用于化学、医药、军事及其他精密高新科技领域。汞不是人体或植物的必需元素，常温下汞的化学性质稳定，主要以无机汞和有机汞的形式存在，无机汞有金属汞及汞盐两种主要形式，如 $Hg(NO_3)_2$、$HgCl_2$、$HgCl$、$HgBr_2$、$HgAsO_4$、HgS_2、$HgSO_4$、HgO、$Hg(CN)_2$ 等；有机汞主要为烷基或芳香基的汞类化合物，如 R_2Hg、$(CH_3)_2Hg$、$(C_6H_5)_2Hg$ 及卤化烃基汞 $RHgX$ 等。汞微溶于水，在有空气存在时溶解度增大，易溶于硝酸和热的浓硫酸，与稀盐酸作用产生氯化亚汞膜，与其他酸和碱均不反应，具有强烈的亲硫性和亲铜性，在实验室中常用单质硫处理洒落的水银。汞单质的活泼性低于锌和镉，且不能从酸溶液中置换出氢。汞有 7 个稳定的同位素。汞化合物的化合价主要是 +1 价和 +2 价，+4 价的汞化合物只有四氟化汞，+3 价汞不存在。+2 价汞的含氧酸盐都是离子型化合物，溶液中完全电离，其硫化物和卤化物都是共价化合物。天然水体中除了溶解态离子汞外，还存在络合态汞，无机配位体 Cl^-、OH^- 等对汞有络合作用，不同形态的汞具有各自的化学反应特性，影响着水体中汞的化学行为。

汞蒸气和汞的化合物多有剧毒（慢性），其毒性会因吸入或食入方式的不同，或量的不同而有差别，对人体的损害以慢性神经毒性居多（GB 25466—2010/XG1—2013《铅、锌工业污染物排放标准》国家标准第 1 号修改单，水污染中总汞的排放限值为 0.03mg/L）。最危险的汞有机化合物是二甲基汞 $[(CH_3)_2Hg]$，仅几微升（$10^{-9}m^3$ 或 $10^{-6}dm^3$ 或 $10^{-3}cm^3$）二甲基汞接触皮肤就可以致死。大量吸入汞蒸气或口服升汞等汞化合物引起的急性汞中毒主要表现为急性呼吸系统、胃肠道及中枢神经系统症状；反复或持续摄入汞可以引起汞在体内的蓄积并产生对神经系统或肾脏的持续损伤，慢性汞中毒表现为神经 - 精神症状、肾脏损伤和口咽部炎症。由于儿童发病潜伏期相对较长，儿童汞中毒症状比成人更为严重。因而，汞已经被联合国环境规划署列为全球性污染物。

6.3.1　试验材料

$Hg(NO_3)_2 \cdot H_2O$（长春化工研究所）；碘化钾（天津市大茂化学试剂厂）；抗坏血酸（天津永晟精细化工有限公司）；聚乙烯醇 (PVA-124)（北京益利精细化学品有限公司）；罗丹明 B（北京华瑞新成科技有限公司）；硝酸（天津市振兴化工试剂酸厂）；冰乙酸、无水乙酸钠（天津市风船化学试剂科技有限公司）；氢氧化钠（天津市化学试剂三厂）；浓氨水（天津市河东区红岩试剂厂）；试验中所用试剂均为分析纯，无须再做纯化，试验用水均为去离子水。

6.3.2　试验仪器

TU-1901 型双光束紫外可见分光光度计（北京普析通用仪器有限责任公司）；KS-300EI 型超声波振荡器（上海比朗仪器有限公司）；HITACHI S-4800 型扫描电子显微镜（日本）；HITACHI S-4800 型能谱分析仪（日本）；Thermo Nicolet 红外光谱仪（美国），KBr 压片样品。

6.3.3　汞的测定方法

称取 $Hg(NO_3)_2 \cdot H_2O$ 0.3426g，置于烧杯中，加入 100mL 蒸馏水和 1mL 硝酸，溶解后转移至 100mL 容量瓶中，用水稀释至刻度，摇匀，汞离子标准溶液浓度为 0.001mol/L；称取 0.100g 罗丹明 B 于烧杯中，加水溶解移至 100mL 容量瓶中稀释至刻度，摇匀，制得 0.1% 罗丹明 B 溶液；称取 50g 碘化钾、5g 抗坏血酸于烧杯中，加水溶解转移至 250mL 容量瓶中，用水稀释至刻度，得到 2%～20% 碘化钾 - 抗坏血酸溶液；称取 5g 聚乙烯醇于 80mL 烧杯中，用 50mL 水加热振荡使其溶解，移至 100mL 容量瓶中用水稀释至刻度，得 5.0% 聚乙烯醇（PVA）溶液；称取 10g 无水乙酸钠溶于烧杯中，加入冰乙酸，用酸度计测量调节至 pH=3.19。

分别在不同的 25mL 容量瓶中依次加入 0.001mol/L 的汞标准液 0.5mL、1.0mL、1.5mL、2.0mL、2.5mL、3.0mL，再加入 4mL pH=3.19 的乙酸 / 乙酸钠缓冲溶液和 4mL 2%～20% 碘化钾 - 抗坏血酸混合溶液，1.5mL 0.1% 罗丹明 B 溶液和 5% PVA 溶液 1.75 mL，用水稀释至刻度，摇匀，放置 10min 后，于 610nm 处，用 1cm 的比色皿测定其吸光度，以蒸馏水作为空白作参比，测定其吸光度，以浓度为横坐标、吸光度为纵坐标，绘制标准曲线。汞浓度在 0~50g/mL 范围内符合比尔定律，回归方程为：$y = 0.0272x + 1.7067$，相关系数 $R^2 = 0.9991$（图 6-33）。

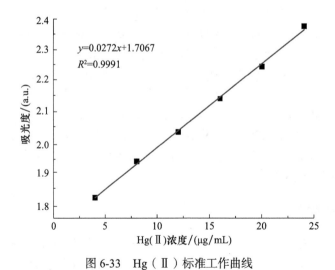

图 6-33　Hg（Ⅱ）标准工作曲线

6.3.4　吸附试验

分别称取 XSBL-AC 0.1000g，置于 100mL 锥形瓶中，然后加入 50mL 一定浓度的

Hg（Ⅱ）溶液，用乙酸 - 乙酸钠缓冲溶液调节溶液 pH，置于恒温水浴振荡器中（振速
120r/min）振荡。在一定条件下达到吸附平衡后，混合物过滤，离心分离（转速 6000r/min）
10min，取 2mL 上层清液，使用紫外可见分光光度计测定溶液中剩余 Hg（Ⅱ）的离子浓度。
在不同 Hg（Ⅱ）初始浓度、pH、吸附温度和吸附时间下进行吸附试验，由式（6-12）计算
XSBL-AC 对 Hg（Ⅱ）的吸附量（考虑到试验误差，在相同的条件下平行进行 3 次吸附试
验，结果取其平均值）：

$$q_{t,1} = \frac{(C_0 - C_{t,1})V_1 \times 200.59}{m_1} \tag{6-12}$$

式中，$q_{t,1}$ 为 t 时刻的吸附量（mg/g）；C_0 和 $C_{t,1}$ 分别为 Hg（Ⅱ）的初始浓度和 t 时刻的剩余
浓度（mol/L）；V_1 为吸附 Hg（Ⅱ）溶液的体积（m_1）；m_1 为吸附剂质量（g），Hg 的相对分
子质量为 200.59g/mol。计算过程中，忽略 Hg（Ⅱ）离子损耗的其他机理（如挥发、降解以
及器壁残留的损失等）。

6.3.5 XSBL-AC吸附Hg（Ⅱ）的因素影响

1. Hg（Ⅱ）初始浓度对 XSBL-AC 吸附量的影响

称取 0.1000g XSBL-AC，分别加入到 3.5mmol/L、4.0mmol/L、4.5mmol/L、5.0mmol/L、
5.2mmol/L、5.5mmol/L、6.0mmol/L、6.5mmol/L 的 Hg（Ⅱ）溶液中，调节溶液 pH 为 4.50，
吸附温度控制在 40℃，在恒温水浴振荡器中以 120r/min 振荡 55min 后，静置，过滤，离
心分离（转速 6000r/min）10min，取上层清液，用紫外可见分光光度计测定溶液中剩余 Hg
（Ⅱ）的离子浓度，考察不同 Hg（Ⅱ）初始浓度对 XSBL-AC 吸附量的影响。

2. 溶液 pH 对 XSBL-AC 吸附量的影响

称取 0.1000g XSBL-AC，分别加入到 5.2mmol/L 的 Hg（Ⅱ）溶液中，调节溶液 pH 分
别为 2.50、3.05、3.51、4.24、4.50、5.12、5.57、6.02，吸附温度控制在 40℃，在恒温水浴
振荡器中以 120 r/min 振荡 55min 后，静置，过滤，离心分离（转速 6000r/min）10min，取
上层清液，用紫外可见分光光度计测定溶液中剩余 Hg（Ⅱ）的离子浓度，考察不同溶液 pH
对 XSBL-AC 吸附量的影响。

3. 吸附温度对 XSBL-AC 吸附量的影响

称取 0.1000g XSBL-AC，分别加入到 5.2mmol/L 的 Hg（Ⅱ）溶液中，调节溶液 pH 为
4.50，控制吸附温度分别为 20℃、30℃、35℃、40℃、45℃、50℃、60℃、70℃，在恒温
水浴振荡器中以 120r/min 振荡 55min 后，静置，过滤，离心分离（转速 6000r/min）10min，
取上层清液，用紫外可见分光光度计测定溶液中剩余 Hg（Ⅱ）的离子浓度，考察不同吸附
温度对 XSBL-AC 吸附量的影响。

4. 吸附时间对 XSBL-AC 吸附量的影响

称取 0.1000g XSBL-AC，分别加入到 5.2mmol/L 的 Hg（Ⅱ）溶液中，调节溶液 pH 为
4.50，吸附温度控制在 40℃，在恒温水浴振荡器中以 120r/min 振荡吸附，控制吸附时间分
别为 20min、30min、40min、50min、55min、60min、80min、100min 后，静置，过滤，离心

分离（转速 6000r/min）10min，取上层清液，用紫外可见分光光度计测定溶液中剩余 Hg（Ⅱ）的离子浓度，考察不同吸附时间对 XSBL-AC 吸附量的影响。

6.3.6　解吸试验

称取 0.1000g 吸附 Hg（Ⅱ）饱和的 XSBL-AC，分别加入 50mL 不同浓度解吸剂溶液中，在一定温度下超声波（100W，40kHz）振荡，达到吸附平衡后，过滤，离心分离解吸液（转速 6000r/min），取离心后上层清液，用紫外可见分光光度计测定解吸后溶液中 Hg（Ⅱ）的离子浓度，在不同解吸剂溶液、HNO_3 浓度、解吸温度和解吸时间下进行解吸试验，由式（6-13）计算 XSBL-AC 对 Hg（Ⅱ）的解吸量（考虑到试验误差，在相同的条件下平行进行 3 次解吸试验，结果取其平均值）：

$$q_{t,2} = \frac{C_{t,2} V_2 \times 200.59}{m_2} \qquad (6\text{-}13)$$

式中，$q_{t,2}$ 为 XSBL-AC 的解吸量（mg/g）；$C_{t,2}$ 为 t 时刻解吸溶液中 Hg（Ⅱ）的浓度（mol/L）；V_2 为解吸试验所用 Hg（Ⅱ）溶液的体积（mL）；m_2 为吸附 Hg（Ⅱ）饱和的 XSBL-AC 质量（g）。

6.3.7　XSBL-AC解吸Hg（Ⅱ）的因素影响

1. 不同解吸剂对 XSBL-AC 解吸量的影响

称取 0.1000g 吸附 Hg（Ⅱ）饱和的 XSBL-AC，分别加入到 0.10mol/L 的 HCl、HNO_3、CH_3COOH、NaOH、H_2O 溶液中，在 60℃时超声波（100W，40kHz）振荡 50min 后，静置，过滤，离心分离解吸液（转速 6000r/min），取离心后上层清液，用紫外可见分光光度计测定解吸后溶液中 Hg（Ⅱ）的离子浓度，考察不同解吸剂对 XSBL-AC 解吸量的影响。

2. HNO_3 浓度对 XSBL-AC 解吸量的影响

称取 0.1000g 吸附 Hg（Ⅱ）饱和的 XSBL-AC，分别加入到 0.05mol/L、0.10mol/L、0.20mol/L、0.30mol/L、0.40mol/L、0.50mol/L 的 HNO_3 溶液中，在 60℃时超声波（100W，40kHz）振荡 50min 后，静置，过滤，离心分离解吸液（转速 6000r/min），取离心后上层清液，用紫外可见分光光度计测定解吸后溶液中 Hg（Ⅱ）的离子浓度，考察不同 HNO_3 浓度对 XSBL-AC 解吸量的影响。

3. 解吸温度对 XSBL-AC 解吸量的影响

称取 0.1000g 吸附 Hg（Ⅱ）饱和的 XSBL-AC，分别加入到 0.10mol/L 的 HNO_3 溶液中，在 30℃、40℃、50℃、55℃、60℃、70℃时超声波（100W，40kHz）振荡 50min 后，静置，过滤，离心分离解吸液（转速 6000r/min），取离心后上层清液，用紫外可见分光光度计测定解吸后溶液中 Hg（Ⅱ）的离子浓度，考察不同解吸温度对 XSBL-AC 解吸量的影响。

4. 解吸时间对 XSBL-AC 解吸量的影响

称取 0.1000g 吸附 Hg（Ⅱ）饱和的 XSBL-AC，分别加入到 0.10mol/L 的 HNO_3 溶液中，在 60℃时超声波（100W，40kHz）振荡 25min、40min、50min、60min、80min、100min

后，静置，过滤，离心分离解吸液（转速 6000r/min），取离心后上层清液，用紫外可见分光光度计测定解吸后溶液中 Hg（Ⅱ）的离子浓度，考察不同解吸时间对 XSBL-AC 解吸量的影响。

6.3.8 循环试验

称取 0.1000g XSBL-AC 加入到 5.2mmol/L 的 Hg（Ⅱ）溶液中，调节溶液 pH 为 4.50，吸附温度控制在 40℃，在恒温水浴振荡器中以 120r/min 振荡 55min 后，静置，过滤，离心分离（转速 6000r/min）10min，取上层清液测定溶液中剩余 Hg（Ⅱ）的离子浓度；下层固体样品用去离子水清洗至中性，120℃烘干，研磨，过 200 目筛。

称取上述 0.1000g 吸附 Hg（Ⅱ）饱和的 XSBL-AC，加入到 0.10mol/L 的 HNO_3 溶液中，在 60℃时超声波振荡 50min 后，静置，过滤，离心分离解吸液（转速 6000r/min），取离心后上层清液测定解吸后溶液中 Hg（Ⅱ）的离子浓度；下层固体样品用去离子水清洗至中性，120℃烘干，研磨，过 200 目筛，以备循环试验使用。重复上述吸附和解吸试验操作 5 次，测定每次吸附和解吸平衡后溶液中 Hg（Ⅱ）的离子浓度，使用式（6-12）和式（6-13）计算 XSBL-AC 的吸附量和解吸量。

6.3.9 傅里叶变换红外光谱分析

将吸附 Hg（Ⅱ）前后的 XSBL-AC 烘干，研磨，过 200 目筛，样品采用 KBr 压片法制片，进行傅里叶红外光谱分析。

6.3.10 扫描电镜和X射线能谱分析

对吸附 Hg（Ⅱ）前后的 XSBL-AC 进行电镜扫描和能谱分析，观察吸附前后活性炭的表观形貌和能谱变化。

6.3.11 试验结果与分析

1. Hg（Ⅱ）初始浓度对 XSBL-AC 吸附量的影响

图 6-34 为不同 Hg（Ⅱ）初始浓度对 XSBL-AC 吸附量的影响。吸附试验条件为：XSBL-AC 用量 0.1000g，溶液 pH 为 4.50，吸附温度 40℃，吸附时间 55min。结果表明：当 Hg（Ⅱ）初始浓度为 3.5～5.2 mmol/L 时，随着 Hg（Ⅱ）初始浓度的增加，吸附量从 206.1mg/g 增加到 235.1mg/g；当 Hg（Ⅱ）初始浓度为 5.2～6.5mmol/L 时，随着 Hg（Ⅱ）初始浓度的增加，吸附量呈现出保持稳定的趋势。这是因为，当 Hg（Ⅱ）初始浓度逐渐增大时，溶液中 Hg（Ⅱ）的浓度梯度增加，为 XSBL-AC 对 Hg（Ⅱ）的吸附提供更高的驱动力，Hg（Ⅱ）与活性炭表面上存在的大量活性吸附位点充分接触，吸附量快速增大，在 Hg（Ⅱ）初始浓度为 5.2mmol/L 时达到最大饱和吸附量 235.1mg/g；随着 Hg（Ⅱ）初始浓度继续增大，吸附已经饱和，吸附量保持稳定。因此，选择浓度 5.2mmol/L 为最适宜 Hg（Ⅱ）初始浓度。

2. 溶液 pH 对 XSBL-AC 吸附量的影响

图 6-35 为不同溶液 pH 对 XSBL-AC 吸附量的影响。吸附试验条件为：XSBL-AC 用量 0.1000g，Hg（Ⅱ）初始浓度为 5.2 mmol/L，吸附温度 40℃，吸附时间 55min。结果表明：

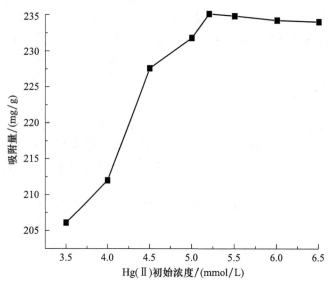

图 6-34　Hg（Ⅱ）初始浓度对 XSBL-AC 吸附量的影响

溶液 pH 对 XSBL-AC 吸附 Hg（Ⅱ）的影响较大。当溶液 pH 为 2.50～4.50 时，随着 pH 的增加，吸附量从 81.2mg/g 快速增加到 228.7mg/g；当 pH 为 4.50～6.02 时，吸附量呈下降的趋势。在较低溶液 pH 时，XSBL-AC 对 Hg（Ⅱ）的吸附量较少，是由于活性炭表面质子化程度高，能够有效络合 Hg（Ⅱ）的活性吸附位点数目较少，以及溶液中大量 H^+ 的竞争吸附增强所致；随着 pH 升高，溶液中 H^+ 浓度减小，H^+ 的竞争吸附作用减弱，XSBL-AC 表面负电荷随着 pH 升高而增加，使活性位点与 Hg（Ⅱ）之间的静电斥力减弱，吸附作用增强，在 pH 为 4.50 时达到最大饱和吸附量 235.6 mg/g；当溶液 pH 过高时，Hg（Ⅱ）处在负离子的氛围中，易与 OH^- 产生氢氧化物沉淀，与活性炭进行吸附作用的能力减弱，且不利于吸附机理的研究。因此 XSBL-AC 对 Hg（Ⅱ）溶液最佳的吸附 pH 为 4.50。

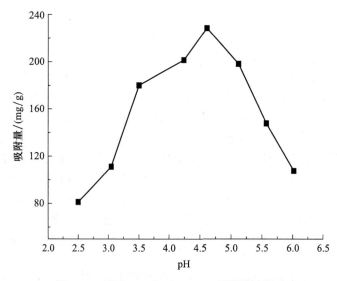

图 6-35　溶液 pH 对 XSBL-AC 吸附量的影响

3. 吸附温度对 XSBL-AC 吸附量的影响

图 6-36 为不同吸附温度对 XSBL-AC 吸附量的影响。吸附试验条件为：XSBL-AC 用量 0.1000g，Hg（Ⅱ）初始浓度为 5.2mmol/L，溶液 pH 为 4.50，吸附时间 55min。结果表明：当吸附温度为 20～40℃时，随着吸附温度的上升，吸附量从 94.2mg/g 快速增加到 235.6mg/g；当吸附温度为 40～70℃时，吸附量缓慢下降。这是由于 XSBL-AC 属于多孔性吸附材料，其结构会同时发生物理吸附和化学吸附作用，随着吸附温度升高，吸附量快速增大，40℃时达到最大饱和吸附量 235.6mg/g；当温度继续升高时，因物理吸附是可逆的，吸附 Hg（Ⅱ）的动能增大，易发生脱落；而化学吸附是放热的过程，高温不利于吸附反应的继续进行，吸附量下降，由此可推断 XSBL-AC 对 Hg（Ⅱ）的吸附主要是以化学吸附为主的过程，活性炭表面大量的活性功能基团可作为路易斯碱与 Hg（Ⅱ）发生配位络合吸附。因此，吸附温度选择 40℃为宜。

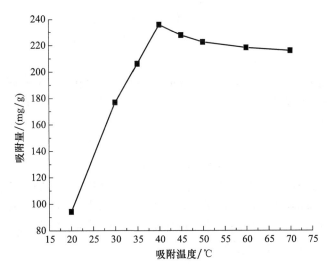

图 6-36　吸附温度对 XSBL-AC 吸附量的影响

4. 吸附时间对 XSBL-AC 吸附量的影响

图 6-37 为不同吸附时间对 XSBL-AC 吸附量的影响。吸附试验条件为：XSBL-AC 用量 0.1000g，Hg（Ⅱ）初始浓度为 5.2mmol/L，溶液 pH 为 4.50，吸附温度 40℃。从图 6-37 中发现，吸附时间为 20～50min 时，XSBL-AC 吸附 Hg（Ⅱ）的速率很快，吸附量显著增加，从 106.8mg/g 快速增加到 230.9mg/g；当吸附时间从 50min 增加为 55min 时，吸附量增加缓慢，从 230.9mg/g 逐渐增加到最大饱和吸附量 235.4mg/g；在吸附时间为 55～100min 时，吸附量基本保持不变，表明吸附达到了平衡。这是因为，Hg（Ⅱ）在溶液中的扩散、在 XSBL-AC 表面的迁移、与表面活性功能基团的配位络合吸附以及在活性炭结构内部微孔中的渗入均需要一定的时间，由图 6-37 可知，仅 55min 吸附就达到了饱和平衡，说明 XSBL-AC 是一种有效的 Hg（Ⅱ）吸附剂。

5. 吸附动力学

称取 XSBL-AC 0.1000g，调节溶液 pH 为 4.50，Hg（Ⅱ）初始浓度分别是 5.0mmol/L、

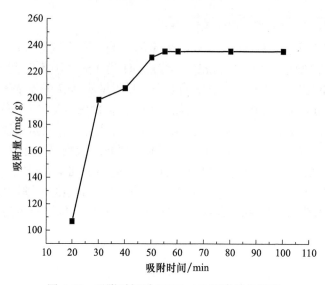

图 6-37 吸附时间对 XSBL-AC 吸附量的影响

5.2mmol/L、5.5mmol/L 时，于 40℃，120r/min 下恒温振荡吸附，不同吸附时间对 XSBL-AC 吸附量的影响如图 6-38 所示。由图 6-38 可以看出，在吸附开始一段时间内溶液中 Hg（Ⅱ）浓度下降很快，随后逐渐趋于平衡。XSBL-AC 对 Hg（Ⅱ）的吸附量在 55min 左右可以到达最大值 235.6mg/g，随后吸附时间继续增加，吸附量保持稳定。可以认为，XSBL-AC 对 Hg（Ⅱ）的吸附主要发生在吸附剂的表层，Hg（Ⅱ）首先与活性炭表面的活性功能基团—OH、—NH、—O—C=O 等发生反应，吸附速率较快，属于快速表面吸附过程，之后 Hg（Ⅱ）从表层孔径向活性炭内部扩散，反应发生在内层，吸附速率越来越慢，最后达到吸附平衡。这说明 XSBL-AC 对 Hg（Ⅱ）的吸附为非均相固液吸附反应，吸附主要发生在固液界面，包括活性炭表面及内表面。

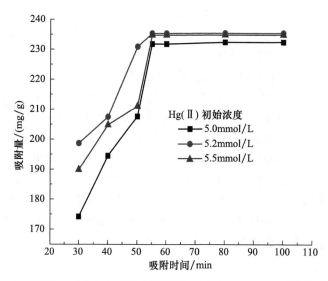

图 6-38 不同 Hg（Ⅱ）初始浓度下吸附时间对 XSBL-AC 吸附量的影响

在吸附动力学的研究中，为评价吸附过程的控速步骤和吸附机理，通常用准一级动力学模型和准二级动力学模型拟合动力学数据，由模型的拟合程度可推断 Hg（Ⅱ）在吸附过程中的控速步骤，图 6-39 分别为 XSBL-AC 吸附 Hg（Ⅱ）的准一级动力学模型和准二级动力学模型的拟合曲线，利用式（6-3）和式（6-4）计算相关动力学参数，拟合相关参数见表 6-7。从拟合的相关参数可以看出，准二级动力学模型的拟合效果比准一级动力学模型更好，其相关系数 $R^2 = 0.9801$（$P < 0.01$），准二级动力学模型包含了吸附的所有过程，如外部液膜扩散、表面吸附、颗粒内扩散等，能够更真实地反应吸附的机制，当 $R^2 > 0.9800$ 时可认为该模型适合描述该吸附过程的动力学。此外，准二级动力学的吸附速率常数 k_2 为 1.273×10^{-2} g/(mg·min)，表明了吸附速率较大，且对于初始浓度为 5.2mmoL 的 Hg（Ⅱ）溶液，由准二级动力学模型拟合得到的平衡吸附量 231.8mg/g 更接近于试验中所得的平衡吸附量 235.6mg/g。因此，XSBL-AC 对 Hg（Ⅱ）的吸附行为可以用准二级动力学模型来描述，限速步骤是化学吸附过程。

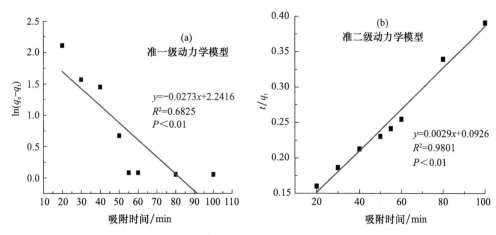

图 6-39 试验数据的准一级动力学模型和准二级动力学模型方程拟合曲线

表 6-7 XSBL-AC 对 Hg（Ⅱ）的吸附动力学参数

准一级动力学模型				准二级动力学模型		
吸附量（试验值）/(mg/g)	吸附量（计算值）/(mg/g)	k_1/(×10^{-3}/min)	R^2	吸附量（计算值）/(mg/g)	k_2/[×10^{-2}g/(mg·min)]	R^2
235.6	187.4	0.671	0.6825	231.8	1.273	0.9801

6. 吸附热力学

称取 XSBL-AC 0.1000g，在吸附温度分别为 35℃、40℃、45℃，pH 为 4.50，吸附时间 55min，不同 Hg（Ⅱ）初始浓度 3.5～6.5mmol/L 的条件下，研究 Hg（Ⅱ）浓度同 XSBL-AC 吸附量之间的关系，结果见图 6-40。由图 6-40 可知，随着 Hg（Ⅱ）的初始浓度增大，XSBL-AC 对 Hg（Ⅱ）的平衡吸附量增大，并逐渐达到吸附平衡，最大饱和吸附量为 235.6mg/g。这是由于随着 Hg（Ⅱ）初始浓度的增大，XSBL-AC 与 Hg（Ⅱ）接触概率增大，此时吸附量取决于由溶液主体扩散至固/液界面层 Hg（Ⅱ）的数量。且随温度升高，吸附容量增大，40℃时达到最大，说明该吸附是一个吸热过程，升温有利于吸附的进行。

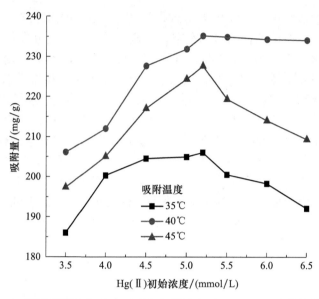

图 6-40　不同吸附温度下 Hg（Ⅱ）初始浓度对 XSBL-AC 吸附量的影响

Langmuir 方程主要用来描述单分子层吸附；Freundlich 模型既可描述单分子层吸附，又可以描述多分子层吸附。利用式（6-5）和式（6-6）计算相关热力学参数。由表 6-8 的相关系数可以看出，对比两种等温吸附方程的拟合结果，Langmuir 方程能更好地描述 XSBL-AC 对 Hg（Ⅱ）的吸附过程，Langmuir 等温吸附方程的线性相关系数 $R^2=0.9882$（$P<0.01$），且 $1/n<1$，表明 XSBL-AC 对 Hg（Ⅱ）有较高的亲和力，该吸附过程为"优惠吸附"。由 Langmuir 等温式计算出的最大吸附量 q_{max}（227.1mg/g）更接近于实验中的平衡吸附量 235.6mg/g，说明反应为化学吸附为主的单分子层吸附。吸附是否趋向于有利吸附平衡可由分离因子 R_L 来判断。$R_L>1$ 为不利吸附，$R_L=1$ 为线性吸附，$0<R_L<1$ 为有利吸附，$R_L=0$ 为不可逆吸附。分离因子 R_L 按照式（6-7）进行计算。本试验中，C_0 为 3.5～6.5mmol/L，计算得到的 R_L 是 0.1182，$0<R_L<1$ 证明该吸附为有利吸附。

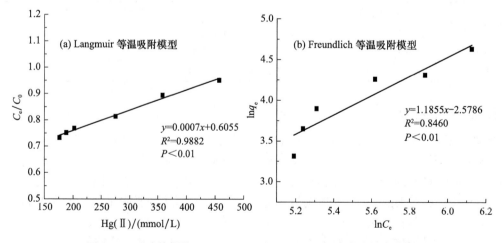

图 6-41　试验数据的 Langmuir (a) 和 Freundlich (b) 公式拟合曲线

表 6-8　XSBL-AC 对 Hg（Ⅱ）的等温吸附模型及相关参数

吸附量（试验值）/（mg/g）	Langmuir 等温模型				Freundlich 等温模型		
	吸附量（计算值）/（mg/g）	b/（mg/L）	R_L	R^2	$1/n$	k_f/（mol/g）	R^2
235.6	227.1	0.2462	0.1182	0.9882	0.1647	134.0617	0.8450

吸附热力学的研究有助于理解吸附本质。XSBL-AC 吸附 Hg（Ⅱ）的热力学参数，如吉布斯自由能变（ΔG_o）、熵（ΔS_o）、焓（ΔH_o）可分别按照式（6-8）和式（6-9）计算得出，在最佳吸附温度为 40℃时，吸附的吉布斯自由能变 ΔG_o 值为 −3.92kJ/mol，可知吸附反应是自发进行的，ΔH_o 值为 +19.77kJ/mol，说明该吸附过程为吸热反应；得到的 ΔS_o 值为 +37.51J（K·mol），表明吸附过程是系统无序度增加的过程，原因是更多分子由固体表面向溶液中紊乱运动。以上分析说明实验条件下 Hg（Ⅱ）的吸附是一个自发进行的吸热过程。

7. 不同解吸剂对 XSBL-AC 解吸量的影响

图 6-42 为不同解吸剂对 XSBL-AC 解吸量的影响。解吸试验条件为：吸附 Hg（Ⅱ）饱和的 XSBL-AC 0.1000g，不同解吸剂浓度 0.10mol/L，解吸温度 60℃，超声波（100W，40kHz）解吸时间 50min。结果表明：去离子水作为解吸剂时，XSBL-AC 对 Hg（Ⅱ）的解吸量只有 82.3mg/g，因水洗无法将化学吸附的 Hg（Ⅱ）进行解吸；当 NaOH 作为解吸剂时，解吸量为 97.6mg/g，因 Hg（Ⅱ）在溶液中以阳离子形式存在；CH_3COOH 做解吸剂时，解吸量为 136.1mg/g，因乙酸为有机酸，酸性小于无机酸，在溶液中电离出 H^+ 的数量有限，与 Hg（Ⅱ）发生竞争吸附的能力较弱，且乙酸根离子与 Hg（Ⅱ）之间也可以形成配位络合物，因而有一定的解吸效果；而无机酸 HCl、HNO_3 作为解吸剂时，吸附量较高，因为 Hg（Ⅱ）主要以阳离子形式存在于水溶液中，在解吸过程中大量的 H^+ 与 XSBL-AC 表面的 Hg（Ⅱ）发生竞争吸附，易于 Hg（Ⅱ）的解吸。由图 6-42 可知，使用 HNO_3 作为解吸剂时，解吸量可达 231.3mg/g，HCl 作为解吸剂时，解吸量是 191.2mg/g，因此，本试验中选择 HNO_3 作为解吸剂。

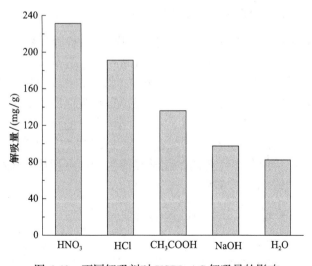

图 6-42　不同解吸剂对 XSBL-AC 解吸量的影响

8. HNO₃ 浓度对 XSBL-AC 解吸量的影响

图 6-43 为不同 HNO₃ 溶液浓度对 XSBL-AC 解吸量的影响。解吸试验条件为：吸附 Hg（Ⅱ）饱和的 XSBL-AC 0.1000g，解吸温度 60℃，超声波（100W，40kHz）解吸时间 50min。由图 6-43 可以看出，当 HNO₃ 溶液浓度为 0.05～0.10mol/L 时，随着 HNO₃ 溶液浓度的增加，XSBL-AC 的解吸量由 204.7mg/g 到 231.3mg/g，呈快速增加的趋势；当 HNO₃ 溶液浓度为 0.10mol/L 时，解吸量达到最大值 231.3mg/g；之后随着 HNO₃ 溶液浓度的增加，吸附量保持稳定。原因是 HNO₃ 溶液浓度增加时，溶液中 H^+ 浓度增大，与被吸附的 Hg（Ⅱ）发生离子交换作用，有利于解吸反应，继续增大 HNO₃ 溶液浓度，溶液中大量 H^+ 与 Hg（Ⅱ）会产生静电排斥作用，因而会阻止解吸的进行，解吸量保持恒定。因此，解吸实验中 HNO₃ 溶液浓度以 0.10mol/L 为宜。

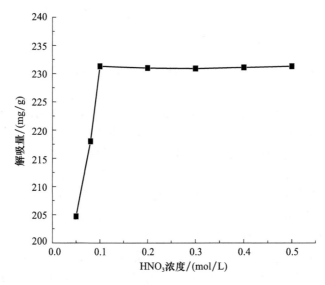

图 6-43　不同 HNO₃ 浓度对 XSBL-AC 解吸量的影响

9. 解吸温度对 XSBL-AC 解吸量的影响

图 6-44 为不同解吸温度对 XSBL-AC 解吸量的影响。解吸试验条件为：吸附 Hg（Ⅱ）饱和的 XSBL-AC 0.1000g，HNO₃ 溶液浓度为 0.10mol/L，超声波（100W，40kHz）解吸时间 50min。由图 6-44 可知，当解吸温度为 30～60℃时，XSBL-AC 随解吸温度的升高，其对 Hg（Ⅱ）的解吸量从 178.6mg/g 增加到 230.4mg/g；当解吸温度继续上升时，解吸量基本保持稳定。原因在于，随着解吸温度的升高，XSBL-AC 表面的活性吸附位点能量升高，有利于 Hg（Ⅱ）与溶液中大量的 H^+ 发生竞争吸附，解吸量增加，当解吸温度为 60℃时，解吸量达到最大值 231.3mg/g；但若继续升温，化学吸附也会因吸附放热过程而受限，因而解吸量保持稳定。解吸实验中选择解吸温度以 60℃为宜。

10. 超声波解吸时间对 XSBL-AC 解吸量的影响

图 6-45 为不同超声波解吸时间对 XSBL-AC 解吸量的影响。解吸试验条件为：吸附 Hg（Ⅱ）饱和的 XSBL-AC 0.1000g，HNO₃ 溶液浓度为 0.10mol/L，解吸温度 60℃，超声波

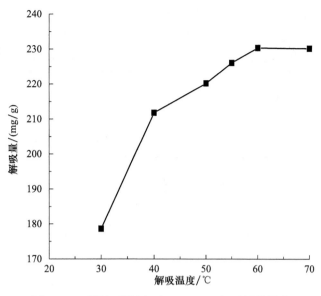

图 6-44　不同解吸温度对 XSBL-AC 解吸量的影响

功率 100W，超声频率 40kHz。结果表明：当超声波解吸时间为 25～50min 时，随着解吸时间的延长，XSBL-AC 对 Hg（Ⅱ）的解吸量从 156.1mg/g 快速增加到 228.6mg/g；当超声波解吸时间继续延长时，解吸量基本保持稳定状态。这是因为，在一定时间的超声波解吸作用下，高温高压及强烈的冲击波会使吸附质运动能量增加，解吸速率增大，当解吸时间为 50min 时，溶液中超声空穴浓度达到饱和，解吸量达到最大值 228.6mg/g。因此，选择解吸时间以 50min 为最佳。

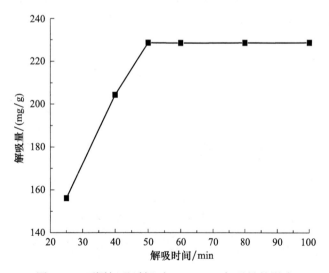

图 6-45　不同解吸时间对 XSBL-AC 解吸量的影响

11. 循环试验

循环再生性能是吸附剂的一个重要性能。表 6-9 是 XSBL-AC 对 Hg（Ⅱ）的循环吸附量／

解吸量。由表 6-9 可知，经过 4 次最佳条件的吸附和解吸实验后，XSBL-AC 去除 Hg（Ⅱ）的能力仍然较强。循环使用 4 次后，XSBL-AC 对 Hg（Ⅱ）的吸附量由 208.6mg/g 下降至 142.1mg/g。这说明 XSBL-AC 的再生性能良好，重复多次后吸附量仍能保持较高值，至少可以重复使用 4 次以上，具有一定的再生循环能力和经济价值，这为农业废弃物在重金属废水处理中的应用提供了理论依据。

表 6-9　XSBL-AC 对 Hg（Ⅱ）的循环吸附量 / 解吸量

循环使用次数	1st	2nd	3rd	4th	5th
吸附量 /(mg/g)	235.6	234.9	234.5	208.6	142.1
解吸量 /(mg/g)	231.3	229.8	223.7	196.8	74.5

12. 傅里叶变换红外光谱分析

图 6-46 为 XSBL-AC 吸附 Hg（Ⅱ）前后傅里叶变换红外光谱图。由图 6-46 可以看出，在 3422cm^{-1} 处的强宽峰是文冠果活性炭分子内缔合的 O—H、游离 N—H 基团以及分子间氢键等的伸缩振动吸收峰，吸附 Hg（Ⅱ）之后，该处特征峰的位置略微发生偏移，向低波数 3417cm^{-1} 方向移动，且吸收峰强度变弱。2384cm^{-1} 和 2265cm^{-1} 处是 XSBL-AC 结构烷烃中 C—H 的伸缩振动吸收峰，吸附 Hg（Ⅱ）后移向低波数方向，漂移至 2379cm^{-1} 和 2260cm^{-1} 处。1620cm^{-1} 处的强宽峰是羧酸、酯基和酮类等 C＝O 伸缩振动吸收峰和 COO—反对称伸缩振动吸收峰，在吸附 Hg（Ⅱ）后移至低波数方向 1612cm^{-1}。在 1192cm^{-1} 处的吸收峰是磷酸类物质的特征 P＝O 吸收峰，吸附 Hg（Ⅱ）后该峰消失，生成了磷酸纤维素酯。1075cm^{-1} 处的吸收峰是 COO—基团和醇、酚类中 C—O 伸缩振动吸收峰，在吸附 Hg（Ⅱ）后峰值漂移到 1071cm^{-1} 附近。964cm^{-1}、802cm^{-1} 和 729cm^{-1} 是 O—H 面内弯曲振动吸收峰，

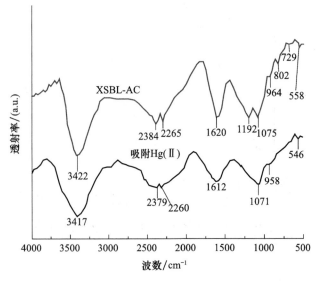

图 6-46　XSBL-AC 吸附 Hg（Ⅱ）前后的 FTIR 图谱

在吸附 Hg（Ⅱ）后峰值明显减弱。558cm^{-1} 是芳环醇羟基或酚羟基的 O—H 反伸缩振动吸收峰，吸附 Hg（Ⅱ）后强度减弱并移向低波数 546cm^{-1} 处。以上分析表明，XSBL-AC 在吸附 Hg（Ⅱ）后，几乎所有波段的红外吸收峰强度都变弱，振动强度变弱预示着样品在吸附过程中经历了一定的化学反应，活性炭结构中的活性功能基团 O—H、C—O、—O—C＝O、N—H、P＝O 等以及分子内及分子间缔合的氢键发生部分断裂，与 Hg（Ⅱ）进行配位络合作用，这与吸附动力学研究中以化学吸附为主的推断是相吻合的。

13. 扫描电镜分析

图 6-47 为 XSBL-AC 吸附 Hg（Ⅱ）前后的 SEM 图谱。由图 6-47 可见，XSBL-AC [图 6-47（a）] 表面粗糙，凹凸不平，有缝隙和缺陷，结构松散，孔隙率较高，比表面积较大，XSBL-AC 的表观形貌结构更有利于吸附过程的进行；吸附 Hg（Ⅱ）后的 SEM 图片 [图 6-47（b）]，其表面部分变得较为平整，且活性炭表面的空隙和裂缝填充有许多的颗粒状物质，说明 XSBL-AC 表面的活性吸附位点和大量的微孔已吸附有 Hg（Ⅱ）。XSBL-AC 表面含有大量的活性功能基团，这些基团可作为配体和具有空轨道的 Hg（Ⅱ）相互键合、配位、络合，从而改变其形貌特征。

图 6-47 XSBL-AC 吸附 Hg（Ⅱ）前后的 SEM 图谱

14. X 射线能谱分析

图 6-48 为 XSBL-AC 吸附 Hg（Ⅱ）前后的 EDX 图谱。可以看出，XSBL-AC[图 6-48（a）] 中含有 C（80.26%）、O（12.92%）、N（5.62%）、Cl（0.75%）和 Na（0.45%），且峰均较强，Hg 特征峰在吸附前的活性炭中未检测出来；吸附 Hg（Ⅱ）之后的 XSBL-AC [图 6-48（b）] 中，各元素含量分别为 C（76.01%）、O（11.88%）、N（5.13%）、Hg（6.81%）、Cl（0.04%）和 Na（0.13%），且吸附 Hg（Ⅱ）之后，图谱中出现汞峰，这说明 Hg（Ⅱ）吸附在 XSBL-AC 表面，从各元素的含量上来看，C、O、N、Na 的含量均降低，表明吸附 Hg（Ⅱ）的过程中存在化学配位络合和阳离子交换作用，Hg（Ⅱ）被吸附，而金属阳离子被释放到了溶液中。

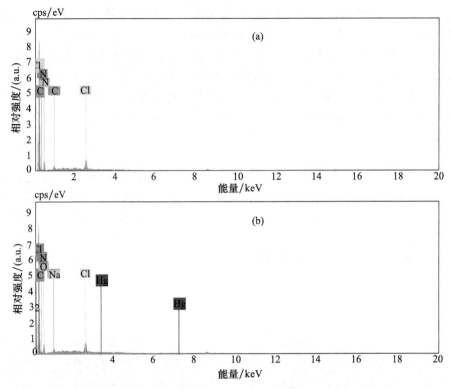

图 6-48　XSBL-AC 吸附 Hg（Ⅱ）前后的 EDX 图谱

6.3.12　小结

本节研究了 XSBL-AC 对 Hg（Ⅱ）的吸附和解吸循环性能。XSBL-AC 对 Hg（Ⅱ）最佳的吸附试验条件是：吸附剂用量 0.1000g，Hg（Ⅱ）初始浓度为 5.2mmol/L，pH 为 4.50，吸附温度为 40℃，吸附时间 55min，吸附 Hg（Ⅱ）达到最大饱和吸附量 235.6mg/g。吸附动力学和吸附等温线分别符合准二级动力学模型（相关系数 $R^2=0.9801$，$P<0.01$）和 Langmuir 等温线（相关系数 $R^2=0.9882$，$P<0.01$），由计算得出 ΔG_o（-3.92kJ/mol<0）、ΔS_o（$+37.51$J/(mol·K)>0）和 ΔH_o（$+19.77$kJ/mol>0），在实验范围内，XSBL-AC 吸附 Hg（Ⅱ）的试验是一个自发进行的放热反应。解吸试验结果表明，HNO_3 作为最佳解吸剂，选取吸附 Hg（Ⅱ）饱和的 XSBL-AC 0.1000g，HNO_3 的浓度为 0.10mol/L，解吸温度 60℃，超声波（100W，40kHz）解吸时间 50min，最大解吸量为 231.3mg/g。吸附／解吸循环再生试验表明，连续进行 4 次吸附／解吸循环试验后，XSBL-AC 对 Hg（Ⅱ）仍具有较高的吸附量（208.6mg/g）和解吸量（196.8mg/g）。对比分析 XSBL-AC 吸附 Hg（Ⅱ）前后的 SEM-EDX 谱图可知，XSBL-AC 是一种富含活性官能团的多孔性材料，其粗糙的表面结构有利于吸附，吸附后表面变得较为平整以及空隙内填充有大量的颗粒状物质，说明吸附主要发生在活性炭表层。FTIR 谱图分析结合动力学研究表明，XSBL-AC 吸附 Hg（Ⅱ）的过程以化学吸附为主。

6.4　XSBL-AC 对 3 种锌族元素吸附和解吸结果对照

锌族元素包括锌、镉、汞 3 种元素，其结构特征为 $(n-1)d^{10}·ns^2$，属于 ⅡB 族元素，

$(n-1)d^{10}$ 轨道已满，再失去电子困难，而 d 轨道与 s 轨道之间的电离势较大，通常只失去 s^2 电子而呈现 +2 价氧化态。锌族元素次外层有 18 个电子，对原子核的屏蔽作用较小，有效核电荷较大，金属活泼性较弱；Zn（Ⅱ）、Cd（Ⅱ）和 Hg（Ⅱ）具有很强的极化力和明显的变形性，有利于与 XSBL-AC 表面多种活性官能团之间发生配位和络合作用，形成稳定的配位数为 4 的外轨型四面体配合物。本节以文冠果子壳活性炭（XSBL-AC）作为吸附剂，对溶液中 Zn（Ⅱ）、Cd（Ⅱ）和 Hg（Ⅱ）的吸附、解吸及循环使用性能分别进行了研究。

（1）分别使用 0.1000g 吸附剂 XSBL-AC，对含有 Zn（Ⅱ）、Cd（Ⅱ）、Hg（Ⅱ）离子的水溶液进行吸附实验。试验结果显示，溶液 pH 是影响 XSBL-AC 吸附的重要因素，最佳吸附 pH 范围为 4.50～5.20，若 pH 较高或较低时，则易使 Zn（Ⅱ）、Cd（Ⅱ）和 Hg（Ⅱ）发生氢氧化物沉淀或离子水解反应，而影响 XSBL-AC 的吸附效率；Zn（Ⅱ）、Cd（Ⅱ）和 Hg（Ⅱ）的最佳吸附温度分别是 60℃、40℃和 40℃，在达到最佳吸附温度后，随着温度的继续升高，XSBL-AC 对 3 种重金属离子的吸附量降低，表明文冠果子壳活性炭对锌族重金属离子的吸附是一个放热过程；XSBL-AC 对 Zn（Ⅱ）、Cd（Ⅱ）和 Hg（Ⅱ）的吸附速度都很快，均在 65min 内基本达到吸附平衡，XSBL-AC 对 Zn（Ⅱ）、Cd（Ⅱ）和 Hg（Ⅱ）的最大吸附量分别为 103.8mg/g、388.7mg/g 和 235.6mg/g。

（2）XSBL-AC 对 Zn（Ⅱ）、Cd（Ⅱ）和 Hg（Ⅱ）的吸附动力学均符合准二级动力学模型；吸附等温线都符合 Langmuir 等温吸附模型；根据吸附热力学数据的计算结果，在吸附实验范围内，XSBL-AC 对三种锌族重金属离子的吸附过程是自发进行的，吸附平衡属于单分子层的化学吸附。

（3）吸附饱和的 XSBL-AC 可以使用无机酸溶液进行超声波解吸循环。解吸循环试验结果表明，XSBL-AC-loaded-Zn（Ⅱ）和 XSBL-AC-loaded-Hg（Ⅱ）可使用 0.20mol/L 和 0.10mol/LHNO$_3$ 溶液进行解吸试验，超声波（100W，40kHz）解吸温度为 50℃和 60℃，解吸时间为 70min 和 50min，最大解吸量分别达到 78.52mg/g 和 231.3mg/g，经过 4 次吸附 - 解吸循环使用后，吸附能力降低较小；XSBL-AC-loaded-Cd（Ⅱ）使用 0.15mol/L HCl 进行解吸试验，超声波（100W，40kHz）解吸温度 50℃，解吸时间为 40min，最大解吸量达到 197.2mg/g，连续进行 5 次吸附 - 解吸循环实验后仍保持较高的吸附量和解吸量。

（4）采用红外光谱（FTIR）、扫描电镜（SEM）和 X 射线能谱分析（EDX）对吸附锌族重金属离子前后的 XSBL-AC 进行表征并探讨吸附机理，结果表明，吸附过程主要包括：XSBL-AC 多孔结构的物理吸附作用，以及 Zn（Ⅱ）、Cd（Ⅱ）和 Hg（Ⅱ）三种重金属离子与 XSBL-AC 表面活性官能团（羟基、羧基、羰基等）之间的离子交换、表面配合等的化学吸附作用。

6.5　XSBL-AC 吸附铁 Fe（Ⅲ）

铁（iron，Fe），原子序数 26，元素周期表中第四周期，Ⅷ B 族金属，是铁系元素的代表，其熔点 1538℃，沸点 2862℃，密度 7.86g/cm³。纯铁是柔韧而有延展性的银白色固体，常态下呈灰黑色无定型细粒或粉末。铁在地壳中是含量丰富的元素，平均丰度为 4.75%，居地壳含量第 4 位。铁是工业中不可缺少的一种金属，主要用于制发电机和电动机的铁芯，以及制药、农药、电子工业、粉末冶金、机械工业等各行业中，常见的铁矿石有 Fe$_2$O$_3$（赤铁矿）、Fe_3O_4（磁铁矿）、$FeCO_3$（菱铁矿）、FeS_2（黄铁矿）等，铁有多种同素异形体。铁是化学性质比较活泼的金属，也是一种良好的还原剂，铁常见的价态有 0 价、+2 价、+3 价和 +6 价。常温时，铁在干燥的空气中不易与氧、硫、氯等非金属单质反应，在潮湿的空气中易锈蚀；高温时，则剧烈反应生成铁的氧化物。铁易溶于稀的无机酸中，常温下遇浓硫酸或浓硝酸，表面生成一层氧化物保护膜，发生"钝化"。+2 价铁离子呈淡绿色，碱性溶液中易被氧化为 +3 价铁；+3 价铁离子的颜色随水解程度的增大而由黄色经橙色变为棕色。纯净的 Fe（Ⅲ）为淡紫色。Fe（Ⅱ）和 Fe（Ⅲ）均易与无机或有机配体形成稳定的配位化合物，如 Phen 为菲啰啉，配位数通常为 6。

铁是构成人体的必需微量元素之一，人体内铁的总量为 4～5g，其中以 72% 为血红蛋白、3% 为肌红蛋白、0.2% 为其他化合物形式存在；其余则为储备铁，以铁蛋白的形式储存于肝脏、脾脏和骨髓的网状内皮系统中。溶解于天然淡水中的铁含量，在还原性条件下，+2 价铁占优势；在氧化性条件下，+3 价铁占优势。+3 价铁的化合物溶解度小，可水解为不溶的氢氧化铁沉淀，只有在酸性水中溶解度才会增大，或者在碱性较强条件下而部分地生成络离子，如 $[Fe(OH)_6]^{3-}$ 时，溶解度才有增加的趋势。工厂排放的含铁废水主要是酸性采矿废水和清洗钢铁表面铁锈的酸浸洗池排出的废水，其中铁含量很高，含铁废水排入天然水体，由于酸性降低，便产生 $Fe(OH)_3$ 沉淀（GB 13456—2012《钢铁工业水污染物排放标准》水污染中总铁的排放限值为 2.0mg/L）。生成的胶体氢氧化铁沉淀有很强的吸附能力，在河流中能吸附多种其他污染物，而被水流带到流速减慢的地方，如湖泊、河口等处，缓慢沉降到水体底部，在水体底部缺氧条件下，由于微生物的作用，Fe（Ⅲ）又被还原为易溶的 Fe（Ⅱ），其他污染物随铁的溶解而重新进入水中。+2 价铁化合物具有一定的全身毒性作用，+3 价铁盐毒性较小，对黏膜具有轻度刺激性和腐蚀性。水环境中铁类化合物的浓度为 1mg/L 时，有明显金属味；浓度为 0.5mg/L 时，色度可大于 30 度。饮用水中铁超过 0.3mg/L 时，会影响水的色、嗅、味等感官性状。中国规定生活饮用水的铁含量最高允许浓度为 0.3mg/L，地面水为 0.5mg/L。

6.5.1　试验材料

$FeNH_4(SO_4)_2 \cdot 12H_2O$、酒石酸（天津市大茂化学试剂厂）；盐酸羟胺、1,10- 菲啰啉、冰乙酸、无水乙酸钠（天津市风船化学试剂科技有限公司）；硝酸（天津市振兴化工试剂酸厂）；氢氧化钠（天津市化学试剂三厂）；试验中所用试剂均为分析纯，无须再做纯化，试验用水均为去离子水。

6.5.2　试验仪器

BS210S 分析天平（北京赛多利斯天平有限公司）；DFE-9254A 型电热恒温鼓风干燥箱（上海齐欣科学仪器有限公司）；TU-1901 型双光束紫外可见分光光度计（北京普析通用仪器有限责任公司）；PB-10 型 pH 测定仪（北京赛多利斯科学仪器有限责任公司）；SHA-C 型数显水浴恒温振荡器（江苏金坛江南仪器制造厂）；H-2500R 型台式高速冷冻离心机（江西湘仪电机厂）；KS-300EI 型超声波振荡器（上海比朗仪器有限公司）；HITACHI S-4800 型扫描电子显微镜（日本）；HITACHI S-4800 型能谱分析仪（日本）；Thermo Nicolet 红外光谱仪（美国），KBr 压片样品。

6.5.3 Fe（Ⅲ）的测定方法

称取 0.8611g $FeNH_4（SO_4）_2 \cdot 12H_2O$ 于少量蒸馏水中溶解，然后将其移至 100mL 容量瓶中，用蒸馏水定容。此时溶液中铁离子浓度为 1.00g/L（1000μg/mL）保存备用。将浓度 1000μg/mL 稀释 10 倍即可达到标准浓度 100μg/mL。

分别称取铁标准浓度（100μg/mL）溶液 0.20mL、0.40mL、0.60mL、0.80mL、1.00mL、1.20mL 于 50mL 的容量瓶中，用蒸馏水稀释至 20mL 左右，然后加入 2.50mL 浓度为 50g/L 的盐酸羟胺溶液，摇匀。静置片刻，加 1.00mL 浓度为 50g/L 的酒石酸溶液，5.00mL 浓度为 2.5g/L 的 1,10-菲啰啉溶液，10.00mL 浓度为 250g/L 的乙酸钠溶液，用蒸馏水定容，摇匀。然后用 1mL 比色皿在 510nm 波长处测量其吸光度，以蒸馏水作为空白参比。以浓度作为横坐标，吸光度为纵坐标，绘制标准曲线。汞浓度在 0～5mg/mL 范围内符合比尔定律，回归方程为：$y=0.2004x-0.0075$，相关系数 $R^2=0.9994$（图 6-49）。

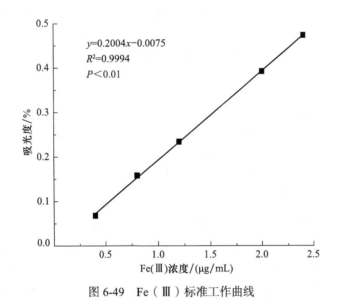

图 6-49 Fe（Ⅲ）标准工作曲线

6.5.4 吸附试验

分别称取 XSBL-AC 0.1000g，置于 100mL 锥形瓶中，然后加入 50mL 已知浓度的 Fe（Ⅲ）溶液，用乙酸-乙酸钠缓冲溶液调节溶液 pH，置于恒温水浴振荡器中（振速 120r/min）振荡。在一定条件下达到吸附平衡后，混合物过滤，离心分离（转速 6000r/min）10min，取 2mL 上层清液，放入 50mL 容量瓶中，加入 2.50mL 浓度为 50g/L 的盐酸羟胺溶液，1.00mL 浓度为 50g/L 的酒石酸溶液，5.00mL 浓度为 2.5g/L 的 1,10-邻菲啰啉溶液，10.00mL 浓度为 250g/L 的乙酸钠溶液，用蒸馏水稀释至刻度，摇匀。使用紫外可见分光光度计，在 510nm 波长处测量其吸光度，计算溶液中剩余 Fe（Ⅲ）的离子浓度。在不同 Fe（Ⅲ）的初始浓度、pH、吸附温度和吸附时间下进行吸附试验，由式（6-14）计算 XSBL-AC 对 Fe（Ⅲ）的吸附量（考虑到实验误差，在相同的条件下平行进行 3 次吸附试验，结果取其平均值）：

$$q_{t,1} = \frac{(C_0 - C_{t,1})V_1 \times 55.85}{m_1} \qquad (6\text{-}14)$$

式中，$q_{t,1}$ 为 t 时刻的吸附量（mg/g）；C_0 和 $C_{t,1}$ 分别为 Fe（Ⅱ）的初始浓度和 t 时刻的剩余浓度（mol/L），V_1 为吸附 Fe（Ⅱ）溶液的体积（mL）；m_1 为吸附剂质量（g），Fe 的相对分子质量为 55.85g/mol。计算过程中，忽略 Fe（Ⅲ）离子损耗的其他机理（如挥发、降解以及器壁残留的损失等）。

6.5.5　XSBL-AC吸附Fe（Ⅲ）的因素影响

1. Fe（Ⅲ）初始浓度对 XSBL-AC 吸附量的影响

称取 0.1000g XSBL-AC 分别加入到 10.03mmol/L、10.74mmol/L、11.46mmol/L、12.18mmol/L、12.89mmol/L、13.61mmol/L、14.32mmol/L 的 Fe（Ⅲ）溶液中，调节溶液 pH 为 2.80，吸附温度控制在 50℃，在恒温水浴振荡器中以 120r/min 振荡 60min 后，静置，过滤，离心分离（转速 6000r/min）10min，取上层清液，用紫外可见分光光度计测定溶液中剩余 Fe（Ⅲ）的离子浓度，考察不同 Fe（Ⅲ）初始浓度对 XSBL-AC 吸附量的影响。

2. 溶液 pH 对 XSBL-AC 吸附量的影响

称取 0.1000g XSBL-AC 分别加入到 11.46mmol/L 的 Fe（Ⅲ）溶液中，调节溶液 pH 分别为 2.01、2.50、2.80、3.02、3.51、4.09、4.50、5.00、5.78、6.30，吸附温度控制在 50℃，在恒温水浴振荡器中以 120r/min 振荡 60min 后，静置，过滤，离心分离（转速 6000r/min）10min，取上层清液，用紫外可见分光光度计测定溶液中剩余 Fe（Ⅲ）的离子浓度，考察不同溶液 pH 对 XSBL-AC 吸附量的影响。

3. 吸附温度对 XSBL-AC 吸附量的影响

称取 0.1000g XSBL-AC 分别加入到 11.46mmol/L 的 Fe（Ⅲ）溶液中，调节溶液 pH 为 2.80，控制吸附温度分别为 25℃、30℃、40℃、50℃、60℃、70℃，在恒温水浴振荡器中以 120r/min 振荡 60min 后，静置，过滤，离心分离（转速 6000r/min）10min，取上层清液，用紫外可见分光光度计测定溶液中剩余 Fe（Ⅲ）的离子浓度，考察不同吸附温度对 XSBL-AC 吸附量的影响。

4. 吸附时间对 XSBL-AC 吸附量的影响

称取 0.1000g XSBL-AC 分别加入到 11.46mmol/L 的 Fe（Ⅲ）溶液中，调节溶液 pH 为 2.80，吸附温度控制在 50℃，在恒温水浴振荡器中以 120r/min 振荡吸附，控制吸附时间分别为 20min、40min、60min、80min、100min、120min 后，静置，过滤，离心分离（转速 6000r/min）10min，取上层清液，用紫外可见分光光度计测定溶液中剩余 Fe（Ⅲ）的离子浓度，考察不同吸附时间对 XSBL-AC 吸附量的影响。

6.5.6　解吸试验

分别称取 0.1000g 吸附 Fe（Ⅲ）饱和的 XSBL-AC，加入 50mL 的不同浓度解吸剂溶液中，在一定温度下超声波（100W，40kHz）振荡，达到吸附平衡后，过滤，离心分离解吸液

（转速 6000r/min），取离心后上层清液，用紫外可见分光光度计测定解吸后溶液中 Fe（Ⅲ）的离子浓度，在不同解吸剂溶液、HNO_3 浓度、解吸温度和解吸时间下进行解吸试验，由式（6-15）计算 XSBL-AC 对 Fe（Ⅲ）的解吸量（考虑到试验误差，在相同的条件下平行进行 3 次解吸试验，结果取其平均值）：

$$q_{t,2} = \frac{C_{t,2}V_2 \times 55.85}{m_2} \tag{6-15}$$

式中，$q_{t,2}$ 为 XSBL-AC 的解吸量（mg/g）；$C_{t,2}$ 为 t 时刻解吸溶液中 Fe（Ⅲ）的浓度（mol/L），V_2 为解吸实验所用 Fe（Ⅲ）溶液的体积（mL）；m_2 为吸附 Fe（Ⅲ）饱和的 XSBL-AC 质量（g）。

6.5.7　XSBL-AC解吸Fe（Ⅲ）的因素影响

1. 不同解吸剂对 XSBL-AC 解吸量的影响

称取 0.1000g 吸附 Fe（Ⅲ）饱和的 XSBL-AC，分别加入到 0.40mol/L 的 HCl、HNO_3、CH_3COOH、EDTA、H_2O 溶液中，在 40℃时超声波（100W，40kHz）振荡 40min 后，静置，过滤，离心分离解吸液（转速 6000r/min），取离心后上层清液，用紫外可见分光光度计测定解吸后溶液中 Fe（Ⅲ）的离子浓度，考察不同解吸剂对 XSBL-AC 解吸量的影响。

2. HNO_3 浓度对 XSBL-AC 解吸量的影响

称取 0.1000g 吸附 Fe（Ⅲ）饱和的 XSBL-AC，分别加入到 0.10mol/L、0.20mol/L、0.30mol/L、0.40mol/L、0.50mol/L、0.60mol/L 的 HNO_3 溶液中，在 40℃时超声波（100W，40kHz）振荡 40min 后，静置，过滤，离心分离解吸液（转速 6000r/min），取离心后上层清液，用紫外可见分光光度计测定解吸后溶液中 Fe（Ⅲ）的离子浓度，考察不同 HNO_3 浓度对 XSBL-AC 解吸量的影响。

3. 解吸温度对 XSBL-AC 解吸量的影响

称取 0.1000g 吸附 Fe（Ⅲ）饱和的 XSBL-AC，分别加入到 0.40mol/L 的 HNO_3 溶液中，在 25℃、30℃、40℃、50℃、60℃时超声波（100W，40kHz）振荡 40min 后，静置，过滤，离心分离解吸液（转速 6000r/min），取离心后上层清液，用紫外可见分光光度计测定解吸后溶液中 Fe（Ⅲ）的离子浓度，考察不同解吸温度对 XSBL-AC 解吸量的影响。

4. 解吸时间对 XSBL-AC 解吸量的影响

称取 0.1000g 吸附 Fe（Ⅲ）饱和的 XSBL-AC，分别加入到 0.40mol/L 的 HNO_3 溶液中，在 40℃时超声波（100W，40kHz）振荡 30min、40min、50min、60min、70min 后，静置，过滤，离心分离解吸液（转速 6000r/min），取离心后上层清液，用紫外可见分光光度计测定解吸后溶液中 Fe（Ⅲ）的离子浓度，考察不同解吸时间对 XSBL-AC 解吸量的影响。

6.5.8　循环试验

称取 0.1000g XSBL-AC 加入到 11.46mmol/L 的 Fe（Ⅲ）溶液中，调节溶液 pH 为 2.80，吸附温度控制在 50℃，在恒温水浴振荡器中以 120r/min 振荡 60min 后，静置，过滤，离心分离（转速 6000r/min）10min，取上层清液测定溶液中剩余 Fe（Ⅲ）的离子浓度；下层固体样品用去离子水清洗至中性，120℃烘干，研磨，过 200 目筛。

　　称取上述 0.1000g 吸附 Fe（Ⅲ）饱和的 XSBL-AC，加入到 0.40mol/L 的 HNO_3 溶液中，在 40℃时超声波振荡 40min 后，静置，过滤，离心分离解吸液（转速 6000r/min），取离心后上层清液测定解吸后溶液中 Fe（Ⅲ）的离子浓度；下层固体样品用去离子水清洗至中性，120℃烘干，研磨，过 200 目筛，以备循环实验使用。重复上述吸附和解吸实验操作 5 次，测定每次吸附和解吸平衡后溶液中 Fe（Ⅲ）的离子浓度，使用式（6-14）和式（6-15）计算 XSBL-AC 的吸附量和解吸量。

6.5.9　傅里叶变换红外光谱分析

　　将吸附 Fe（Ⅲ）前后的 XSBL-AC 烘干，研磨，过 200 目筛，样品采用 KBr 压片法制片，进行傅里叶红外光谱分析。

6.5.10　扫描电镜和X射线能谱分析

　　对吸附 Fe（Ⅲ）前后的 XSBL-AC 进行电镜扫描和能谱分析，观察吸附前后活性炭的表观形貌和能谱变化。

6.5.11　试验结果与分析

1. Fe（Ⅲ）初始浓度对 XSBL-AC 吸附量的影响

　　Fe（Ⅲ）的初始浓度为 Fe（Ⅲ）的吸附提供了重要的推动力，这种传质推动力可以使 Fe（Ⅲ）克服固体吸附剂和溶液之间的传质阻力，进而与吸附剂进行吸附作用。图 6-50 为不同 Fe（Ⅲ）初始浓度对 XSBL-AC 吸附量的影响。吸附试验条件为：XSBL-AC 用量 0.1000g，溶液 pH 为 2.80，吸附温度 50℃，吸附时间 60min。结果表明：当 Fe（Ⅲ）初始浓度为 10.03～11.46mmol/L 时，随着 Fe（Ⅲ）初始浓度的增加，吸附量从 199.96mg/g 快速

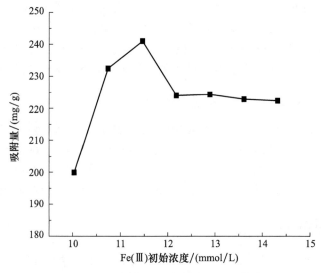

图 6-50　Fe（Ⅲ）初始浓度对 XSBL-AC 吸附量的影响

增加到 241.1mg/g；当 Fe（Ⅲ）初始浓度为 11.46～14.32mmol/L 时，随着 Fe（Ⅲ）初始浓度的增加，吸附量呈现出下降的趋势。这是因为，当 Fe（Ⅲ）初始浓度较小时，传质推动力也较小，Fe（Ⅲ）无法克服 XSBL-AC 和溶液之间的传质阻力而被吸附，因此在 Fe（Ⅲ）初始浓度较低时，吸附量也较低；当 Fe（Ⅲ）初始浓度逐渐增大时，溶液中 Fe（Ⅲ）的浓度梯度增加，传质推动力增加，Fe（Ⅲ）能够克服活性炭与溶液间的阻力，而吸附在活性炭表面上，吸附量大大增加，在 Fe（Ⅲ）初始浓度为 11.46mmol/L 时达到最大饱和吸附量 241.3mg/g；继续增加 Fe（Ⅲ）初始浓度，吸附量出现了下降趋势，因此，XSBL-AC 在处理较低浓度 Fe（Ⅲ）的废水时，去除率更为显著。吸附实验选择 Fe（Ⅲ）初始浓度以 11.46mmol/L 为宜。

2. 溶液 pH 对 XSBL-AC 吸附量的影响

pH 与金属离子的吸附有很大的关系。图 6-51 为不同溶液 pH 对 XSBL-AC 吸附量的影响。吸附试验条件为：XSBL-AC 用量 0.1000g，Fe（Ⅲ）初始浓度为 11.46mmol/L，吸附温度 50℃，吸附时间 60min。由图 6-53 可知，溶液 pH 对 XSBL-AC 吸附 Fe（Ⅲ）的影响较大。当溶液 pH 为 2.00～2.80 时，随着 pH 的增加，吸附量从 120.2mg/g 快速增加到 239.2mg/g；在 pH 2.80 时，XSBL-AC 对 Fe（Ⅲ）的吸附量达到最大值 239.2mg/g；当 pH＞2.80 时，吸附量开始大幅度下降。这可能是由于在酸性环境中有利于 Fe（Ⅲ）与 XSBL-AC 表面的活性功能基团的交换，在吸附剂表面形成较为稳定的配位络合物和螯合物，在 pH 2.00～2.80 范围内，pH 的提高有利于活性炭表面功能基团的酸式离解，从而增加了对 Fe（Ⅲ）的吸附量；但在 pH 较高时，产生的 OH^- 容易与 Fe（Ⅲ）形成胶体沉淀物 $Fe(OH)_3$ 和絮状的络合物，而降低了 XSBL-AC 对 Fe(Ⅲ) 的吸附能力。因此 2.80 为吸附试验中的最佳 pH。

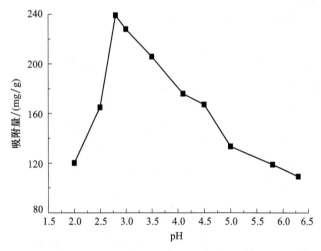

图 6-51　溶液 pH 对 XSBL-AC 吸附量的影响

3. 吸附温度对 XSBL-AC 吸附量的影响

温度对吸附的影响与热力学参数有关。图 6-52 为不同吸附温度对 XSBL-AC 吸附量的影响。吸附试验条件为：XSBL-AC 用量 0.1000g，Fe（Ⅲ）初始浓度为 11.46mmol/L，溶液 pH 为 2.80，吸附时间 60min。结果表明：当吸附温度为 25～50℃时，随着吸附温度的上升，吸附量从 192.6mg/g 快速增加到 240.6mg/g；当吸附温度为 50～70℃时，吸附量呈下降趋势。这可能是由于随着温度的升高，XSBL-AC 和 Fe（Ⅲ）之间的相对分子运动加剧，增加了吸附剂与 Fe（Ⅲ）之间相互碰撞的概率，同时，温度升高，活性炭表面的活性功能基团活性增强，因而加速了 Fe（Ⅲ）进入活性炭结构中微孔的内扩散传输速度和表层活性吸附位点的吸附，在 50℃时吸附量达到了最大值 240.6mg/g；当温度继续升高到一定程度后，吸附量下降，这可能是因为化学吸附过程是放热的，高温不利于吸附反应的继续进行，导致吸附量下降。因此，吸附温度选择 50℃为宜。

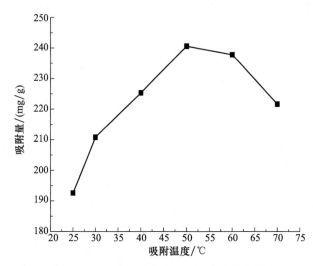

图 6-52　吸附温度对 XSBL-AC 吸附量的影响

4. 吸附时间对 XSBL-AC 吸附量的影响

图 6-53 为不同吸附时间对 XSBL-AC 吸附量的影响。吸附试验条件为：XSBL-AC 用量 0.1000g，Fe（Ⅲ）初始浓度为 11.46mmol/L，溶液 pH 为 2.80，吸附温度 50℃。从图 6-53 中发现，吸附时间为 20～60min 时，XSBL-AC 对 Fe（Ⅲ）的吸附较迅速，吸附量从 177.8mg/g 快速增加到 236.9mg/g，在吸附时间 60min 时达到最大饱和吸附量 236.9mg/g；在吸附时间为 60～100min 时，吸附变缓达到了饱和平衡。这可能是因为，最初 XSBL-AC 表面的活性吸附位点处于"开放"状态，对 Fe（Ⅲ）吸附作用很容易发生，随着吸附的不断进行，活性吸附位点的数目及溶液中 Fe（Ⅲ）的含量逐渐减少，导致吸附速率变缓，吸附量保持稳定。XSBL-AC 吸附 Fe（Ⅲ）的最佳吸附时间确定为 60min。

5. 吸附动力学

吸附动力学曲线描述了溶质吸附量和吸附时间的关系。实验中称取 XSBL-AC 0.1000g，调节溶液 pH 为 2.80，Fe（Ⅲ）初始浓度分别是 10.74mmol/L、11.46mmol/L、12.18mmol/L 时，于 50ºC，120r/min 下恒温振荡吸附，不同吸附时间对 XSBL-AC 吸附量的影响如图 6-54 所示。由图 6-54 可以看出，在吸附开始一段时间内吸附 Fe（Ⅲ）速率很快，随后逐渐趋于平衡。XSBL-AC 对 Fe（Ⅲ）的吸附量在 60min 左右可以到达最大值 236.9mg/g，随后吸附时间继续增加，吸附量保持稳定。从图 6-54 中也可以看出，XSBL-AC 对低浓度的 Fe（Ⅲ）溶液吸附量较高。

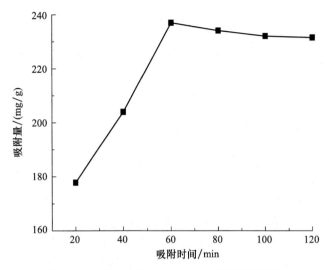

图 6-53　吸附时间对 XSBL-AC 吸附量的影响

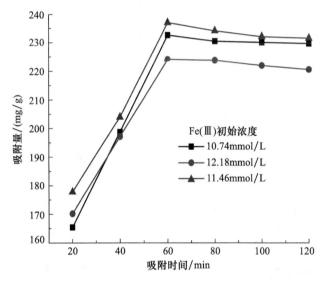

图 6-54　不同 Fe（Ⅲ）初始浓度下吸附时间对 XSBL-AC 吸附量的影响

　　对于图 6-54 中的动力学数据，本试验分别利用下述模型进行动力学机制分析。以准一级吸附动力学模型、准二级吸附动力学模型、颗粒内扩散模型和 Elovich 方程进行拟合，其线性相关表达式如下：

$$\lg(q_e - q_{t,17}) = \lg q_e - \frac{k_1 t}{2.303} \tag{6-16}$$

$$\frac{t}{q_{t,17}} = \frac{1}{k_2 q_e^2} + \frac{t}{q_e} \tag{6-17}$$

$$q_t = k_i t^{0.5} \tag{6-18}$$

$$q_t = \frac{1}{\beta}\ln(\alpha\beta) + \frac{1}{\beta}\ln t \tag{6-19}$$

式中，q_e 为吸附平衡时的吸附量（mg/g）；q_t 为吸附时间为 t 时刻的吸附量（mg/g）；k_1 为准一级动力学方程速率常数（/min）；k_2 为准二级动力学方程速率常数 [g/(mg·min)]；k_i 为颗粒内扩散速率常数 [mg/(g·min$^{0.5}$)]，k_i 值越大，吸附质越易在吸附剂内部扩散；α 是初始速率 [mg/(g·min)]；β 是解吸常数（g/mg）。

　　图 6-55 分别为 XSBL-AC 吸附 Fe（Ⅲ）的准一级动力学模型、准二级动力学模型、颗粒内扩散模型和 Elovich 方程的拟合曲线，拟合相关参数见表 6-10。根据图 6-55 和表 6-10 中 R^2 和计算与实际吸附容量的比较，可以看出准二级动力学模型对 XSBL-AC 吸附 Fe（Ⅲ）过程的拟合效果优于其他三种模型，其相关系数 $R^2 = 0.9952$（$P < 0.01$），且对于初始浓度为 11.46mmol/L 的 Fe（Ⅲ）溶液，由准二级动力学方程模型拟合得到的平衡吸附量 239.5mg/g 更接近于试验中所得的平衡吸附量 241.3mg/g。准二级动力学模型假设化学吸附是速率限制步骤，相应的原子价力通过吸附剂与被吸附物之间的电子共享或交换来实现，主要因 XSBL-AC 表面活性功能基团的化学作用所致。因此，准二级动力学模型模拟 XSBL-AC 对 Fe（Ⅲ）的吸附过程更有优越性，说明 XSBL-AC 对 Fe（Ⅲ）的吸附是一个有化学作用的过程。

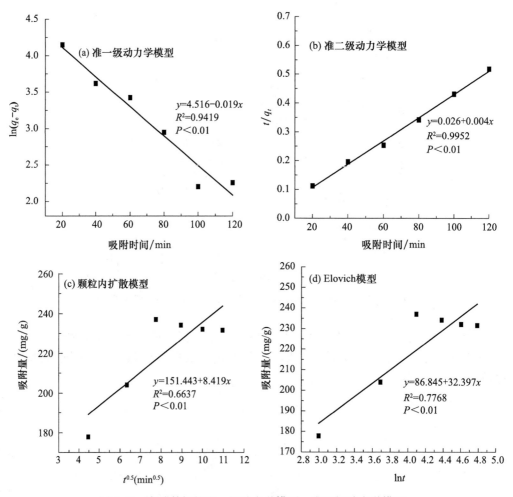

图 6-55　实验数据的准一级动力学模型、准二级动力学模型、
颗粒内扩散模型和 Elovich 模型拟合曲线

表 6-10　XSBL-AC 对 Fe（Ⅲ）的吸附动力学参数

相关参数	准一级动力学模型		准二级动力学模型		颗粒内扩散模型		Elovich 模型	
R^2	0.9419		0.9952		0.6637		0.7768	
常数	k_1	0.03459min^{-1}	k_2	$1.1295\times10^{-4}\text{min}^{-1}$	k_i	$16.648/[\text{mg}/(\text{g}\cdot\text{min}^{0.5})]$	α	$17.1030\text{mg}/(\text{g min})$
	q_e	187.6 mg/g	q_e	239.5mg/g			β	0.01644 g/mg

6. 吸附热力学

吸附剂从溶液中将吸附质分离出来是一个动态平衡过程，吸附等温线能够很好地对这个过程进行描述。本实验中称取 XSBL-AC 0.1000g，在吸附温度分别为 40℃、50℃、60℃，pH 为 2.80，吸附时间 60min，不同 Fe（Ⅲ）初始浓度为 10.03～14.32mmol/L 的条件下，研究 Fe（Ⅲ）浓度同 XSBL-AC 吸附量之间的关系，结果见图 6-58。由图 6-58 可知，在本试验所研究的浓度范围内，随着 Fe（Ⅲ）的初始浓度增大，XSBL-AC 对 Fe（Ⅲ）的平衡吸附量增大，当 Fe（Ⅲ）的初始浓度为 11.46mmol/L 时达到吸附平衡，最大饱和吸附量为 241.3mg/g。这是由于 XSBL-AC 表面的活性吸附位点的数量是有限的，在吸附 Fe（Ⅲ）达到饱和后，继续增加 Fe（Ⅲ）的浓度，溶液中存在的大量 Fe（Ⅲ）之间会产生静电排斥作用，因此导致了吸附量下降。从图 6-56 中可以看出，吸附温度 50℃时吸附效率最好，说明升温有利于吸附的进行，但因该吸附是一个放热过程，高温时反而影响吸附的进行。

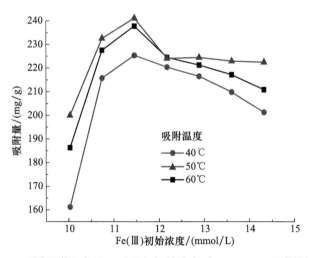

图 6-56　不同吸附温度下 Fe（Ⅲ）初始浓度对 XSBL-AC 吸附量的影响

吸附等温线可以说明吸附的机理，常用的有 Langmuir 模型、Freundlich 模型、Dubinin-Radushkevich (D-R) 模型和 Temkin 模型。

$$\frac{C_e}{q_e}=\frac{1}{K_L q_{max}}+\frac{C_e}{q_{max}} \tag{6-20}$$

$$\ln q_e=\ln K_f+\frac{1}{n}\ln C_e \tag{6-21}$$

$$q_e=\frac{RT}{b_t}\ln\alpha_t+\frac{RT}{b_t}\ln C_e \tag{6-22}$$

$$\ln q_e = \ln q_{max} - B\varepsilon^2 \tag{6-23}$$

$$\varepsilon = RT\ln\left(1 + \frac{1}{C_e}\right) \tag{6-24}$$

式中，K_L 为与吸附能量有关的 Langmuir 常数（L/mg）；n、K_f 为 Freundlich 常数；C_e 为吸附平衡时溶液中剩余 Fe（Ⅲ）的浓度（mol/L）；q_{max} 为单分子层饱和吸附量（mg/g）；q_e 为 Fe（Ⅲ）的平衡吸附量（mg/g）；C_0 为 Fe（Ⅲ）溶液的初始浓度（mmol/L）；R 是理想气体常数 [8.314J/(mol·K)]；T 是吸附过程中的绝对温度（K）；α_t(L/g) 和 b_t(J/mol) 是 Temkin 等温常数；B 是吸附经验常数；ε 是 Polanyi 电位。

　　Langmuir 模型是建立在气 - 固吸附理论基础上的，描述吸附体系中金属离子吸附量与溶液中金属离子平衡浓度之间关系的平衡模式，它被广泛应用于固 - 液体系的吸附，用来描述单分子层吸附；Freundlich 模型是基于吸附质在多相表面上的吸附建立的经验吸附平衡模式；Temkin 模型所描述的能量关系是，吸附热随吸附量线性降低简单的方程形式；D-R 方程常用于判定吸附过程是化学吸附还是物理吸附。采用上述 4 种模型对图 6-56 的实验数据进行拟合，结果如图 6-57 和表 6-11 所示。由表 6-11 可知，Langmuir 吸附等温方程线性拟合的相

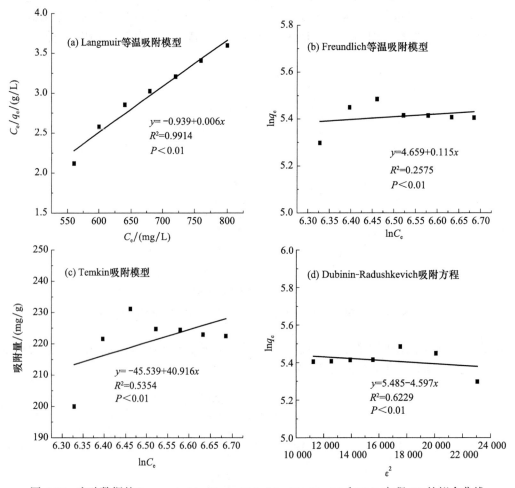

图 6-57　实验数据的 Langmuir (a)、Freundlich (b)、Temkin (c) 和 D-R 方程 (d) 的拟合曲线

关系数均大于其他三种等温吸附模型，线性相关系数 $R^2 = 0.9914$（$P < 0.01$），且 $1/n < 0.5$，表明 XSBL-AC 对 Fe（Ⅲ）有较高的亲和力，且由 Langmuir 等温式计算出的最大吸附量 q_{max}（245.7mg/g）更接近于试验中的平衡吸附量 241.3mg/g，说明 Langmuir 吸附等温方程能更好地描述 XSBL-AC 对 Fe（Ⅲ）的等温吸附特征，该吸附过程为"优惠吸附"，反应为单分子层化学吸附，活性炭表面上各个吸附位置分布均匀。分离因子 R_L 按照下式进行计算：

$$R_L = \frac{1}{1 + K_L C_0} \qquad (6\text{-}25)$$

本试验中，C_0 为 10.03～14.32mmol/L，计算得到的 R_L 是 0.0538，$0 < R_L < 1$ 证明该吸附过程是有利吸附。

表 6-11　XSBL-AC 对 Fe（Ⅲ）的等温吸附模型及相关系数

相关参数		Langmuir 模型	Freundlich 模型		Temkin 模型		Dubinin-Radushkevich 方程	
R^2		0.9914	0.9375		0.5353		0.6229	
常数	K_L	0.0275L/mg	K_f	99.15 L/g	b_t	27.06 J/mol	B	$2.615 \times 10^{-7} mol^2 J^2$
	R_L	0.0538						
	q_{max}	245.7mg/g	$1/n$	0.472	a_t	1.854×109 L/g	q_{max}	143.29g/mg

吉布斯自由能变 ΔG_o 是判断吸附过程能否自发进行的基本条件，在试验温度范围内，吸附过程的热力学参数 ΔG_o、熵变（ΔS_o）、焓变（ΔH_o）分别使用以下公式进行计算：

$$\Delta G = -RT \ln b' \qquad (6\text{-}26)$$

$$\Delta G = \Delta H - T\Delta S \qquad (6\text{-}27)$$

$$\ln b' = -\frac{\Delta H}{RT} + \frac{\Delta S}{R} \qquad (6\text{-}28)$$

式中，ΔG_o 为标准吸附自由能变（kJ/mol）；b' 为 Langmuir 平衡常数（L/mol）；R 为气体常数 [8.314J/(mol·K)]；T 为绝对温度（K）；ΔH_o 为标准吸附焓变（kJ/mol）。通过计算可得：$\Delta G_o = -25.31$kJ/mol < 0，说明 XSBL-AC 吸附 Fe（Ⅲ）是自发进行的；$\Delta H_o = +18.72$kJ/mol > 0，表明该吸附过程为吸热反应；$\Delta S_o = +5.421$J/(mol·K)，表明吸附过程使固液界面的无序性增加，混乱度增大，升温有利于 XSBL-AC 与 Fe（Ⅲ）发生化学吸附。

7. 不同解吸剂对 XSBL-AC 解吸量的影响

图 6-58 为不同解吸剂对 XSBL-AC 解吸量的影响。解吸试验条件为：吸附 Fe（Ⅲ）饱和的 XSBL-AC 0.1000g，不同解吸剂浓度 0.40mol/L，解吸温度 40℃，超声波（100W，40kHz）解吸时间 40min。结果表明：去离子水作为解吸剂时，XSBL-AC 对 Fe（Ⅲ）的解吸量只有 58.5mg/g，因水洗只能将以范德华力和静电引力吸附在活性炭表面的 Fe（Ⅲ）进行洗脱；解吸剂是 EDTA 时，因 Fe（Ⅲ）为六配位金属离子，解吸过程需用 EDTA 的量较多，解吸量较低，为 113.9mg/g；CH₃COOH 作为解吸剂时，因 CH₃COOH 是弱酸，会离解出部分 H⁺，乙酸根离子与 Fe（Ⅲ）之间也可以配位络合，因而其解吸量可达到 120.1mg/g；而无机酸 HCl、HNO₃ 作为解吸剂时，因强酸在溶液中离解出大量 H⁺ 可与 XSBL-AC 表面的 Fe（Ⅲ）发生竞争吸附，与活性吸附位点发生吸附，将 Fe（Ⅲ）进行置换，因而有利于

Fe（Ⅲ）的解吸，使用 HNO₃ 作为解吸剂时，解吸量可到达最大值 167.2mg/g，而 HCl 的解吸量是 145.8mg/g，因此，本试验中选择 HNO₃ 作为解吸剂。

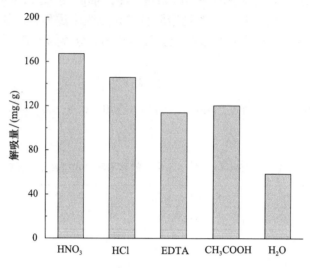

图 6-58　不同解吸剂对 XSBL-AC 解吸量的影响

8. HNO₃ 浓度对 XSBL-AC 解吸量的影响

图 6-59 为不同 HNO₃ 浓度对 XSBL-AC 解吸量的影响。解吸试验条件为：吸附 Fe（Ⅲ）饱和的 XSBL-AC 0.1000g，解吸温度 40℃，超声波（100W，40kHz）解吸时间 40min。由图 6-59 可以看出，当 HNO₃ 溶液浓度为 0.10～0.40mol/L 时，随着 HNO₃ 溶液浓度的增加，XSBL-AC 的解吸量由 76.3mg/g 到 167.3mg/g，呈快速增加的趋势；当 HNO₃ 溶液浓度为 0.40mol/L 时，解吸量达到最大值 167.3mg/g；之后随着 HNO₃ 浓度的增加，吸附量保持稳定。原因是 HNO₃ 溶液浓度增加时，溶液中 H⁺ 浓度增大，与被吸附的 Fe（Ⅲ）发生竞争吸附和离子交换作用，以"抢占"XSBL-AC 表面的活性吸附位点，解吸的速率加快；

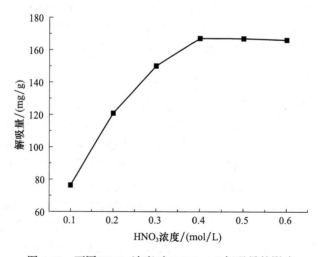

图 6-59　不同 HNO₃ 浓度对 XSBL-AC 解吸的影响

当 HNO₃ 浓度＞0.40mol/L 时，可被置换的 Fe（Ⅲ）离子已经进入到溶液中，而剩余部分 Fe（Ⅲ）可能是以更为牢固的化学键合的形式与活性炭表面结合，而难以被 H⁺ 取代，解吸量保持在稳定状态。因此，解吸实验中选择解吸剂 HNO₃ 浓度以 0.40mol/L 为最佳。

9. 解吸温度对 XSBL-AC 解吸量的影响

图 6-60 为不同解吸温度对 XSBL-AC 解吸量的影响。解吸试验条件为：吸附 Fe（Ⅲ）饱和的 XSBL-AC 0.1000g，HNO₃ 浓度为 0.40mol/L，超声波（100W，40kHz）解吸时间 40min。由图 6-60 可知，当解吸温度为 25～40℃时，XSBL-AC 的解吸量随解吸温度的升高，从 132.4mg/g 快速增加到 161.3mg/g；当解吸温度大于 40℃时，解吸量呈下降趋势。原因在于，随着解吸温度的升高，多孔性材料 XSBL-AC 结构由于升温而发生膨胀，表面的功能基团的活性增强，因而部分已被吸附的 Fe（Ⅲ）能够克服活性炭的束缚而重新返回溶液中，因而解吸量增加；若持续升温，活性吸附位点的吸附能力会受到一定的影响，解吸能力减弱，解吸量呈现出下降的趋势。因此，解吸试验中选择解吸温度以 40℃为宜。

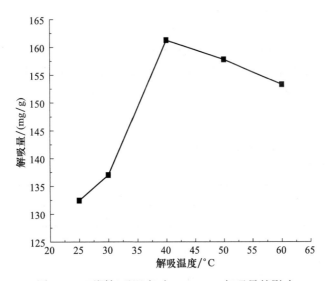

图 6-60　不同解吸温度对 XSBL-AC 解吸量的影响

10. 超声波解吸时间对 XSBL-AC 解吸量的影响

图 6-61 为不同超声波解吸时间对 XSBL-AC 解吸量的影响。解吸试验条件为：吸附 Fe（Ⅲ）饱和的 XSBL-AC 0.1000g，HNO₃ 溶液浓度为 0.40mol/L，解吸温度 40℃，超声波功率 100W，超声频率 40kHz。由图 6-63 可知，当超声波解吸时间为 30～40min 时，随着解吸时间的延长，XSBL-AC 对 Fe（Ⅲ）的解吸量从 131.1mg/g 快速增加到 164.9mg/g；当超声波解吸时间大于 40min 时，解吸量基本保持稳定。这是因为，在解吸刚开始阶段，XSBL-AC 上吸附的 Fe（Ⅲ）量较多，因而在超声波产生的高温、高压和强烈的冲击波的作用下，解吸速率增大，解吸量快速增加，当解吸时间为 40min 时，解吸过程达到平衡，最大解吸量为 164.9mg/g。因此，选择解吸时间以 40min 为最佳。

11. 循环试验

在实际应用中，使用后的吸附剂是否可以经过解吸再生从而得以重复使用是十分重要

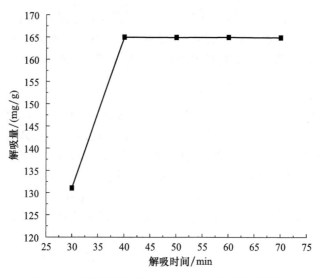

图 6-61　不同解吸时间对 XSBL-AC 解吸量的影响

的。表 6-12 是 XSBL-AC 对 Fe（Ⅲ）的循环吸附量 / 解吸量。由表 6-12 可知，经过 4 次的最佳条件吸附和解吸试验后，XSBL-AC 去除 Fe（Ⅲ）的能力仍然较强。循环使用 4 次后，XSBL-AC 对 Fe（Ⅲ）的吸附量由 241.3mg/g 下降至 102.2mg/g，这说明 XSBL-AC 具有较好的再生重复使用潜力。

表 6-12　XSBL-AC 对 Fe（Ⅲ）的循环吸附量 / 解吸量

循环使用次数	1	2	3	4	5
吸附量 /(mg/g)	241.3	220.4	217.4	196.3	102.2
解吸量 /(mg/g)	167.2	149.6	135.1	120.9	64.0

12. 傅里叶变换红外光谱分析

图 6-62 为 XSBL-AC 吸附 Fe（Ⅲ）前后的傅里叶变换红外光谱图。由图 6-62 可以看出，活性炭表面带有大量的活性官能团，吸附过程中包括不同的吸附机理，如配位络合、离子交换和静电引力等。在 XSBL-AC 的红外光谱图中，$3440cm^{-1}$ 处的强宽峰表明吸附剂表面存在有大量的羟基（—OH）；$2918cm^{-1}$ 和 $2763cm^{-1}$ 附近的峰是来自 CH、CH_2 和 CH_3 中 C—H键的伸缩振动吸收峰；$1738cm^{-1}$ 附近的峰来自自由羧基（—COOH 和—$COOCH_3$）中的C＝O 伸缩振动吸收峰和 COO—反对称伸缩振动；$2360cm^{-1}$ 处的峰是烃类物质中 C＝C和 C≡C 等的振动吸收峰；$1624cm^{-1}$ 处的吸收峰是来自离子化羧基（—COO—中 C＝O键的不对称伸缩振动吸收峰；$1249cm^{-1}$ 附近的峰是脂肪酸族振动吸收峰，来自于羧酸和酚类化合物中 C＝O 键的变形振动和—OH 键的伸缩振动；$1058cm^{-1}$ 附近的峰来自于 C—OH 键的伸缩振动吸收峰；$947cm^{-1}$ 处是磷酸类（PO_4—）的特征吸收峰。比较 XSBL-AC 吸附 Fe（Ⅲ）后的红外光谱图，$3440cm^{-1}$ 处羟基峰、$2360cm^{-1}$ 处 C＝C 和 C≡C 峰、$1249cm^{-1}$ 处脂肪酸族振动峰及 $1058cm^{-1}$ 附近的峰均变弱并向低波数方向发生漂移；以及 $1738cm^{-1}$ 附近自自由羧基峰和 $947cm^{-1}$ 处的 PO_4^- 的吸收峰消失等，说明在吸附的过程中羟基、羧基、由磷酸活化残留的 PO_4^- 等基团都参与了吸附的过程。这一结果与吸附动力学研究中以化学吸附为

主的推断是相符合的。

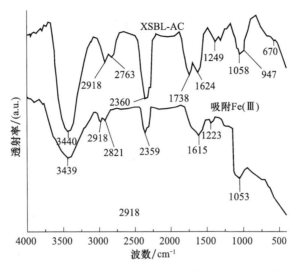

图 6-62 XSBL-AC 吸附 Fe（Ⅲ）前后的 FTIR 图谱

13. 扫描电镜分析

图 6-63 为 XSBL-AC 吸附 Fe（Ⅲ）前后的 SEM 图谱。由图 6-63 可见，XSBL-AC [图 6-63（a）] 表面有大量褶皱，结构蓬松且呈现出腐蚀状，具有窝孔形状、孔径大小不一的发达空隙结构，比表面积较大，预示着 XSBL-AC 具有较高的吸附能力；由吸附 Fe（Ⅲ）后的 SEM 图片 [图 6-63（b）] 可以看出，活性炭表面覆盖有大量的颗粒状物质，部分的空隙以及孔道被填充，表面变得相对平滑，且少量孔隙的棱角变得模糊，说明 XSBL-AC 表面的已吸附有大量的 Fe（Ⅲ）。

图 6-63 XSBL-AC 吸附 Fe（Ⅲ）前后的 SEM 图谱

14. X 射线能谱分析

图 6-64 为 XSBL-AC 吸附 Fe（Ⅲ）前后的 EDX 图谱。可以看出，XSBL-AC[图 6-64

（a）]中含有 C（79.19%）、O（12.04%）、N（6.18%）、Cl（0.45%）、Na（0.60%）、K（0.83%）、Al（0.71%）等峰，峰值较强，Fe 峰在吸附前的活性炭样品中未检出；吸附 Fe（Ⅲ）之后的XSBL-AC[图 6-64（b）] 中，各元素含量分别为 C（76.27%）、O（11.01%）、N（6.04%）、Fe（5.86%）、Cl（0.09%）、Na（0.11%）、K（0.27%）、Al（0.35%），且吸附 Fe（Ⅲ）之后，图谱中出现明显较强的铁峰，这说明 Fe（Ⅲ）已被吸附在 XSBL-AC 表面，从各元素的含量上来看，C、O、N、Na、K、Al 等的含量均降低，表明吸附 Fe（Ⅲ）的过程中发生了化学配位和离子交换等作用，与红外光谱的分析结果相一致。

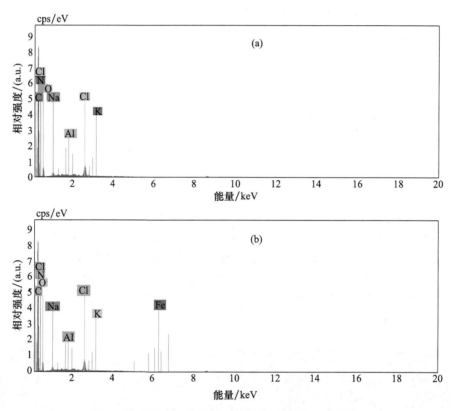

图 6-64　XSBL-AC 吸附 Fe（Ⅲ）前后的 EDX 图谱

6.5.12　小结

本节研究了 XSBL-AC 对 Fe（Ⅲ）的吸附和解吸循环性能。XSBL-AC 对 Fe（Ⅲ）最佳的吸附试验条件是：吸附剂用量 0.1000g，Fe（Ⅲ）初始浓度为 11.46mmol/L，pH 为 2.80，吸附温度为 50℃，吸附时间 60min，吸附 Fe（Ⅲ）达到最大饱和吸附量 241.3mg/g。吸附动力学和吸附等温线分别符合准二级动力学模型（相关系数 $R^2 = 0.9952$，$P < 0.01$）和 Langmuir 等温线（相关系数 $R^2 = 0.9914$，$P < 0.01$），由计算得出 ΔG_o（-25.31kJ/mol < 0）、ΔS_o（+5.421J/(mol·K) > 0）和 ΔH_o（+18.72kJ/mol > 0），在实验范围内，XSBL-AC 吸附 Fe（Ⅲ）的试验是一个自发进行的放热反应。解吸试验结果表明，HNO_3 作为最佳解吸剂，选取吸附 Fe（Ⅲ）饱和的 XSBL-AC 0.1000g，HNO_3 的浓度为 0.40mol/L，解吸温度 40℃，超声波（100W，40kHz）解吸时间 40min，最大解吸量为 167.2mg/g。吸附 / 解吸循环再生试

验表明，连续进行 4 次吸附/解吸循环试验后，XSBL-AC 对 Fe（Ⅲ）仍具有较高的吸附量（196.3mg/g）和解吸量（160.9mg/g）。对比分析 XSBL-AC 吸附 Fe（Ⅲ）前后的 FTIR、SEM 和 EDX 谱图可知，XSBL-AC 表面存在有大量的活性吸附位点和孔径大小不一的发达孔隙结构，表面粗糙皱褶，比表面积很大，对 Fe（Ⅲ）的吸附是物理和化学因素共同作用的结果，其吸附机理主要为配位络合反应、离子交换以及静电引力的吸附作用，结果显示，XSBL-AC 有望成为去除废水中 Fe（Ⅲ）的一种良好吸附材料。

6.6 XSBL-AC 吸附 Co（Ⅱ）

钴（cobalt，Co），元素符号 Co，原子序数 27，属于第四周期ⅧB 族。钴是一种银灰色有光泽的金属，比较硬而脆，有延展性和铁磁性，熔点 1495℃，沸点 2870℃。钴在常温的空气中比较稳定，高于 300℃时，钴在空气中氧化生成 CoO，白热时燃烧成 Co_3O_4，加热到 1150℃时磁性消失。钴在地壳中的分布广泛，平均含量为 0.001%（质量分数），海洋中钴的含量约为 23 亿 t，其丰度与银相似。钴是一种非常稀缺的小金属资源，素有"工业味精"和"工业牙齿"之称，是重要的战略资源之一，中国钴储量约 8 万 t，主要应用于磁性材料、超级耐热合金、电池材料、医疗行业、颜料、催化剂等工业领域中。自然界中没有单独的钴矿物，钴含量多的重要矿物包括辉砷钴矿（CoAsS）、钴华（$3CoO \cdot As_2O_5 \cdot 8H_2O$）、砷钴矿（$CoAs_2$）、硫钴矿（$Co_3S_4$）等，通常钴以小于 1% 的浓度存在于铜、铁、铝、镍和银矿中。钴是中等活泼的金属，其化学性质与铁和镍相似，化合价为 +2 价和 +3 价。在常温下不和水作用，在潮湿的空气中也很稳定。钴可溶于稀酸中，在发烟硝酸中因形成一层氧化膜而被钝化，是两性金属。钴是人体所必需的微量元素之一，在机体中发挥着重要的作用。一般正常人体内钴总量为 1.1～1.5mg，其中 14% 分布在骨骼、43% 分布于肌肉，其余分布在其他软组织中。维生素 B12 是人体内重要的含钴化合物，有助于蛋白质的新陈代谢，及促进部分酶的合成。成人对钴的生理适宜摄入量为 60μg/d，可耐受最高摄入量为 350μg/d。钴及其化合物属于低毒至中毒物，水溶性钴盐的毒性大于非水溶性钴盐。钴主要由消化道和呼吸道吸收，经口摄入的钴部分与铁共用一个运载通道，附着在白蛋白上，吸收率可达 63%～93%，铁缺乏时会促进钴的吸收，摄入过多的钴盐会损害心脏引起心肌炎，改变酶的活性，导致组织癌变，国际癌症机构将钴和钴化合物列为人类可能致癌的物质（2B 级）。

饮用水中很少检测到钴，如果存在，其浓度较低，为 0.1～5μg/L。钴在天然水中常以 $CoO \cdot H_2O$ 和 $CoCO_3$ 的形式存在，或沉淀在水底，或被底质吸附，很少溶解于水中。淡水中钴的平均含量为 0.2μg/L。在酸性溶液中，钴以水合络离子或其他络离子的形式存在；在碱性溶液中，以 $[Co(OH)_4]^{2-}$ 的形式存在。天然水中钴与配位体主要生成 +2 价的络合物，但与 NH_3、NH_4^+ 和—NO 等配体进行配位时，形成 +3 价的钴络合物。在海水中钴的平均含量只有 0.02μg/L，溶解的钴主要形式为 Co^{2+} 和 $CoCO_3$。钴的毒性作用临界浓度为 0.5mg/L（GB 25467—2010《铜、镍、钴工业污染物排放标准》，水污染中总钴的排放限值为 1.0mg/L）。

6.6.1 试验材料

$Co(NO_3)_2 \cdot 6H_2O$、KI、无水乙醇（天津市大茂化学试剂厂）；丁二酮肟（天津市化学试剂研究所）；氢氧化钠、冰乙酸、无水乙酸钠（天津市风船化学试剂科技有限公司）；试验中所用试剂均为分析纯，无须再做纯化，试验用水均为去离子水。

6.6.2　试验仪器

TU-1901 型双光束紫外可见分光光度计（北京普析通用仪器有限责任公司）；SHA-C 型数显水浴恒温振荡器（江苏金坛江南仪器制造厂）；KS-300EI 型超声波振荡器（上海比朗仪器有限公司）；HITACHI S-4800 型扫描电子显微镜（日本）；HITACHI S-4800 型能谱分析仪（日本）；Thermo Nicolet 红外光谱仪（美国），KBr 压片样品。

6.6.3　Co（Ⅱ）的测定方法

丁二酮肟 (DMG) 为络合剂，与 Co（Ⅱ）生成二元络合物，加入碘离子作为第二种配体，Co（Ⅱ）与 KI 和丁二酮肟（DMG）生成黄色的三元络合物 Co（DMG）$_2$I$_2$，可以显著提高丁二酮肟分光光度法的灵敏度、应用范围。称取 14.5515g Co（NO$_3$）$_2$·6H$_2$O（分析纯）定容于 500mL 容量瓶中配制成 0.1mol/L 标准溶液；取 0.2903g 丁二酮肟，以无水乙醇为溶剂定容于 250mL 容量瓶中配成 0.01mol/L 丁二酮肟 / 乙醇标准溶液；取 0.4150g KI 固体于 250mL 容量瓶中配成 0.01mol/L 标准溶液。

准确移取 0.1mol/L 的 Co（NO$_3$）$_2$ 标准溶液 0.10mL、0.13mL、0.14mL、0.17mL、0.19mL 于 5 个 50mL 容量瓶中，分别加入 5mL 0.01mol/L 丁二酮肟溶液和 2mL 0.01mol/L KI 溶液，用蒸馏水稀释至刻度，摇匀。静置 45min（至少 45min，Co（Ⅱ）、丁二酮肟和 KI 配合才能稳定，测出的吸光度值才稳定）。选用 1mL 比色皿在 301nm 处以蒸馏水作参比液，用紫外分光光度计测量其吸光度。将所得数据进行回归拟合，绘制出标准工作曲线（图 6-65）。汞浓度在 0~10mg/mL 范围内符合比尔定律，回归方程为：$y = 0.0166x + 0.0156$，相关系数 $R^2 = 0.9997$。

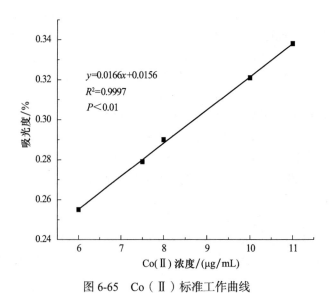

图 6-65　Co（Ⅱ）标准工作曲线

6.6.4　吸附试验

取上层澄清液于 50mL 容量瓶中，依次加入 5mL 丁二酮肟和 2mL KI 溶液，用蒸馏水稀释至刻度，混匀。在 301nm 波长下测定其吸光度。利用标准工作曲线计算出溶液中 Co（Ⅱ）的剩余浓度。

　　分别称取 XSBL-AC 0.1000g，置于 100mL 锥形瓶中，然后加入 50mL 已知浓度的 Co（Ⅱ）溶液，用乙酸 - 乙酸钠缓冲溶液调节溶液 pH，置于恒温水浴振荡器中（振速 120r/min）振荡。在一定条件下达到吸附平衡后，混合物过滤，离心分离（转速 6000r/min）10min，取 2mL 上层清液于 50mL 容量瓶中，依次加入 5mL 丁二酮肟和 2mL KI 溶液，用蒸馏水稀释至刻度，混匀。使用紫外可见分光光度计，在 301nm 波长下测定其吸光度，利用标准工作曲线计算出溶液中 Co（Ⅱ）的剩余浓度。在不同 Co（Ⅱ）的初始浓度、pH、吸附温度和吸附时间下进行吸附实验，由式（6-29）计算 XSBL-AC 对 Co（Ⅱ）的吸附量（考虑到试验误差，在相同的条件下平行进行 3 次吸附试验，结果取其平均值）：

$$q_{t,1} = \frac{(C_0 - C_{t,1})V_1 \times 58.93}{m_1} \qquad (6-29)$$

式中，$q_{t,1}$ 为 t 时刻的吸附量（mg/g）；C_0 和 $C_{t,1}$ 分别为 Co（Ⅱ）的初始浓度和 t 时刻的剩余浓度（mol/L）；V_1 为吸附 Co（Ⅱ）溶液的体积（mL）；m_1 为吸附剂质量（g），Co 的分子质量为 58.93g/mol。计算过程中，忽略 Co（Ⅱ）离子损耗的其他机理（如挥发、降解以及器壁残留的损失等）。

6.6.5　XSBL-AC吸附Co（Ⅱ）的因素影响

1. Co（Ⅱ）初始浓度对 XSBL-AC 吸附量的影响

　　称取 0.1000g XSBL-AC 分别加入到 9.50mmol/L、10.18mmol/L、10.86mmol/L、11.54mmol/L、12.22mmol/L、12.90mmol/L、13.58mmol/L 的 Co（Ⅱ）溶液中，调节溶液 pH 为 5.80，吸附温度控制在 50℃，在恒温水浴振荡器中以 120r/min 振荡 60min 后，静置，过滤，离心分离（转速 6000r/min）10min，取上层清液，用紫外可见分光光度计测定溶液中剩余 Co（Ⅱ）的离子浓度，考察不同 Co（Ⅱ）初始浓度对 XSBL-AC 吸附量的影响。

2. 溶液 pH 对 XSBL-AC 吸附量的影响

　　称取 0.1000g XSBL-AC 分别加入到 12.90mmol/L 的 Co（Ⅱ）溶液中，调节溶液 pH 分别为 2.50、2.80、3.01、3.49、4.10、4.50、5.03、5.80、6.32，吸附温度控制在 50℃，在恒温水浴振荡器中以 120r/min 振荡 60min 后，静置，过滤，离心分离（转速 6000r/min）10min，取上层清液，用紫外可见分光光度计测定溶液中剩余 Co（Ⅱ）的离子浓度，考察不同溶液 pH 对 XSBL-AC 吸附量的影响。

3. 吸附温度对 XSBL-AC 吸附量的影响

　　称取 0.1000g XSBL-AC 分别加入到 12.90mmol/L 的 Co（Ⅱ）溶液中，调节溶液 pH 为 5.80，控制吸附温度分别为 25℃、30℃、40℃、50℃、60℃、70℃，在恒温水浴振荡器中以 120r/min 振荡 60min 后，静置，过滤，离心分离（转速 6000r/min）10min，取上层清液，用紫外可见分光光度计测定溶液中剩余 Co（Ⅱ）的离子浓度，考察不同吸附温度对 XSBL-AC 吸附量的影响。

4. 吸附时间对 XSBL-AC 吸附量的影响

称取 0.1000g XSBL-AC 分别加入到 12.90mmol/L 的 Co（Ⅱ）溶液中，调节溶液 pH 为 5.80，吸附温度控制在 50℃，在恒温水浴振荡器中以 120r/min 振荡吸附，控制吸附时间分别为 20min、40min、60min、80min、100min、120min 后，静置，过滤，离心分离（转速 6000r/min）10min，取上层清液，用紫外可见分光光度计测定溶液中剩余 Co（Ⅱ）的离子浓度，考察不同吸附时间对 XSBL-AC 吸附量的影响。

6.6.6　解吸试验

分别称取 0.1000g 吸附 Co（Ⅱ）饱和的 XSBL-AC，加入 50mL 的不同浓度解吸剂溶液中，在一定温度下超声波（100W，40kHz）振荡，达到吸附平衡后，过滤，离心分离解吸液（转速 6000r/min），取离心后上层清液，用紫外可见分光光度计测定解吸后溶液中 Co（Ⅱ）的离子浓度，在不同解吸剂溶液、HCl 浓度、解吸温度和解吸时间下进行解吸试验，由式（6-30）XSBL-AC 对 Co（Ⅱ）的解吸量（考虑到试验误差，在相同的条件下平行进行 3 次解吸试验，结果取其平均值）：

$$q_{t,2} = \frac{C_{t,2} V_2 \times 58.93}{m_2} \qquad (6\text{-}30)$$

式中，$q_{t,2}$ 为 XSBL-AC 的解吸量（mg/g）；$C_{t,2}$ 为 t 时刻解吸溶液中 Co（Ⅱ）的浓度（mol/L）；V_2 为解吸实验所用 Co（Ⅱ）溶液的体积（mL）；m_2 为吸附 Co（Ⅱ）饱和的 XSBL-AC 质量（g）。

6.6.7　XSBL-AC解吸Co（Ⅱ）的因素影响

1. 不同解吸剂对 XSBL-AC 解吸量的影响

称取 0.1000g 吸附 Co（Ⅱ）饱和的 XSBL-AC，分别加入到 0.35mol/L 的 HCl、HNO₃、CH₃COOH、EDTA、H₂O 溶液中，在 40℃时超声波（100W，40kHz）振荡 70min 后，静置，过滤，离心分离解吸液（转速 6000r/min），取离心后上层清液，用紫外可见分光光度计测定解吸后溶液中 Co（Ⅱ）的离子浓度，考察不同解吸剂对 XSBL-AC 解吸量的影响。

2. HCl 浓度对 XSBL-AC 解吸量的影响

称取 0.1000g 吸附 Co（Ⅱ）饱和的 XSBL-AC，分别加入到 0.15mol/L、0.20mol/L、0.30mol/L、0.35mol/L、0.40mol/L、0.50mol/L 的 HCl 溶液中，在 40℃时超声波（100W，40kHz）振荡 70min 后，静置，过滤，离心分离解吸液（转速 6000r/min），取离心后上层清液，用紫外可见分光光度计测定解吸后溶液中 Co（Ⅱ）的离子浓度，考察不同 HCl 浓度对 XSBL-AC 解吸量的影响。

3. 解吸温度对 XSBL-AC 解吸量的影响

称取 0.1000g 吸附 Co（Ⅱ）饱和的 XSBL-AC，分别加入到 0.35mol/L 的 HCl 溶液中，在 25℃、30℃、40℃、50℃、60℃时超声波（100W，40kHz）振荡 70min 后，静置，过滤，离心分离解吸液（转速 6000r/min），取离心后上层清液，用紫外可见分光光度计测定解吸后溶液中 Co（Ⅱ）的离子浓度，考察不同解吸温度对 XSBL-AC 解吸量的影响。

4. 解吸时间对 XSBL-AC 解吸量的影响

称取 0.1000g 吸附 Co（II）饱和的 XSBL-AC，分别加入到 0.35mol/L 的 HCl 溶液中，在 40℃时超声波（100W，40kHz）振荡 30min、40min、50min、60min、70min、75min 后，静置，过滤，离心分离解吸液（转速 6000r/min），取离心后上层清液，用紫外可见分光光度计测定解吸后溶液中 Co（II）的离子浓度，考察不同解吸时间对 XSBL-AC 解吸量的影响。

6.6.8 循环试验

称取 0.1000g XSBL-AC 加入到 12.90mmol/L 的 Co（II）溶液中，调节溶液 pH 为 5.80，吸附温度控制在 50℃，在恒温水浴振荡器中以 120r/min 振荡 60min 后，静置，过滤，离心分离（转速 6000r/min）10min，取上层清液测定溶液中剩余 Co（II）的离子浓度；下层固体样品去离子水清洗至中性，120℃烘干，研磨，过 200 目筛。

称取上述 0.1000g 吸附 Co（II）饱和的 XSBL-AC，加入到 0.35mol/L 的 HCl 溶液中，在 40℃时超声波振荡 70min 后，静置，过滤，离心分离解吸液（转速 6000r/min），取离心后上层清液测定解吸后溶液中 Co（II）的离子浓度；下层固体样品去离子水清洗至中性，120℃烘干，研磨，过 200 目筛，以备循环实验使用。重复上述吸附和解吸试验操作 5 次，测定每次吸附和解吸平衡后溶液中 Co（II）的离子浓度，使用式（6-29）和式（6-30）计算 XSBL-AC 的吸附量和解吸量。

6.6.9 傅里叶变换红外光谱分析

将吸附 Co（II）前后的 XSBL-AC 烘干，研磨，过 200 目筛，样品采用 KBr 压片法制片，进行傅里叶红外光谱分析。

6.6.10 扫描电镜和X射线能谱分析

对吸附 Co（II）前后的 XSBL-AC 进行电镜扫描和能谱分析，观察吸附前后活性炭的表观形貌和能谱变化。

6.6.11 试验结果与分析

1. Co（II）初始浓度对 XSBL-AC 吸附量的影响

图 6-66 给出了不同 Co（II）初始浓度与 XSBL-AC 吸附量的关系曲线。吸附实验条件为：XSBL-AC 用量 0.1000g，溶液 pH 为 5.80，吸附温度 50℃，吸附时间 60min。结果表明：当 Co（II）初始浓度为 9.50~12.90mmol/L 时，随着 Co（II）初始浓度的增加，吸附量从 65.24mg/g 快速增加到 126.05mg/g；当 Co（II）初始浓度为 12.90~13.58mmol/L 时，随着 Co（II）初始浓度的增加，吸附量保持稳定。这主要是因为，在 XSBL-AC 固液界面发生吸附作用时，固体活性炭表面在倾向于最小表面自由能的驱使下，Co（II）需要克服一定的传质阻力从液相向活性炭表层迁移，而 Co（II）的初始浓度对克服迁移过程中的传质阻力发挥着重要的作用。当 Co（II）初始浓度升高时，提供给 Co（II）从液相向活性炭表面迁移的驱动力增大，即传质推动力增加，平衡吸附量也在不断增加，当 Co（II）初始浓度为 12.90mmol/L 时达到最大饱和吸附量 126.05mg/g。因此，吸附试验选择 Co（II）初

始浓度以 12.90mmol/L 为宜。

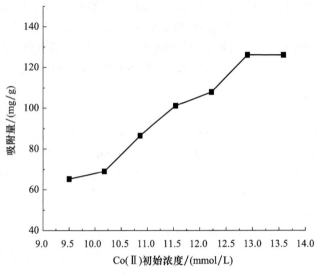

图 6-66 Co（Ⅱ）初始浓度对 XSBL-AC 吸附量的影响

2. 溶液 pH 对 XSBL-AC 吸附量的影响

pH 不仅影响着金属离子和吸附剂上官能团的存在形式，还影响着吸附剂潜在的应用价值，因此，探讨 pH 对吸附的影响具有理论及实际的双重意义。图 6-67 为不同溶液 pH 对 XSBL-AC 吸附量的影响。吸附试验条件为：XSBL-AC 用量 0.1000g，Co（Ⅱ）初始浓度为 12.90mmol/L，吸附温度 50℃，吸附时间 60min。由图 6-67 可知，XSBL-AC 对 Co（Ⅱ）的吸附量影响较大。当溶液 pH 为 2.50～5.80 时，随着 pH 的增加，吸附量从 49.34mg/g 逐渐增加到 123.16mg/g；在 pH 为 5.80 时，XSBL-AC 对 Co（Ⅱ）的吸附量达到最大值 123.16mg/g；当 pH>5.80 时，吸附量开始下降。这可能是由于在酸性环境中 H_3O^+ 同 Co（Ⅱ）竞争吸附

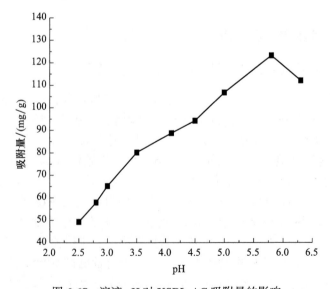

图 6-67 溶液 pH 对 XSBL-AC 吸附量的影响

作用。在较低的 pH 条件下，大量的 H_3O^+ 会占据 XSBL-AC 表面上的活性吸附位点，抑制了 Co（Ⅱ）的吸附，而且 H_3O^+ 所携带的正电荷会在活性炭表面形成"笼效应"，阻碍了 Co（Ⅱ）与吸附位点靠近，造成吸附量下降。随着 pH 的升高，活性炭表面吸附的 H_3O^+ 减少，使更多的吸附位点暴露出来，提高了 XSBL-AC 与 Co（Ⅱ）的亲和力，因此 XSBL-AC 的吸附量随 pH 的升高而增加。但在 pH 较高时，产生的 OH^- 容易与 Co（Ⅱ）形成两性氢氧化物 $Co(OH)_2$ 沉淀，降低了 XSBL-AC 对 Co（Ⅱ）的吸附能力。因此 5.80 为吸附试验中的最适 pH。

3. 吸附温度对 XSBL-AC 吸附量的影响

图 6-68 为不同吸附温度对 XSBL-AC 吸附量的影响。吸附实验条件为：XSBL-AC 用量 0.1000g，Co（Ⅱ）初始浓度为 12.90mmol/L，溶液 pH 为 5.80，吸附时间 60min。由图 6-68 可知，升温能明显加快吸附过程，当吸附温度在 25～50℃时，随着吸附温度的上升，吸附量从 69.43mg/g 快速增加到 125.15mg/g；当吸附温度为 50～70℃时，吸附量略呈下降趋势。这可能是由于随着温度的升高，使 XSBL-AC 的内部结构发生膨胀，增大了活性炭的孔径，提高了 XSBL-AC 的比表面积，并使更多的活性吸附位点可以有机会接触到 Co（Ⅱ），增加了活性炭的吸附能力，同时，由于温度的升高，加速了 Co（Ⅱ）由溶液向 XSBL-AC 表面及内部的扩散速率，导致吸附量增大，在吸附温度为 50℃时，饱和平衡吸附量达到最大值 125.15mg/g；若继续升温，因吸附反应是放热的过程，升温对 XSBL-AC 的吸附能力会产生不利的影响，吸附量略有下降。因此，吸附温度选择 50℃为宜。

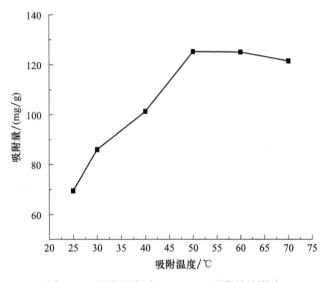

图 6-68　吸附温度对 XSBL-AC 吸附量的影响

4. 吸附时间对 XSBL-AC 吸附量的影响

吸附剂与吸附质的吸附接触时间是评价吸附剂应用潜力的重要条件之一，达到吸附平衡的吸附时间越短，说明吸附剂的吸附速率越高，在实际的生产应用中能耗越少。图 6-69 为不同吸附时间对 XSBL-AC 吸附量的影响。吸附实验条件为：XSBL-AC 用量 0.1000g，Co（Ⅱ）初始浓度为 12.90mmol/L，溶液 pH 为 5.80，吸附温度 50℃。由图 6-69 可知，吸附时间在最初 20~60min 内，XSBL-AC 对 Co（Ⅱ）的吸附迅速增加，吸附量从 95.43mg/g 增加到 121.27mg/g，吸附时间 60min 时达到最大饱和吸附量 121.27mg/g；在吸附时间为 60~100min 时，吸附变缓，已达到了吸附平衡。可能是因为 XSBL-AC 表面含有丰富的吸附活性基团，Co（Ⅱ）与活性基团接触时受到较小的传质阻力，因而与吸附位点结合容易，有利于吸附的进行。可以认为，Co（Ⅱ）的吸附主要发生在表层，首先与活性吸附基团反应，吸附速率较快，为快速表面吸附过程，随后 Co（Ⅱ）从表层孔径向内部扩散，反应发生在内层，吸附速率减慢，最后达到吸附平衡。XSBL-AC 对 Co（Ⅱ）的吸附为非均相固液反应，吸附主要发生在固液界面，也包括内表面吸附。因而，吸附试验中 60min 为最宜吸附时间。

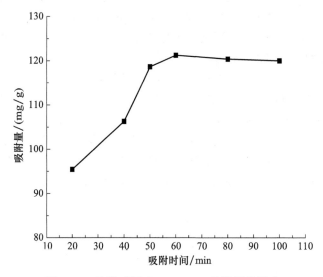

图 6-69　吸附时间对 XSBL-AC 吸附量的影响

5. 吸附动力学

称取 XSBL-AC 0.1000g，调节溶液 pH 为 5.80，Co（Ⅱ）初始浓度分别是 12.22mmol/L、12.90mmol/L、13.58mmol/L 时，于 50℃，120r/min 下恒温振荡吸附，定时取样测定其吸光度值，求出不同时间溶液中的 Co（Ⅱ）浓度，进而计算吸附量，结果如图 6-70 所示。从图 6-70 中可见，在吸附的初级阶段，吸附量迅速上升，随着吸附时间的延长，吸附量上升减缓，在吸附时间为 60min 时，吸附量趋于平衡。该吸附过程的机理基本符合溶液中的物质在多孔性吸附剂上吸附的 3 个必要步骤：在吸附初始，Co（Ⅱ）主要被吸附在 XSBL-AC 的外表面，吸附过程容易进行，因而吸附量快速增大；随时间的延长，溶液中 Co（Ⅱ）的浓度减小，吸附推动力减小，Co（Ⅱ）开始向活性炭内部孔隙迁移、扩散，此时内扩散成为主要控速步骤，吸附速率减慢；到吸附后期，溶液中 Co（Ⅱ）浓度越来越小，直至推动力减小至接近为零，吸附过程达到饱和平衡。

吸附过程的动力学研究主要用来描述吸附剂吸附溶质的速率，吸附速率控制了吸附质在固液界面上的滞留时间。分别采用准一级吸附动力学模型 [式（6-16）]、准二级吸附动力学模型 [式（6-17）]、颗粒内扩散模型 [式（6-18）] 和 Elovich 方程 [式（6-19）] 拟合动力学数据，由模型的拟合程度可推断 Co（Ⅱ）的吸附控速步骤。由图 6-71 和表 6-13 中可以看

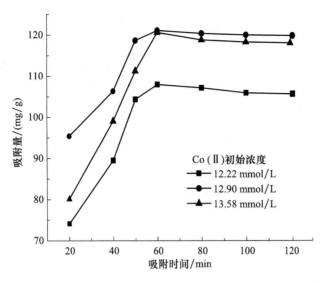

图 6-70　不同 Co（Ⅱ）初始浓度下吸附时间对 XSBL-AC 吸附量的影响

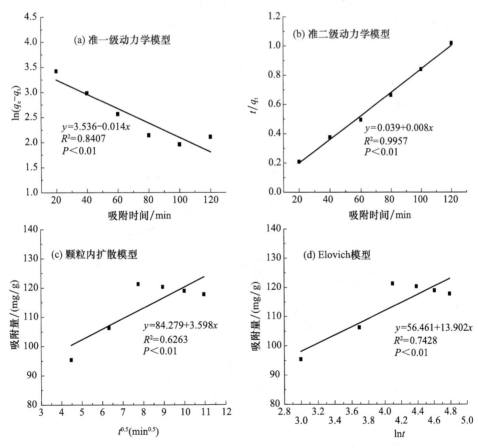

图 6-71　试验数据的准一级动力学模型、准二级动力学模型方程、
颗粒内扩散模型和 Elovich 模型拟合曲线

出，在试验浓度范围内，准二级动力学方程可以很好地拟合 XSBL-AC 吸附 Co（Ⅱ）过程的吸附动力学数据，其 R^2 较高（0.9957，$P<0.01$），并且平衡吸附容量的试验值（q_{max}，exp）126.05mg/g 和计算值（q_e，cal）121.51mg/g 吻合较好，说明准二级速率方程可以很好地描述整个吸附过程中 Co（Ⅱ）在 XSBL-AC 上的吸附动力学行为，且化学吸附是其速率控制步骤。

表 6-13　XSBL-AC 对 Co（Ⅱ）的吸附动力学参数

相关参数		准一级动力学模型		准二级动力学模型		颗粒内扩散模型		Elovich 模型
R^2		0.840 7		0.995 7		0.626 3		0.742 8
常数	k_1	0.002 859min^{-1}	k_2	0.964 8×10^{-3}min^{-1}	k_i	1.429 2mg/(g min$^{0.5}$)	α	84.334 7mg/(g min)
	q_e	162.695 3mg/g	q_e	122.51mg/g			β	0.012 88g/mg

6. 吸附热力学

称取 XSBL-AC 0.1000g，在吸附温度分别为 40℃、50℃、60℃，pH 为 5.80，吸附时间 60min，不同 Co（Ⅱ）初始浓度 9.50～13.58mmol/L 的条件下，Co（Ⅱ）初始浓度同 XSBL-AC 吸附量之间的吸附等温曲线如图 6-72 所示。由图 6-72 可知，Co（Ⅱ）的吸附量随着 Co（Ⅱ）初始浓度的升高而增加，并逐渐达到吸附平衡，最大饱和吸附量为 126.05mg/g。这是由于 Co（Ⅱ）的初始浓度增加，XSBL-AC 与 Co（Ⅱ）的接触概率增大，此时吸附量取决于由溶液主体扩散到吸附剂固液界面层的 Co（Ⅱ）的数量。且在实验温度范围内，随吸附温度的升高，吸附容量增大，说明该吸附是一个放热过程，升温有利于吸附的进行。

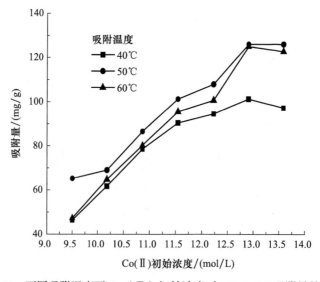

图 6-72　不同吸附温度下 Co（Ⅱ）初始浓度对 XSBL-AC 吸附量的影响

分别采用 Langmuir 模型、Freundlich 模型、Dubinin-Radushkevich (D-R) 模型和 Temkin 模型对吸附等温线数据进行拟合，利用式（6-20）、式（6-21）、式（6-22）、式（6-23）和式（6-24）计算相关等温吸附参数。各等温吸附模型的拟合曲线如图 6-73 所示，各参数列于

表 6-14。

对比图 6-73 和表 6-14 的拟合结果可以发现，Co（Ⅱ）在 XSBL-AC 上的吸附符合 Langmuir 等温吸附方程，拟合方程为 $y=16.002x-0.013$，$R^2=0.9846$（$P<0.01$），由 Langmuir 方程计算出来的饱和吸附量是 129.74mg/g，与试验的最大吸附量 126.05mg/g 最为接近。由 Langmuir 等温方程计算得到的吸附常数 R_L[式（6-25）]=0.188，介于 0~1 之间，说明 XSBL-AC 易于吸附 Co（Ⅱ），$1/n=0.116$，小于 0.5，也表明了活性炭对 Co（Ⅱ）的吸附易于发生。显然，Langmuir 吸附模型更适合于描述 Co（Ⅱ）在 XSBL-AC 上的吸附行为，说明该吸附行为以单层化学吸附为主。

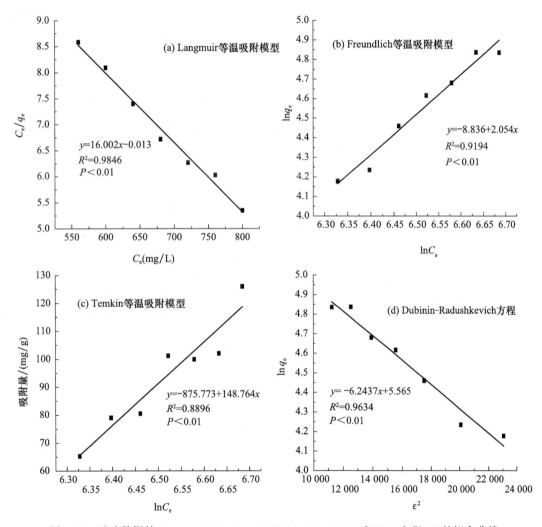

图 6-73　试验数据的 Langmuir (a)、Freundlich (b)、Temkin(c) 和 D-R 方程 (d) 的拟合曲线

表 6-14　XSBL-AC 对 Co（Ⅱ）的等温吸附模型及相关参数

相关参数	Langmuir 模型	Freundlich 模型	Temkin 模型	Dubinin-Radushkevich 方程
R^2	0.9846	0.9194	0.8896	0.9034

续表

相关参数	Langmuir 模型		Freundlich 模型		Temkin 模型		Dubinin-Radushkevich 方程	
常数	K_L	0.0057L/mg	K_f	101.07L/g	b_t	74.33J/mol	B	$1.260 \times 10^{-7} mol^2 \cdot J^2$
	R_L	0.188						
	q_{cal}	129.74mg/g	$1/n$	0.116	a_t	$6.170 \times 10^{10} L/g$	q_{max}	64.32g/mg

在 XSBL-AC 吸附 Co（Ⅱ）的过程中，吸附焓值 ΔH_o=+40.29kJ/mol＞0，说明吸附过程是放热过程；吉布斯自由能变 ΔG_o=−16.58kJ/mol＜0，说明吸附过程是自发进行的；ΔS_o=+11.71[J/(mol·k)]＞0，说明 Co（Ⅱ）吸附在 XSBL-AC 上之后，其混乱度增大。因此，XSBL-AC 对 Co（Ⅱ）的吸附过程是自发的吸热过程。由范德华力引起的吸附热范围是 4～10kJ/mol，疏水键力约为 4kJ/mol，氢键力为 2～40kJ/mol，配位基交换作用力约为 40kJ/mol，因此，XSBL-AC 吸附 Co（Ⅱ）主要是通过配位络合作用。

7. 不同解吸剂对 XSBL-AC 解吸量的影响

图 6-74 为不同解吸剂对 XSBL-AC 解吸量的影响。解吸实验条件为：吸附 Co（Ⅱ）饱和的 XSBL-AC 0.1000g，不同解吸剂浓度 0.35mol/L，解吸温度 40℃，超声波（100W，40kHz）解吸时间 70min。结果表明：去离子水作为解吸剂时，XSBL-AC 对 Co（Ⅱ）的解吸量只有 38.8mg/g，因水洗只能将物理作用吸附在 XSBL-AC 表面的 Co（Ⅱ）进行解吸，而以化学作用吸附的 Co（Ⅱ）却无法用水洗脱；解吸剂是 CH_3COOH 和 EDTA 时，因 Co（Ⅱ）是具有空轨道的过渡金属离子，因而可以与 EDTA 和乙酸根离子 CH_3COO^- 形成配合物，使 Co（Ⅱ）发生解吸；由于 HCl、HNO_3 和 CH_3COOH 三种解吸剂均为酸性试剂，在溶液中会发生离解而产生 H^+，此时酸中的 H^+，会与已经发生吸附作用的 Co（Ⅱ）进行吸附竞争，因而促使 Co（Ⅱ）被解吸进入溶液中，故而，CH_3COOH 解吸剂时，XSBL-AC 的解吸量为 85.02mg/g，使用 EDTA 解吸时，解吸量是 73.1mg/g；HCl 和 HNO_3 均为强酸，在溶液中都可以离解出大量的 H^+，但由于钴常见的价态有 +2 价和 +3 价，实验中使用的是 Co（Ⅱ），若选用 HNO_3 作为解吸剂，会将部分的 Co（Ⅱ）氧化为 Co（Ⅲ）而影响试验结果，因此，选择 HCl 作为最适宜解吸剂，其解吸量是 110.25mg/g。

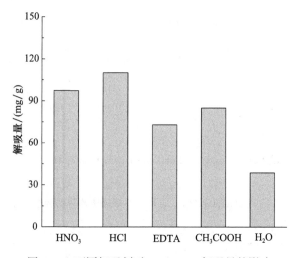

图 6-74　不同解吸剂对 XSBL-AC 解吸量的影响

8. HCl 浓度对 XSBL-AC 解吸量的影响

图 6-75 为不同 HCl 浓度对 XSBL-AC 解吸量的影响。解吸实验条件为：吸附 Co（Ⅱ）饱和的 XSBL-AC 0.1000g，解吸温度 40℃，超声波（100W，40kHz）解吸时间 70min。由图 6-77 可以看出，当 HCl 溶液浓度为 0.10～0.35mol/L 时，随着 HCl 溶液浓度的增加，XSBL-AC 的解吸量由 64.24mg/g 到 109.65mg/g，呈快速增加的趋势；当 HCl 溶液浓度为 0.35mol/L 时，解吸量达到最大值 109.65mg/g；之后随着 HCl 浓度的增加，吸附量略呈现出下降趋势。这可能是因为当 HCl 溶液浓度增加时，溶液中 H^+ 浓度增大，与 Co（Ⅱ）发生竞争吸附的推动力增大，大量已被吸附的 Co（Ⅱ）从 XSBL-AC 表面的活性位点上解吸并再次回到溶液中，解吸速率也呈现出快速增加的趋势；当 HCl 浓度为 0.35mol/L 时，解吸过程达到平衡，若继续增大 HCl 浓度，溶液中阳离子浓度增加，会出现静电斥力的作用，解吸量略显下降。因此，解吸实验中选择 HCl 溶液浓度为 0.35mol/L 为最宜。

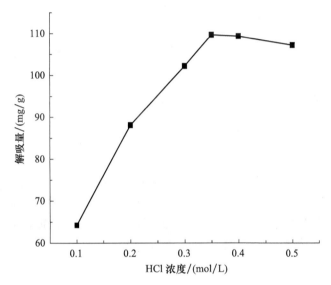

图 6-75　不同 HCl 浓度对 XSBL-AC 解吸量的影响

9. 解吸温度对 XSBL-AC 解吸量的影响

图 6-76 为不同解吸温度对 XSBL-AC 解吸量的影响。解吸实验条件为：吸附 Co（Ⅱ）饱和的 XSBL-AC 0.1000g，HCl 溶液浓度为 0.35mol/L，超声波（100W，40kHz）解吸时间 70min。由图 6-76 可知，当解吸温度为 25～40℃时，XSBL-AC 的解吸量随解吸温度的升高，从 81.2mg/g 迅速增加到 110.25mg/g；当解吸温度＞40℃时，解吸量下降。这是因为随着解吸温度的升高，XSBL-AC 表面活性吸附位点的能量升高，与 Co（Ⅱ）发生吸附键合的位置活性增强，导致 Co（Ⅱ）从活性炭表面进行解吸，解吸量相应增加，解吸温度 40℃时，解吸量达到最大值 110.25mg/g；若继续升高解吸温度，因吸附过程是放热的，高温会抑制活性吸附位点的吸附能力，因而解吸能力也相继减弱，解吸量下降。因此，选择解吸温度 40℃为宜。

10. 超声波解吸时间对 XSBL-AC 解吸量的影响

图 6-77 为不同超声波解吸时间对 XSBL-AC 解吸量的影响。解吸试验条件为：吸附 Co

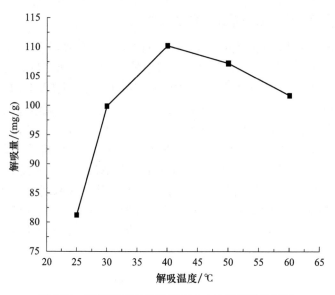

图 6-76　不同解吸温度对 XSBL-AC 解吸量的影响

（Ⅱ）饱和的 XSBL-AC 0.1000g，HCl 溶液浓度为 0.35mol/L，解吸温度 40℃，超声波功率 100W，超声波频率 40kHz。从图 6-77 可以看出，当超声波解吸时间为 30～70min 时，随着解吸时间的延长，XSBL-AC 对 Co（Ⅱ）的解吸量从 78.53mg/g 增加到 109.77mg/g；当超声波解吸时间大于 70min 时，解吸量保持稳定的状态。这是由于在解吸实验初始阶段，XSBL-AC 对 Co（Ⅱ）的饱和吸附量较高，随超声波振荡产生的超声空穴的作用，溶液体系的能量增大，温度升高，分子与分子之间相互碰撞的概率增加，极大地促进了解吸作用，当解吸时间为 70min 时，解吸量达到最大值 109.77mg/g。继续延长超声波振荡时间，因解吸过程已经达到平衡，解吸量保持恒定。因此，选择 70min 为最佳解吸时间。

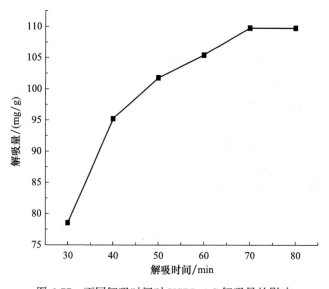

图 6-77　不同解吸时间对 XSBL-AC 解吸量的影响

11. 循环试验

当吸附剂被解吸之后，其吸附能力往往有所下降，从经济方面考虑吸附剂是否能够重复使用，以及吸附剂再生试验后是否仍然具有良好的吸附性能，这在实际的废水处理中有着重要的作用。表 6-15 是 XSBL-AC 对 Co（Ⅱ）的循环吸附量 / 解吸量。由表 6-15 可知，经过多次的循环使用后，XSBL-AC 对 Co（Ⅱ）仍然具有一定的吸附能力。在 4 次循环吸附 - 解吸试验后，XSBL-AC 对 Co（Ⅱ）的吸附量由 126.05mg/g 下降至 57.18mg/g，这说明 XSBL-AC 对 Co（Ⅱ）的再生性能较好，可重复使用 4 次以上。

表 6-15　XSBL-AC 对 Co（Ⅱ）的循环吸附量 / 解吸量

循环使用次数	1	2	3	4	5
吸附量 /(mg/g)	126.05	122.14	101.37	74.20	57.18
解吸量 /(mg/g)	110.25	99.26	86.46	59.23	47.19

12. 傅里叶变换红外光谱分析

图 6-78 为 XSBL-AC 吸附 Co（Ⅱ）前后的傅里叶变换红外光谱图。如图 6-78 所示，在 XSBL-AC 的红外光谱中，3440cm^{-1} 处的强宽峰是 XSBL-AC 分子内缔合 O—H 伸缩振动吸收峰以及醇、酚分子间相互结合氢键的特征吸收峰，吸附 Co（Ⅱ）后该峰漂移至低波数方向 3432cm^{-1} 处，吸收峰变弱，说明部分的 O—H 和氢键断裂与 Co（Ⅱ）发生吸附；2918cm^{-1} 和 2763cm^{-1} 附近的峰是与芳环相连的 C—H 键的伸缩振动吸收峰，在吸附 Co（Ⅱ）前后变化不明显；2360cm^{-1} 处的峰是活性炭中碳碳键（C=C、C≡C 等）的振动吸收峰，吸附 Co（Ⅱ）之后，该峰减弱，说明 XSBL-AC 中芳环 π 电子也参与了吸附 Co（Ⅱ）的配位络合过程；1738cm^{-1} 附近的吸收峰是羧酸中羧基 C=O 伸缩振动吸收峰和—COO—不对称伸缩振动特征峰，吸附 Co（Ⅱ）之后，该特征峰消失；以及 1624cm^{-1} 处的吸收峰是羧基中羧酸根离子 COO$^-$ 中 C=O 键的不对称伸缩振动吸收峰和 O—H 面内弯曲振动吸收峰，在

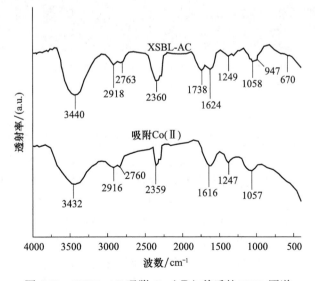

图 6-78　XSBL-AC 吸附 Co（Ⅱ）前后的 FTIR 图谱

发生吸附后，该峰移至低波数 1616cm^{-1} 处，说明在活性炭吸附过程中，—C＝O 和—COOH 与 Co（Ⅱ）发生了键合作用；1249cm^{-1} 是羧酸和酚中 C＝O 键的变形振动和—OH 键的伸缩振动吸收峰，吸附 Co（Ⅱ）后向低波数方向 1247cm^{-1} 处漂移；1058cm^{-1} 是醇、酚中 C—O 键的伸缩振动吸收峰，吸附后移至 1057cm^{-1} 处；947cm^{-1} 处是由磷酸活化残留的 P＝O 的特征吸收峰，吸附 Co（Ⅱ）之后该峰消失。比较 XSBL-AC 吸附 Co（Ⅱ）后的红外光谱图，XSBL-AC 中各种含氧（—OH、—COOH、—C＝O、—P＝O 等）的活性官能团的特征吸收振动峰的吸收强度略有变化，以及吸收峰位置发生漂移，这是羟基和羧酸根离子与金属阳离子配位的典型特征，说明 XSBL-AC 对 Co（Ⅱ）的吸附是以化学吸附过程为主。

13. 扫描电镜分析

图 6-79 为 XSBL-AC 吸附 Co（Ⅱ）前后的 SEM 形貌图。从图 6-79 中可以看出，XSBL-AC[图 6-79（a）] 的微观结构呈颗粒堆砌状，组织松散，表面凹凸不平，分布有大量不规则的裂纹、孔隙以及细小的微孔，这些发达的孔隙结构使活性炭样品具有较强的吸附能力；由吸附 Co（Ⅱ）后的 SEM 图片 [图 6-79（b）] 可知，活性炭表面部分的空隙以及裂纹被填充，棱角相对模糊，其外观形貌变得相对平滑，说明 XSBL-AC 表面已吸附有 Co（Ⅱ）离子，并且两者间具有较强的作用力。

图 6-79　XSBL-AC 吸附 Co（Ⅱ）前后的 SEM 图谱

14. X 射线能谱分析

图 6-80 为 XSBL-AC 吸附 Co（Ⅱ）前后的 EDX 图谱。可以看出，XSBL-AC[图 6-80（a）] 中含有 C（79.19%）、O（12.04%）、N（6.18%）、Cl（0.45%）、Na（0.60%）、K（0.83%）、Al（0.71%）等峰，峰值较强，Co 峰在吸附前的活性炭样品中未检出；吸附 Co（Ⅱ）之后的 XSBL-AC[图 6-80（b）] 中，各元素含量分别为 C（78.24%）、O（10.81%）、N（6.02%）、Co（4.15%）、Cl（0.27%）、Na（0.19%）、K（0.21%）、Al（0.11%），且吸附 Co（Ⅱ）之后含有很强的钴峰，表明 XSBL-AC 表面对 Co（Ⅱ）具有很强的吸附能力，从各元素的含量上来看，C、O、Na、K、Al 等的含量均降低，表明吸附过程中 Co（Ⅱ）与活性炭表面的含氧活性官能团发生了化学键合作用，与金属阳离子发生离子交换作用。

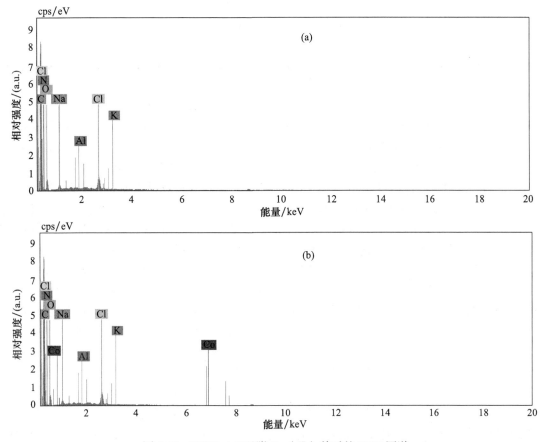

图 6-80　XSBL-AC 吸附 Co（Ⅱ）前后的 EDX 图谱

6.6.12　小结

本节研究了 XSBL-AC 对 Co（Ⅱ）的吸附和解吸循环性能。XSBL-AC 对 Co（Ⅱ）最佳的吸附实验条件是：吸附剂用量 0.1000g，Co（Ⅱ）初始浓度为 12.90mmol/L，pH 为 5.80，吸附温度为 50℃，吸附时间 60min，吸附 Co（Ⅱ）达到最大饱和吸附量 126.05mg/g。吸附动力学和吸附等温线分别符合准二级动力学模型（相关系数 $R^2 = 0.9957$，$P < 0.01$）和 Langmuir 等温线（相关系数 $R^2 = 0.9846$，$P < 0.01$），由计算得出 ΔG_o（-16.58kJ/mol < 0）、ΔS_o[$+11.71$J/(mol·K)> 0] 和 ΔH_o（$+40.29$kJ/mol > 0），在试验范围内，XSBL-AC 吸附 Co（Ⅱ）的试验是一个自发进行的放热反应。解吸试验结果表明，以 HCl 作为最佳解吸剂，选取吸附 Co（Ⅱ）饱和的 XSBL-AC 0.1000g，HCl 的浓度为 0.35mol/L，解吸温度 40℃，超声波（100W，40kHz）解吸时间 70min，最大解吸量为 110.25mg/g。吸附/解吸循环再生试验表明，连续进行 4 次吸附/解吸循环试验后，XSBL-AC 对 Co（Ⅱ）仍具有较高的吸附量（74.20mg/g）和解吸量（59.23mg/g）。对比分析 XSBL-AC 吸附 Co（Ⅱ）前后的 FTIR、SEM 和 EDX 谱图可知，XSBL-AC 对 Co（Ⅱ）的吸附过程以化学吸附占主导作用，羟基和羧基是参与吸附的主要功能基团。因此，XSBL-AC 是一种去除工业废水中 Co（Ⅱ）良好的吸附材料。

6.7 XSBL-AC 吸附 Ni（Ⅱ）

镍（nickel，Ni），元素符号 Ni，原子序数 28，属于第四周期ⅧB 族。密度 8.9g/cm³，熔点 1455℃，沸点 2730℃。镍是一种固态、银白色、坚硬的过渡金属，具有高度的延展性、磁性和抗腐蚀性，在空气中很容易被空气氧化，表面形成有些发乌的氧化膜，因此人们见到的镍颜色发乌。镍是地壳中含量最丰富的元素之一，含量为 0.018%，其平均丰度为 75×10^{-6}。镍是一种重要的有色金属，广泛存在于多种合金中，被称为"工业维生素"。我国目前是全球最大的镍铁生产和消费国，主要涉及合金、电镀、电池、造币、催化剂等各个行业。自然界中最主要的镍矿是硅酸镍矿、红镍矿（砷化镍）和辉砷镍矿（硫砷化镍），其中镍以硅酸盐、硫化物、氧化物和砷化物等形式存在，在铁、钴、铜和一些稀土矿中，往往有镍共生。镍的化学性质较活泼，但比铁稳定，常见化合价 +2 和 +3 价。室温时在空气中很难被氧化，镍不溶于水，在潮湿的空气中表面形成致密的氧化膜，颜色变乌，发生"钝化"。在稀酸中可缓慢溶解，释放出 H_2 并生成绿色的 Ni^{2+}；与强碱、氧化剂包括 HNO_3 在内，均不发生反应。镍在稀 HNO_3 中缓慢溶解。发烟 HNO_3 能使镍表面钝化而具有抗腐蚀性。实验室中也常用 $Ni(NO_3)_2 \cdot 6H_2O$，绿色透明的颗粒，易吸湿；$NiSO_4$ 能与碱金属硫酸盐形成矾。Ni^{2+} 能形成许多配合物，如镍可与 CO、NH_3、CN、丁二酮肟和乙二胺等配体形成络合物和螯合物。镍是人体必需的生命元素之一，在人体内含量极微，正常情况下，成人体内含镍约 10mg，血液中正常浓度为 0.11μg/mL，镍主要由呼吸道吸收，大多数食品中含有镍，人体对镍的需要量为 0.3～0.6mg/d。短期内吸入高浓度羰基镍会引起急性呼吸系统和神经系统损害，国际癌症研究中心对镍及其化合物进行了研究，发现肺癌和鼻腔癌死亡与高浓度的镍化合物暴露有关，已确定镍化合物具有人类致癌性（GB 25467—2010《铜、镍、钴工业污染物排放标准》，水污染中总钴的排放限值为 0.5mg/L）。

天然水中的镍常以卤化物、硝酸盐、硫酸盐以及某些有机和无机络合物的形式存在。水中的可溶性镍离子能与水结合形成水合离子，当遇到 Fe^{3+}、Mn^{4+} 的氢氧化物、黏土或絮状的有机物时会被吸附，也会和 S^{2-} 反应生成 NiS 沉淀。工业上用于镀镍的原料是 $NiSO_4 \cdot 6H_2O$，$NiSO_4 \cdot 7H_2O$ 及 $NiCl_2$，随废水排出的可溶性 Ni（Ⅱ）在酸性介质中稳定，在碱性介质中生成 $Ni(OH)_2$ 沉淀，因此常用碱法处理含镍工业废水。天然淡水中镍的浓度约为 0.5μg/L，海水中的浓度为 0.66μg/L。中国规定地面水中镍的最高容许浓度为 0.5mg/L。

6.7.1 试验材料

$Ni(NO_3)_2 \cdot 6H_2O$（天津市风船化学试剂科技有限公司）；丁二酮肟（天津市河东区红岩试剂厂）；溴水（天津市河东区红岩试剂厂）；浓氨水（天津市风船化学试剂科技有限公司）；冰乙酸（天津市风船化学试剂科技有限公司）；无水乙酸钠（天津市风船化学试剂科技有限公司）；无水乙醇（天津市河东区红岩试剂厂）；氢氧化钠（天津市化学试剂三厂）；硝酸（天津市振兴化工试剂酸厂）；试验中所用试剂均为分析纯，无须再做纯化，试验用水均为去离子水。

6.7.2 试验仪器

TU-1901 型双光束紫外可见分光光度计（北京普析通用仪器有限责任公司）；SHA-C 型

数显水浴恒温振荡器（江苏金坛江南仪器制造厂）；KS-300EI 型超声波振荡器（上海比朗仪器有限公司）；HITACHI S-4800 型扫描电子显微镜（日本）；HITACHI S-4800 型能谱分析仪（日本）；Thermo Nicolet 红外光谱仪（美国），KBr 压片样品。

6.7.3　Ni（Ⅱ）的测定方法

Ni（Ⅱ）在氨性溶液中与丁二酮肟 [$H_3CC(NOH)C(NOH)CH_3$] 形成粉色配合物丁二酮肟镍 Ni $(dmgH)_2$，配合物不溶于水，易溶于氯仿 $(CHCl_3)$，丁二酮肟镍在 $K_{max}=360nm$ 处的摩尔吸光系数 $\varepsilon=3400$。在碱性介质和氧化剂存在下，Ni $(dmgH)_2$ 能生成一种棕红色的水溶性的 [Ni $(dmgH)_4]^{2-}$，可用分光光度法进行测定。该化合物在 $\lambda_{max}=470nm$ 处的摩尔吸光系数 $\varepsilon=15\,000$。

在 5 个 50mL 容量瓶中，分别加入 0.4mL、0.6mL、0.8mL、1.0mL、1.2mL 已稀释的标准 Ni（Ⅱ）溶液（0.1mg/mL），再分别依次加入 1mL 丁二酮肟（1%）乙醇溶液、2mL 饱和溴水和 5mL 浓氨水，用蒸馏水稀释至刻度，混匀。选用 1mL 比色皿在 470nm 处以空白样品作参比液，用紫外分光光度计测量其吸光度。将所得数据进行回归拟合，绘制出标准工作曲线。Ni（Ⅱ）浓度在 0～5mg/mL 范围内符合比尔定律，回归方程为：$y=0.1477x+0.007$，相关系数 $R^2=0.9998$（图 6-81）。

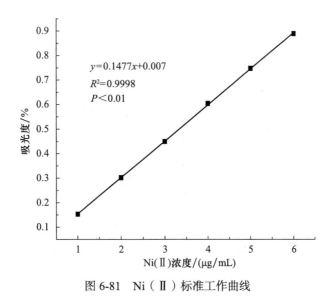

图 6-81　Ni（Ⅱ）标准工作曲线

6.7.4　吸附试验

分别称取 XSBL-AC 0.1000g，置于 100mL 锥形瓶中，然后加入 50mL 已知浓度的 Ni（Ⅱ）溶液，用乙酸 - 乙酸钠缓冲溶液调节溶液 pH，置于恒温水浴振荡器中（振速 120r/min）振荡。在一定条件下达到吸附平衡后，混合物过滤，离心分离（转速 6000r/min）10min，取 2mL 上层清液于 50mL 容量瓶中，依次加入 1mL 丁二酮肟、2mL 饱和溴水和 5mL 浓氨水，用蒸馏水稀释至刻度，混匀。使用紫外可见分光光度计，在 470nm 波长下测定其吸光度，利用标准工作曲线计算出溶液中 Ni（Ⅱ）的剩余浓度。在不同 Ni（Ⅱ）的初始浓度、pH、吸附温度和吸附时间下进行吸附实验，由式（6-31）计算 XSBL-AC 对 Ni（Ⅱ）的吸附量（考虑到试验误差，在相同的条件下平行进行 3 次吸附试验，结果取其平均值）：

$$q_{t,1} = \frac{(C_0 - C_{t,1})V_1 \times 58.69}{m_1} \qquad (6\text{-}31)$$

式中，$q_{t,1}$ 为 t 时刻的吸附量（mg/g）；C_0 和 $C_{t,1}$ 分别为 Ni（Ⅱ）的初始浓度和 t 时刻的剩余浓度（mol/L），V_1 为吸附 Fe（Ⅱ）溶液的体积（mL）；m_1 为吸附剂质量（g），Ni 的相对分子质量为 58.69g/mol。计算过程中，忽略 Ni（Ⅱ）离子损耗的其他机理（如挥发、降解以及器壁残留的损失等）。

6.7.5　XSBL-AC 吸附 Ni（Ⅱ）的因素影响

1. Ni（Ⅱ）初始浓度对 XSBL-AC 吸附量的影响

称取 0.1000g XSBL-AC，分别加入到 9.54mmol/L、10.22mmol/L、10.90mmol/L、11.59mmol/L、12.27mmol/L、12.95mmol/L、13.63mmol/L 的 Ni（Ⅱ）溶液中，调节溶液 pH 为 4.10，吸附温度控制在 45℃，在恒温水浴振荡器中以 120r/min 振荡 65min 后，静置，过滤，离心分离（转速 6000r/min）10min，取上层清液，用紫外可见分光光度计测定溶液中剩余 Ni（Ⅱ）的离子浓度，考察不同 Ni（Ⅱ）初始浓度对 XSBL-AC 吸附量的影响。

2. 溶液 pH 对 XSBL-AC 吸附量的影响

称取 0.1000g XSBL-AC，分别加入到 12.27mmol/L 的 Ni（Ⅱ）溶液中，调节溶液 pH 分别为 2.02、2.50、2.80、3.03、3.52、4.10、4.47、4.99、5.80、6.26，吸附温度控制在 45℃，在恒温水浴振荡器中以 120r/min 振荡 65min 后，静置，过滤，离心分离（转速 6000r/min）10min，取上层清液，用紫外可见分光光度计测定溶液中剩余 Ni（Ⅱ）的离子浓度，考察不同溶液 pH 对 XSBL-AC 吸附量的影响。

3. 吸附温度对 XSBL-AC 吸附量的影响

称取 0.1000g XSBL-AC，分别加入到 12.27mmol/L 的 Ni（Ⅱ）溶液中，调节溶液 pH 为 4.10，控制吸附温度分别为 25℃、30℃、40℃、45℃、60℃、70℃，在恒温水浴振荡器中以 120r/min 振荡 65min 后，静置，过滤，离心分离（转速 6000r/min）10min，取上层清液，用紫外可见分光光度计测定溶液中剩余 Ni（Ⅱ）的离子浓度，考察不同吸附温度对 XSBL-AC 吸附量的影响。

4. 吸附时间对 XSBL-AC 吸附量的影响

称取 0.1000g XSBL-AC，分别加入到 12.27mmol/L 的 Ni（Ⅱ）溶液中，调节溶液 pH 为 4.10，吸附温度控制在 45℃，在恒温水浴振荡器中以 120r/min 振荡吸附，控制吸附时间分别为 20min、40min、65min、80min、100min、120min 后，静置，过滤，离心分离（转速 6000r/min）10min，取上层清液，用紫外可见分光光度计测定溶液中剩余 Ni（Ⅱ）的离子浓度，考察不同吸附时间对 XSBL-AC 吸附量的影响。

6.7.6　解吸试验

分别称取 0.1000g 吸附 Ni（Ⅱ）饱和的 XSBL-AC，加入 50mL 的不同浓度解吸剂溶液中，在一定温度下超声波（100W，40kHz）振荡，达到吸附平衡后，过滤，离心分离解吸液（转速6000r/min），取离心后上层清液，用紫外可见分光光度计测定解吸后溶液中Ni（Ⅱ）的离子浓度，在不同解吸剂溶液、HCl浓度、解吸温度和解吸时间下进行解吸实验，由式（6-32）计算XSBL-AC对Ni（Ⅱ）的解吸量（考虑到试验误差，在相同的条件下平行进行3次解吸试验，结果取其平均值）：

$$q_{t,2} = \frac{C_{t,2}V_2 \times 58.69}{m_2} \qquad (6\text{-}32)$$

式中，$q_{t,2}$为XSBL-AC的解吸量（mg/g）；$C_{t,2}$为t时刻解吸溶液中Ni（Ⅱ）的浓度（mol/L）；V_2为解吸实验所用Ni（Ⅱ）溶液的体积（mL）；m_2为吸附Ni（Ⅱ）饱和的XSBL-AC质量（g）。

6.7.7　XSBL-AC解吸Ni（Ⅱ）的因素影响

1. 不同解吸剂对XSBL-AC解吸量的影响

称取0.1000g吸附Ni（Ⅱ）饱和的XSBL-AC，分别加入到0.40mol/L的HCl、HNO₃、CH₃COOH、EDTA、NaOH溶液中，在40℃时超声波（100W，40kHz）振荡60min后，静置，过滤，离心分离解吸液（转速6000r/min），取离心后上层清液，用紫外可见分光光度计测定解吸后溶液中Ni（Ⅱ）的离子浓度，考察不同解吸剂对XSBL-AC解吸量的影响。

2. HCl浓度对XSBL-AC解吸量的影响

称取0.1000g吸附Ni（Ⅱ）饱和的XSBL-AC，分别加入到0.10mol/L、0.20mol/L、0.30mol/L、0.40mol/L、0.50mol/L、0.60mol/L的HCl溶液中，在40℃时超声波（100W，40kHz）振荡60min后，静置，过滤，离心分离解吸液（转速6000r/min），取离心后上层清液，用紫外可见分光光度计测定解吸后溶液中Ni（Ⅱ）的离子浓度，考察不同HCl浓度对XSBL-AC解吸量的影响。

3. 解吸温度对XSBL-AC解吸量的影响

称取0.1000g吸附Ni（Ⅱ）饱和的XSBL-AC，分别加入到0.40mol/L的HCl溶液中，在25℃、30℃、40℃、50℃、60℃时超声波（100W，40kHz）振荡60min后，静置，过滤，离心分离解吸液（转速6000r/min），取离心后上层清液，用紫外可见分光光度计测定解吸后溶液中Ni（Ⅱ）的离子浓度，考察不同解吸温度对XSBL-AC解吸量的影响。

4. 解吸时间对XSBL-AC解吸量的影响

称取0.1000g吸附Ni（Ⅱ）饱和的XSBL-AC，分别加入到0.40mol/L的HCl溶液中，在40℃时超声波（100W，40kHz）振荡30min、40min、50min、60min、70min后，静置，过滤，离心分离解吸液（转速6000r/min），取离心后上层清液，用紫外可见分光光度计测定解吸后溶液中Ni（Ⅱ）的离子浓度，考察不同解吸时间对XSBL-AC解吸量的影响。

6.7.8　循环试验

称取0.1000g XSBL-AC，加入到12.27mmol/L的Ni（Ⅱ）溶液中，调节溶液pH为

4.10，吸附温度控制在 45℃，在恒温水浴振荡器中以 120r/min 振荡 65min 后，静置，过滤，离心分离（转速 6000r/min）10min，取上层清液测定溶液中剩余 Ni（Ⅱ）的离子浓度；下层固体样品用去离子水清洗至中性，120℃烘干，研磨，过 200 目筛。

　　称取上述 0.1000g 吸附 Ni（Ⅱ）饱和的 XSBL-AC，加入到 0.40mol/L 的 HCl 溶液中，在 40℃时超声波振荡 60min 后，静置，过滤，离心分离解吸液（转速 6000r/min），取离心后上层清液测定解吸后溶液中 Ni（Ⅱ）的离子浓度；下层固体样品用去离子水清洗至中性，120℃烘干，研磨，过 200 目筛，以备循环试验使用。重复上述吸附和解吸试验操作 5 次，测定每次吸附和解吸平衡后溶液中 Ni（Ⅱ）的离子浓度，使用式（6-31）和式（6-32）计算XSBL-AC 的吸附量和解吸量。

6.7.9　傅里叶变换红外光谱分析

　　将吸附 Ni（Ⅱ）前后的 XSBL-AC 烘干，研磨，过 200 目筛，样品采用 KBr 压片法制片，进行傅里叶红外光谱分析。

6.7.10　扫描电镜和X射线能谱分析

　　对吸附 Ni（Ⅱ）前后的 XSBL-AC 进行电镜扫描和能谱分析，观察吸附前后活性炭的表观形貌和能谱变化。

6.7.11　试验结果与分析

1. Ni（Ⅱ）初始浓度对 XSBL-AC 吸附量的影响

　　图 6-82 给出了不同 Ni（Ⅱ）初始浓度与 XSBL-AC 吸附量的关系曲线。吸附试验条件为：XSBL-AC 用量 0.1000g，溶液 pH 为 4.10，吸附温度 45℃，吸附时间 65min。结果表明：当 Ni（Ⅱ）初始浓度为 9.54～12.27mmol/L 时，随着 Ni（Ⅱ）初始浓度的增加，吸附量从 75.23mg/g 快速增加到 187.96mg/g；当 Ni（Ⅱ）初始浓度为 12.27～13.63mmol/L 时，随着 Ni（Ⅱ）初始浓度的增加，吸附量保持稳定。这是因为，吸附剂 XSBL-AC 的投入量是一定的，活性炭表面吸附位点的数目也是固定的，在吸附初始阶段，Ni（Ⅱ）的浓度较小，活性炭表面活性吸附位点可以充分与 Ni（Ⅱ）发生吸附作用，吸附量呈现出快速增加的趋势，当 Ni（Ⅱ）初始浓度为 12.27mmol/L 时，吸附达到平衡，此时的饱和吸附容量为 187.96mg/g；继续增加 Ni（Ⅱ）的初始浓度，因 XSBL-AC 表面的活性吸附位点是固定的，对 Ni（Ⅱ）吸附的量也是固定的，吸附量保持稳定的状态。因此，吸附试验选择 Ni（Ⅱ）初始浓度以 12.27mmol/L 为宜。

2. 溶液 pH 对 XSBL-AC 吸附量的影响

　　pH 对吸附剂与金属离子之间的亲和力有着非常重要的影响。图 6-83 为不同溶液 pH 对XSBL-AC 吸附量的影响。吸附试验条件为：XSBL-AC 用量 0.1000g，Ni（Ⅱ）初始浓度为12.27mmol/L，吸附温度 45℃，吸附时间 65min。由图 6-83 可知，当溶液 pH 为 2.50～4.10时，随着 pH 的增加，吸附量从 40.85mg/g 逐渐增加到 184.42mg/g；当 pH 大于 4.10 时，吸附量下降。这可能是因为随着溶液 pH 的逐渐升高，与 XSBL-AC 表面官能团结合的 H^+ 会发生离解，使大量的活性吸附位点暴露在外面，Ni（Ⅱ）将占据这些活性吸附位点而被有效

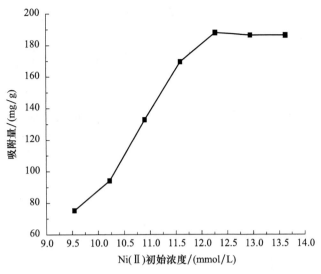

图 6-82　Ni（Ⅱ）初始浓度对 XSBL-AC 吸附量的影响

吸附，吸附量逐渐增大，pH 是 4.10 时，吸附量达到最大值 184.42mg/g；当 pH 继续增大时，活性炭表面上活性吸附位点减少，吸附速率降低，吸附量下降。因此，吸附实验最佳 pH 为 4.10。

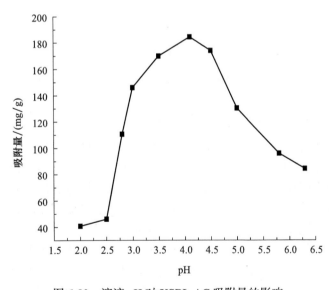

图 6-83　溶液 pH 对 XSBL-AC 吸附量的影响

3. 吸附温度对 XSBL-AC 吸附量的影响

吸附温度是影响吸附性能的重要因素，可以同时影响重金属离子的溶解性，溶液性质以及吸附剂活性吸附位点与重金属离子之间的物理键合力。图 6-84 为不同吸附温度对 XSBL-AC 吸附量的影响。吸附试验条件为：XSBL-AC 用量 0.1000g，Ni（Ⅱ）初始浓度为 12.27mmol/L，溶液 pH 为 4.10，吸附时间 65min。由图 6-84 可知，升温能明显加快吸附过程，当吸附温度为 25～45℃时，随着吸附温度的上升，吸附量从 78.91mg/g 快速增加到 186.17mg/g；当吸附温度为 45～70℃时，吸附量略显下降。这可能是由于在吸附的最初阶段，随着吸附温度的升高，促进了 Ni（Ⅱ）在溶液中的扩散，有利于吸附，同时，升温有助于减小溶液黏度，增强了 Ni（Ⅱ）从溶液主体扩散到 XSBL-AC 表面的传质推动力，吸附速率随温度的升高而增大，在吸附温度为 45℃时，饱和平衡吸附量达到最大值 186.17mg/g；若继续增加吸附温度，因吸附过程是放热的，升温使吸附向逆反应方向进行，会发生部分 Ni（Ⅱ）的解吸现象，表现为吸附量随吸附温度的继续升高而降低。因此，吸附温度选择 45℃为宜。

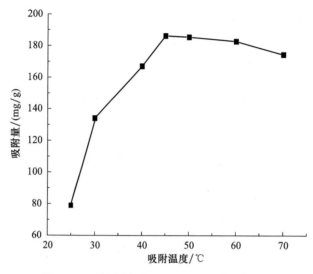

图 6-84　吸附温度对 XSBL-AC 吸附量的影响

4. 吸附时间对 XSBL-AC 吸附量的影响

吸附时间是影响吸附剂吸附能力的另一重要因素。图 6-85 为不同吸附时间对 XSBL-AC 吸附量的影响。吸附试验条件为：XSBL-AC 用量 0.1000g，Ni（Ⅱ）初始浓度为 12.27mmol/L，溶液 pH 为 4.10，吸附温度 45℃。由图 6-85 可知，吸附时间在最初 20～65min 内，XSBL-AC 对 Ni（Ⅱ）的吸附迅速增加，吸附量从 120.19mg/g 增加到 185.92mg/g；在吸附时间为 65～120min 时，吸附量几乎保持稳定状态。这是因为，在吸附初始阶段，体系主要存在 Ni（Ⅱ）的溶解和活性炭表面活性官能团的吸附过程，进入溶液中的大量 Ni（Ⅱ）与活性基团发生碰撞吸附，同时，活性炭表层内外会产生很大的 Ni（Ⅱ）浓度差，Ni（Ⅱ）会迅速进入活性炭的孔径中，此时 XSBL-AC 的吸附速率增加，吸附量很快上升，在吸附时间为 65min 时，吸附量达到最大值 185.92mg/g；之后随着吸附时间的延长，因吸附过程已经达到饱和平衡，吸附量保持稳定。因而，吸附时间选择 65min 为宜。

5. 吸附动力学

称取 XSBL-AC 0.1000g，调节溶液 pH 为 4.10，Ni（Ⅱ）初始浓度分别是 11.59mmol/L、12.27mmol/L、12.95mmol/L 时，于 45℃，120r/min 下恒温振荡吸附，定时取样测定其吸光度值，求出不同时间溶液中的 Ni（Ⅱ）浓度，计算吸附量，结果如图 6-86 所示。从图 6-86 中

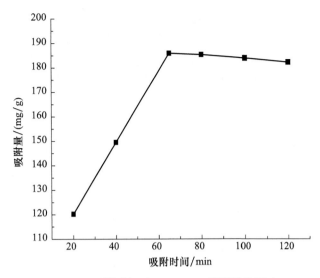

图 6-85　吸附时间对 XSBL-AC 吸附量的影响

可见，在吸附的初级阶段，吸附速率很大，吸附量显著上升，在吸附温度为 65min 时，吸附过程达到平衡状态。而且，随着吸附时间的延长，XSBL-AC 随 Ni（Ⅱ）的浓度增大，吸附量也呈现出增大趋势，在 12.27mmol/L 初始浓度时，吸附量达到最大值。可见，XSBL-AC 对 Ni（Ⅱ）有很强的吸附作用。

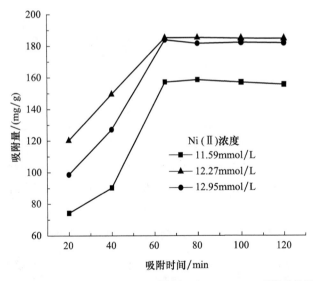

图 6-86　不同 Ni（Ⅱ）初始浓度下吸附时间对 XSBL-AC 吸附量的影响

　　为了研究吸附过程的动力学，实验分别采用常见的准一级吸附动力学模型、准二级吸附动力学模型、颗粒内扩散模型和 Elovich 模型对 XSBL-AC 吸附 Ni（Ⅱ）的吸附动力学数据进行拟合，得到的吸附动力学曲线见图 6-87，各吸附动力学参数见表 6-16。由表 6-16

可知，采用准二级动力学模型计算得到的理论最大饱和吸附量（179.47mg/g）与试验实测值（187.96mg/g）最为接近，且相关系数 R^2 最高（0.9886，$P<0.01$），并且准二级动力学模型计算出的 k_2 值较高，表明吸附反应的速率很快，说明准二级速率方程可以很好地描述 XSBL-AC 吸附 Ni（Ⅱ）的过程。由此可知，该吸附过程由化学吸附作用所控制的。

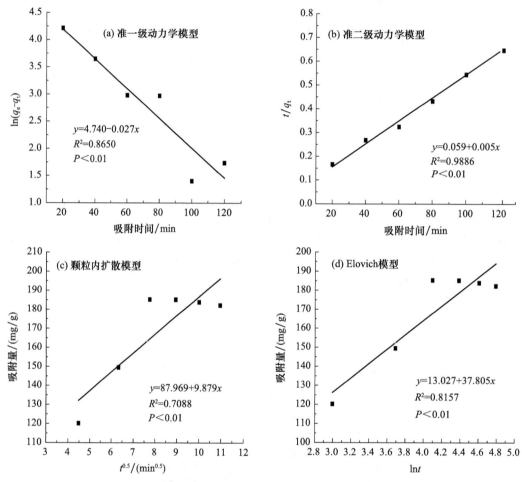

图 6-87　实验数据的准一级动力学模型（a）、准二级动力学模型方程（b）、颗粒内扩散模型（c）和 Elovich 模型（d）拟合曲线

表 6-16　XSBL-AC 对 Ni（Ⅱ）的吸附动力学参数

相关参数		准一级动力学模型		准二级动力学模型		颗粒内扩散模型		Elovich 模型
R^2		0.865 0		0.988 6		0.708 8		0.815 7
常数	k_1	0.024 6min^{-1}	k_2	1.2791×10^{-3}min^{-1}	k_i	1.816 1mg/(g min$^{0.5}$)	α	$1.928\,85 \times 10^5$ mg/(g·min)
	q_e	110.506 2mg/g	q_e	179.47mg/g			β	0.014 10g/mg

6. 吸附热力学

称取 XSBL-AC 0.1000g，在吸附温度分别为 40℃、45℃、50℃，pH 为 4.10，吸附时间 65min，不同 Ni（Ⅱ）初始浓度 9.54～13.63mmol/L 的条件下，Ni（Ⅱ）初始浓度同 XSBL-AC 吸附量之间的吸附等温曲线如图 6-88 所示。由图 6-88 可知，随着 Ni（Ⅱ）初始浓度的增加，XSBL-AC 对 Ni（Ⅱ）的吸附量一直在增加。当 Ni（Ⅱ）的初始浓度超过 12.27mmol/L 后，Ni（Ⅱ）的吸附量增加幅度非常小，对于一定量的吸附剂来说，吸附已经接近饱和，吸附量达到稳定状态。此外，从图 6-90 中也可以看出，随温度升高，XSBL-AC 对 Ni（Ⅱ）的吸附量也在增加，当吸附温度为 45℃时，吸附量达到最大值，为 187.96mg/g；之后继续升温则不利于吸附的进行，说明 XSBL-AC 对 Ni（Ⅱ）的吸附是放热反应。

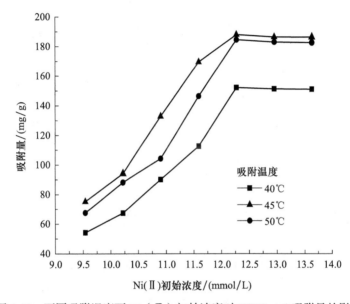

图 6-88　不同吸附温度下 Ni（Ⅱ）初始浓度对 XSBL-AC 吸附量的影响

分别采用 Langmuir 模型、Freundlich 模型、Temkin 模型和 Dubinin-Radushkevich (D-R) 模型研究等温吸附过程，将吸附平衡数据进行拟合，拟合结果见图 6-89，各相关等温吸附参数见表 6-17，可以看出，Ni（Ⅱ）在 XSBL-AC 上的吸附与 Langmuir 等温吸附方程的符合程度最好，相关参数 $R^2=0.9957$（$P<0.01$），由 Langmuir 方程计算出来的理论饱和吸附量是 195.84mg/g，与实验测得的最大吸附量 187.96mg/g 最为接近，说明吸附主要发生在 XSBL-AC 表面的活性吸附位点上，属于单层吸附且离子之间无相互作用。由 Freundlich 等温吸附方程计算得出的 $1/n=0.689$，表明了活性炭对 Ni（Ⅱ）的吸附较容易进行。D-R 方程的相关系数在 0.9000 以上，由于 XSBL-AC 具有一定的微孔结构，因此，以微孔吸附容积充填理论为基础建立的 D-R 方程也能描述活性炭对 Ni（Ⅱ）的吸附作用，由此可推断吸附 Ni（Ⅱ）过程中也存在一定的物理吸附作用。无穷小量分离因子 R_L 可用来评价吸附剂吸附性能的优劣，由 Langmuir 等温方程公式计算得到的吸附常数 $R_L=0.0743$，介于 0～1 之间，说明 XSBL-AC 易于吸附 Ni（Ⅱ）。因此，Langmuir 等温吸附方程更适合于描述 Ni（Ⅱ）在 XSBL-AC 上的吸附行为，说明该吸附行为以单层化学吸附为主。

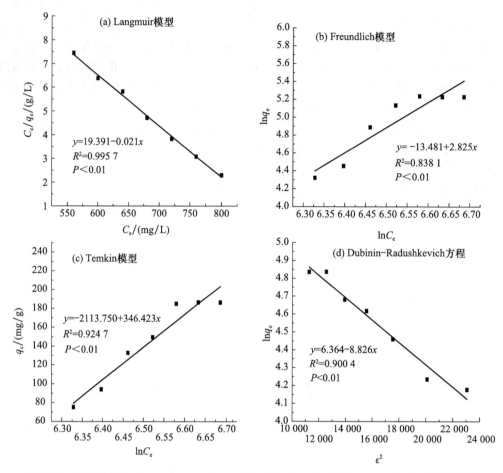

图 6-89　试验数据的 Langmuir (a)、Freundlich (b)、Temkin(c) 和 D-R 方程 (d) 的拟合曲线

表 6-17　XSBL-AC 对 Ni（Ⅱ）的等温吸附模型及相关系数

相关参数		Langmuir 模型		Freundlich 模型		Temkin 模型		Dubinin-Radushkevich 方程	
R^2		0.9957		0.8381		0.8247		0.9004	
常数	K_L	0.0173L/mg	K_f	89.23L/g	b_t	80.29J/mol	B	$9.863 \times 10^{-7} mol^2 J^2$	
	R_L	0.0743							
	q_{max}	195.84mg/g	$1/n$	0.689	a_t	$7.059 \times 10^9 L/g$	q_{max}	167.88g/mg	

　　热力学关系可通过温度对吸附平衡的影响，计算出吸附焓 ΔH_o 及不同温度下吉布斯自由能变 ΔG_o 和吸附熵 ΔS_o。XSBL-AC 吸附 Ni（Ⅱ）过程中的各热力学参数通过计算得出的吸附焓变 $\Delta H_o = +13.81kJ/mol > 0$，说明吸附过程在较低温度范围内，XSBL-AC 对 Ni（Ⅱ）的吸附量随温度的升高而增大，当温度超过 45℃时，吸附量呈现下降趋势，吸附 Ni（Ⅱ）的整个过程是放热反应；吉布斯自由能变 $\Delta G_o = -3.554kJ/mol < 0$，说明 Ni（Ⅱ）倾向于从溶液到活性炭表面的吸附，即 XSBL-AC 对 Ni（Ⅱ）的吸附过程是一个自发的过程；$\Delta S_o = +40.99J/(mol \cdot k) > 0$，说明吸附 Ni（Ⅱ）的过程是在 XSBL-AC 固液界面上的无序性增加的过程。

7. 不同解吸剂对 XSBL-AC 解吸量的影响

图 6-90 为不同解吸剂对 XSBL-AC 解吸量的影响。解吸试验条件为：吸附 Ni（Ⅱ）饱和的 XSBL-AC 0.1000g，不同解吸剂浓度 0.40mol/L，解吸温度 40℃，超声波（100W，40kHz）解吸时间 60min。结果表明：NaOH 作为解吸剂时，因 NaOH 在溶液中会离解出 HO$^-$，且碱性解吸剂更适合于解吸以阴离子为主要存在形式的重金属阳离子，因而解吸量较低。当使用 EDTA 时，络合剂 EDTA 可以与被吸附的 Ni（Ⅱ）发生螯合作用，从而将 Ni（Ⅱ）解吸下来，但由于络合剂 EDTA 在进行解吸实验时受溶液酸性的影响较大，解吸量为 87.65mg/g。解吸剂为 HCl、HNO$_3$ 和 CH$_3$COOH 时，因 Ni（Ⅱ）是具有空轨道的过渡金属离子，因而可以与 CH$_3$COO$^-$ 形成配合物，使 Ni（Ⅱ）发生解吸，另外，乙酸是弱酸，溶液中也会离解出部分 H$^+$，与 Ni（Ⅱ）发生竞争吸附，促进解吸作用，解吸量 99.02mg/g 高于仅靠络合作用解吸的 EDTA；由于 HCl 和 HNO$_3$ 为无机酸性解吸剂，在溶液中会发生离解而产生大量的 H$^+$，与已吸附在 XSBL-AC 上的 Ni（Ⅱ）发生吸附竞争，因而促使 Ni（Ⅱ）被解吸进入溶液中，但镍的价态有 +2 价和 +3 价，实验中使用的是 Ni（Ⅱ），以防止被 HNO$_3$ 氧化，因此，解吸试验中选择 HCl 作为解吸剂，解吸量可达到 120.89mg/g。

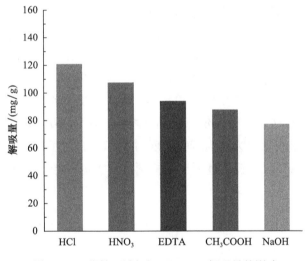

图 6-90　不同解吸剂对 XSBL-AC 解吸量的影响

8. HCl 浓度对 XSBL-AC 解吸量的影响

图 6-91 为不同 HCl 浓度对 XSBL-AC 解吸量的影响。解吸试验条件为：吸附 Ni（Ⅱ）饱和的 XSBL-AC 0.1000g，解吸温度 40℃，超声波（100W，40kHz）解吸时间 60min。由图 6-93 可知，当 HCl 溶液浓度为 0.10～0.40mol/L 时，随着 HCl 溶液浓度的增加，XSBL-AC 的解吸量由 70.85mg/g 逐渐增加到 114.22mg/g；之后随着 HCl 浓度的增加，吸附量略微下降。这是由于当 HCl 溶液浓度增加时，溶液中大量的 H$^+$ 与 Ni（Ⅱ）竞争 XSBL-AC 上的活性吸附位点，削弱了 Ni（Ⅱ）与活性炭之间的物理键合力，有利于解吸，当 HCl 溶液浓度为 0.40mol/L 时，解吸量达到最大值 109.65mg/g；若继续增大解吸剂 HCl 的浓度，溶液中存在的大量 H$^+$ 会与已解吸下来的 Ni（Ⅱ）产生静电斥力的作用，因而抑制解吸反应，解吸量呈现略下降的趋势。因此，选择 HCl 溶液浓度以 0.40mol/L 为宜。

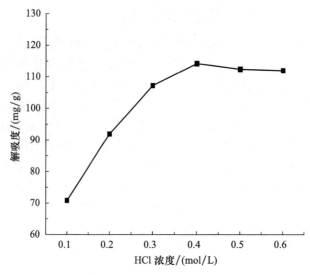

图 6-91　不同 HCl 浓度对 XSBL-AC 解吸量的影响

9. 解吸温度对 XSBL-AC 解吸量的影响

图 6-92 为不同解吸温度对 XSBL-AC 解吸量的影响。解吸试验条件为：吸附 Ni（Ⅱ）饱和的 XSBL-AC 0.1000g，HCl 溶液浓度为 0.40mol/L，超声波（100W，40kHz）解吸时间 60min。由图 6-92 可知，当解吸温度为 25～40℃时，随解吸温度的升高，解吸量由 94.02mg/g 增加到 120.89mg/g；当解吸温度为 40～60℃时，解吸量呈下降趋势。这是因为随着解吸温度的升高，XSBL-AC 表面活性吸附位点的活性增强，H^+ 与 Ni（Ⅱ）竞争吸附增强，有利于 Ni（Ⅱ）的解吸，解吸量增大，当解吸温度为 40℃时，由于吸附是放热过程，升温时活性吸附位点的活性减弱，从而解吸过程也被抑制，解吸量下降。因此，解吸温度选择 40℃为宜。

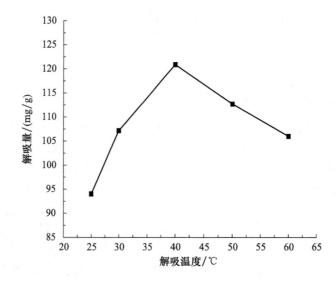

图 6-92　不同解吸温度对 XSBL-AC 解吸量的影响

10. 超声波解吸时间对 XSBL-AC 解吸量的影响

图 6-93 为不同超声波解吸时间对 XSBL-AC 解吸量的影响。解吸试验条件为：吸附 Ni（Ⅱ）饱和的 XSBL-AC 0.1000g，HCl 溶液浓度为 0.40mol/L，解吸温度 40℃，超声波功率 100W，超声频率 40kHz。从图 6-93 可知，当超声波解吸时间为 30～60min 时，随着解吸时间的延长，解吸量从 82.67mg/g 增加到 111.89mg/g；当超声波解吸时间大于 60min 时，解吸量保持恒定。这可能是因为，在解吸过程中加入超声波，可以使溶液出现湍流的力学特征而减小了扩散阻力，同时，超声空化作用产生的空化泡在活性炭表面和孔内部发生不对称崩溃，产生局部高温高压的非热效应，减弱了 Ni（Ⅱ）与 XSBL-AC 之间的物理和化学结合，从而改善了 Ni（Ⅱ）的解吸动力学行为，在 60min 时，解吸量达到了最大值 111.89mg/g；之后随解吸时间的延长，解吸量无明显变化。因此，解吸实验中选择 60min 为最佳解吸时间。

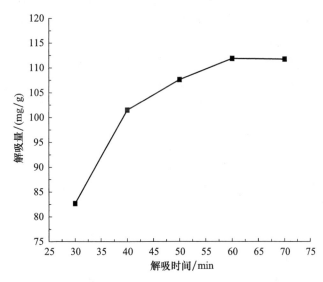

图 6-93　不同解吸时间对 XSBL-AC 解吸量的影响

11. 循环试验

在实际应用中，吸附后的吸附剂是否可经解吸再生而得以重复使用，这是其经济上具有吸引力的关键所在。表 6-18 是 XSBL-AC 对 Ni（Ⅱ）的循环吸附量 / 解吸量。由表 6-18 可以看出，经过循环吸附 - 解吸试验 4 次后，XSBL-AC 对 Ni（Ⅱ）的吸附量和解吸量仍然保持较高值，分别是 152.87mg/g 和 91.27mg/g，表明 XSBL-AC 具有很好的再生重复使用潜力。

表 6-18　XSBL-AC 对 Ni（Ⅱ）的循环吸附量 / 解吸量

循环使用次数	1	2	3	4	5
吸附量 /(mg/g)	187.96	179.64	160.30	152.87	85.36
解吸量 /(mg/g)	120.89	112.40	101.52	91.27	49.88

12. 傅里叶变换红外光谱分析

图 6-94 为 XSBL-AC 吸附 Ni（Ⅱ）前后的傅里叶变换红外光谱图。由图 6-94 可知，在 XSBL-AC 的红外光谱中，3600～3300cm⁻¹ 范围可见明显宽阔而强烈的吸收峰，归属为自由或缔合—OH 的伸缩振动，表明 XSBL-AC 具有大量的—COOH、—OH 和—C＝O 等含氧的活性官能团，这为 XSBL-AC 表面发生离子交换吸附提供了基础。2918cm⁻¹ 和 2763cm⁻¹ 附近的峰是与芳环相连的饱和 C—H 键和—CHO 的伸缩振动吸收峰；2360cm⁻¹ 处的峰是活性炭中碳碳三键和累积双键（C＝C、C≡C 等）的伸缩振动吸收峰；1738cm⁻¹ 附近的吸收峰是羧酸中羧基 C＝O 伸缩振动吸收峰和—COO—不对称伸缩振动特征峰；以及 1624cm⁻¹ 处的吸收峰是羧基、酯基和醛基上 C＝O 键的不对称伸缩振动吸收峰、O—H 面内弯曲振动吸收峰，以及 C＝C 伸缩振动吸收峰；1249cm⁻¹ 是羧酸和酚中 C＝O 键的变形振动和—OH 键的伸缩振动吸收峰；1058cm⁻¹ 是醇、酚及醚类中 C—O 键的伸缩振动吸收峰；947cm⁻¹ 处是由磷酸活化残留的 P＝O 的特征吸收峰；以及 670～800cm⁻¹ 的吡啶、呋喃等杂环化合物的振动峰也十分明显，表明 XSBL-AC 具有高度芳香化和杂环化的结构，为活性炭发生阳离子吸附作用提供了基础。对比 XSBL-AC 吸附 Ni（Ⅱ）后的 FTIR 谱图的变化，可以得出，XSBL-AC 中各种含氧活性官能团特征吸收峰发生明显变化，主要是吸收峰向低波数方向发生漂移，峰强度降低，振幅下降，波峰变窄，其中 3440cm⁻¹、2360cm⁻¹、1624cm⁻¹、1249cm⁻¹、1058cm⁻¹ 等处的吸收峰明显减弱，并发生迁移，说明由于吸附后—OH 被 Ni（Ⅱ）占据、分子内氢键作用力减小，—COOH、—C＝O、—P＝O 等活性基团与 Ni（Ⅱ）发生化学配位络合作用，可见离子交换作用在 XSBL-AC 的 Ni（Ⅱ）吸附中占有重要地位。在吸附前 1206cm⁻¹ 处的吸收峰和 800～670cm⁻¹ 区域的许多小而密集的峰消失，说明原有的 π-π 共轭芳香结构与 Ni（Ⅱ）形成稳定结构，可以断定阳离子交换吸附作用也存在于 XSBL-AC 吸附 Ni（Ⅱ）的过程中。

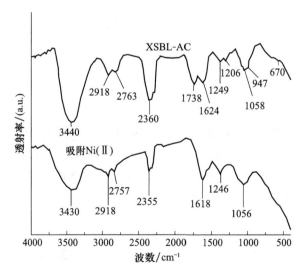

图 6-94　XSBL-AC 吸附 Ni（Ⅱ）前后的 FTIR 图谱

13. 扫描电镜分析

图 6-95 为 XSBL-AC 吸附 Ni（Ⅱ）前后的 SEM 形貌图。从图 6-95 中可以看出，XSBL-

AC[图6-95（a）]的表观形态比较粗糙，呈现凹凸不平、蜂窝状结构，表面存在明显的褶皱和大小不一的孔隙分布，色泽也较暗淡。其中，大量的微孔对活性炭的吸附表现为输送通道和毛细管凝结作用，以此提高活性炭的吸附能力，同时，松散的组织提供了活性炭较大的比表面积，增强了对Ni（Ⅱ）的吸附能力；由吸附Ni（Ⅱ）后的SEM图片[图6-95（b）]可知，活性炭表面相对平滑，部分的孔隙以及裂纹被填充，表面色泽也变得较为明亮，说明溶液中的Ni（Ⅱ）与XSBL-AC表面的阳离子以及活性吸附位点发生了阳离子交换反应和配位络合作用，使大量的Ni（Ⅱ）离子聚集在表面，因而比吸附之前更为明亮和清晰。

图6-95　XSBL-AC吸附Ni（Ⅱ）前后的SEM图谱

14. X射线能谱分析

图6-96为XSBL-AC吸附Ni（Ⅱ）前后的能量分析EDX图谱。由图6-96可知，XSBL-AC[图6-96（a）]中含有C（79.19%）、O（12.04%）、N（6.18%）、Cl（0.45%）、Na（0.60%）、K（0.83%）、Al（0.71%）等峰，峰值较强，镍峰未被检出；吸附Ni（Ⅱ）之后的XSBL-AC[图6-96（b）]中，各元素含量分别为C（78.05%）、O（9.97%）、N（6.14%）、Ni（5.09%）、Cl（0.31%）、Na（0.07%）、K（0.18%）、Al（0.19%），且在吸附Ni（Ⅱ）后，出现了镍峰。从各元素的含量上来看，Na、K、Al等的含量均降低，表明在吸附过程中有离子交换吸附存在；C、O、N等的含量均有变化，可推测在吸附Ni（Ⅱ）的过程中存在有化学键合、配位络合、静电引力作用等，致使XSBL-AC对Ni（Ⅱ）有较强的吸附作用。

6.7.12　小结

本节研究了XSBL-AC对Ni（Ⅱ）的吸附和解吸循环性能。XSBL-AC对Ni（Ⅱ）最佳的吸附实验条件是：吸附剂用量0.1000g，Ni（Ⅱ）初始浓度为12.27mmol/L，pH为4.10，吸附温度为45℃，吸附时间65min，吸附Ni（Ⅱ）达到最大饱和吸附量187.96mg/g。吸附动力学和吸附等温线分别符合准二级动力学模型（相关系数R^2=0.9886，$P<0.01$）和Langmuir等温线（相关系数R^2=0.9957，$P<0.01$），由计算得出ΔG_o（−3.554kJ/mol<0）、ΔS_o（+40.99J/(mol·K)>0）和ΔH_o（+13.81kJ/mol>0），在实验范围内，XSBL-AC吸附Ni（Ⅱ）的试验是一个自发进行的放热反应。解吸试验结果表明，HCl作为最佳解吸剂，选取

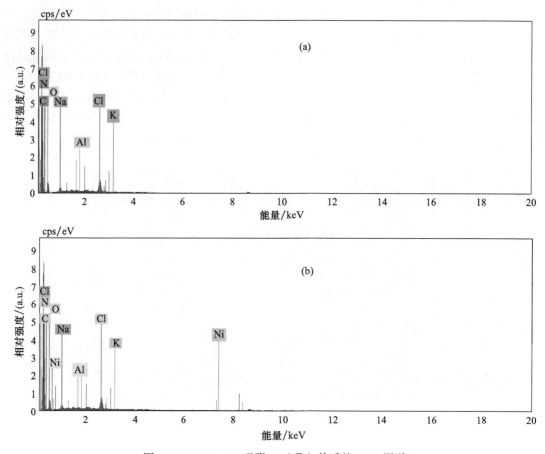

图 6-96　XSBL-AC 吸附 Ni（Ⅱ）前后的 EDX 图谱

吸附 Ni（Ⅱ）饱和的 XSBL-AC 0.1000g，HCl 的浓度为 0.40mol/L，解吸温度 40℃，超声波（100W，40kHz）解吸时间 60min，最大解吸量为 120.89mg/g。吸附 / 解吸循环再生实验表明，连续进行 4 次吸附 / 解吸循环试验后，XSBL-AC 对 Ni（Ⅱ）仍具有较高的吸附量（152.87mg/g）和解吸量（91.27mg/g）。对比分析 XSBL-AC 吸附 Ni（Ⅱ）前后的 FTIR、SEM 和 EDX 谱图可知，XSBL-AC 较大的比表面积和表面丰富的活性功能基团是提供吸附的主要动力，其对 Ni（Ⅱ）的吸附过程是以化学吸附占主导作用的单分子层吸附。因此，XSBL-AC 与 Ni（Ⅱ）具有很好的亲和力，为 XSBL-AC 在工业废水处理应用中的设计和最佳工艺条件提供了一定的理论参考。

6.8　XSBL-AC 对 3 种铁系元素吸附和解吸结果对照

铁系元素包括铁、钴、镍 3 种元素，位于元素周期表中第四周期第一过渡系列的ⅧB族，价电子层结构分别是 $3d^6 4s^2$、$3d^7 4s^2$ 和 $3d^8 4s^2$，其中铁的常见氧化态为 +3 价，Fe（Ⅲ）易与配体形成 6 配位高自旋的八面体型配合物，杂化轨道类型为 $d^2 sp^3$；钴和镍的常见氧化态为 +2 价，Co（Ⅱ）和 Ni（Ⅱ）在水溶液中主要以 4 配位形成空间构型为 sp^3 轨道杂化的四面体和 dsp^2 轨道杂化的平面正方形配合物，也易与多价配体形成稳定的螯合物。本节以文冠果子壳活性炭（XSBL-AC）作为吸附剂，对铁系元素中 3 种重金属离子 Fe（Ⅲ）、Co（Ⅱ）和 Ni（Ⅱ）的模拟废水溶液进行了吸附和解吸循环性能的研究，主要研究结果如下。

（1）分别使用 0.1000g 吸附剂 XSBL-AC，对含有 Fe（Ⅲ）、Co（Ⅱ）、Ni（Ⅱ）离子的水溶液进行吸附试验。吸附试验结果表明，溶液 pH 对 XSBL-AC 吸附 Fe（Ⅲ）的影响较大，Fe（Ⅲ）最佳吸附 pH 最低，为 2.80，是因为 pH 很小时，溶液中 Fe（Ⅲ）的主要存在形式为 $[Fe(H_2O)_6]^{3+}$，随着 pH 的增大，Fe（Ⅲ）的水解程度增加，当 pH 为 3.0 左右时，Fe（Ⅲ）的聚合倾向增大，易形成聚合度大于 2 的多聚体而发生沉淀，干扰 XSBL-AC 的吸附效率；Co（Ⅱ）和 Ni（Ⅱ）的最宜吸附 pH 分别为 5.80 和 4.10。Fe（Ⅲ）、Co（Ⅱ）、Ni（Ⅱ）的最佳金属离子浓度范围是 11.46～12.90mmol/L，最佳吸附温度为 45～50℃，最佳吸附时间为 60～65min，XSBL-AC 对 Fe（Ⅲ）、Co（Ⅱ）和 Ni（Ⅱ）的最大吸附量分别为 241.30mg/g、126.05mg/g 和 187.96mg/g。

（2）XSBL-AC 对 Fe（Ⅲ）、Co（Ⅱ）、Ni（Ⅱ）的吸附动力学模型均符合准二级动力学模型；吸附等温线符合 Langmuir 等温吸附模型；吸附实验热力学数据结果表明，在吸附实验范围内，XSBL-AC 对 3 种铁系重金属离子的吸附是一个自发进行的放热反应过程，吸附平衡属于单分子层的化学吸附。

（3）吸附饱和的 XSBL-AC 可以使用无机酸溶液进行超声波解吸再循环。解吸循环实验结果显示，XSBL-AC-loaded-Co（Ⅱ）和 XSBL-AC-loaded-Ni（Ⅱ）可使用 0.35mol/L 和 0.40mol/L HCl 溶液进行解吸实验，超声波（100W，40kHz）解吸温度均为 40℃，解吸时间为 70min 和 60min，最大解吸量分别达到 110.25mg/g 和 120.89mg/g；XSBL-AC-loaded-Fe（Ⅲ）用 0.40mol/L HNO$_3$ 进行解吸实验，超声波（100W，40kHz）解吸温度 40℃，解吸时间为 40min，最大解吸量 167.20mg/g。循环实验结果表明，3 种吸附重金属离子饱和的 XSBL-AC 在循环使用 4 次后，仍具有较好的吸附效率。

（4）采用红外光谱（FTIR）、扫描电镜（SEM）和 X 射线能谱分析（EDX）对吸附铁系重金属离子前后的 XSBL-AC 进行表征并探讨吸附机理，结果表明，吸附过程中存在活性炭 XSBL-AC 多孔结构的物理吸附作用和 XSBL-AC 表面上含有的 O、N 等多种活性官能团与 Fe（Ⅲ）、Co（Ⅱ）、Ni（Ⅱ）之间的化学吸附作用。

第7章　固体碱催化剂KOH/XSBHAC的制备及催化合成生物柴油的研究

生物柴油主要是采用均相催化剂，通过酯交换法合成。氢氧化钠和氢氧化钾是比较常用的均相催化剂，主要是因其合成方法简单，酯化率较高，但是均相催化剂存在以下缺陷：不易回收、大量的废液不易处理、腐蚀设备等。近年来，关于固体碱催化剂的研究越来越多，使用固体碱催化剂既能保证令人满意的生物柴油酯化率，又具有以下优点：工艺简单、催化剂可以回收利用、同液相反应体系易分离、无污染、不会腐蚀设备等。

在有机合成反应中，负载型催化剂越来越多地引起人们的关注。常见的载体有分子筛、氧化镁、活性炭、氧化钛、二氧化硅、氧化铝等。马鸿宾[170]以 Al$_2$O$_3$ 为载体制备出了 K/KOH/Al$_2$O$_3$ 催化剂，在合成生物柴油过程中酯化率在80%以上；关燕萍[171]分别以 MgO-Fe$_3$O$_4$、CaO-Fe$_3$O$_4$、SrO-Fe$_3$O$_4$ 为载体负载了 KF 为活性中心合成了生物柴油；Kim 等[172]以 Na-NaOH/γ-Al$_2$O$_3$ 固体碱催化剂制备的生物柴油的最大收率将近94%；万涛[173]以 MgO 和 La$_2$O$_3$ 为载体负载 KF，用菜籽油合成生物柴油，收率可达90%以上；梁学正[174]分别用 Al$_2$O$_3$ 和 MgO 负载了 K$_2$CO$_3$，对生物柴油的合成有很高的活性。在以上研究的基础上，本节用自制的文冠果子壳活性炭（*Xanthoceras sorbiflia* Bunge Hull Activated Carbon—XSBHAC）为载体负载 KOH 作为固体碱催化剂催化文冠果种仁油酯交换反应合成生物柴油，探讨了固体碱 KOH/XSBHAC 催化剂的制备条件对酯化率的影响，通过催化剂的表征，对催化剂的活性中心产生的过程和重复使用情况进行了研究。

7.1　材料和方法

7.1.1　试验材料

文冠果种仁油；文冠果子壳活性炭；氢氧化钾、甲醇（天津市红岩化学试剂厂），均为分析纯；软脂酸甲酯（棕榈酸甲酯或十六酸甲酯）、硬脂酸甲酯、油酸甲酯、亚麻酸甲酯、亚油酸甲酯和芥酸甲酯（北京市百灵威公司），均为色谱纯。

7.1.2　试验设备

FSX2-12-15N 箱式电阻炉：天津华北实验仪器有限公司；BZN-1.5 变压吸附制氮机：杭州博达华工科技发展有限公司；Tensor27 型红外光谱分析仪：德国 Bruker；6000X 型 XRD 射线衍射仪：德国 Bruker（图 7-1）；GC-112A 型气相色谱仪，FID 检测器，JW-DBwax 毛细管色谱柱（30m×0.25mm×0.25m）：日本岛津；S-3400N 扫描电镜：日本日立公司；KS-300EI 超声波清洗机：宁波海曙科生超声设备有限公司；S212B-1-5 L 恒温真空搅拌反应装置：上海雅荣生化设备仪器有限公司。

7.1.3　试验方法

1. 文冠果子壳活性炭载体的预处理

文冠果子壳活性炭，是一种具有多孔结构、较大比表面积和高吸附能力的多功能吸附材料。活性炭比较容易吸附空气中的水分和部分气体等杂质，因此在使用之前要对其进行预处理。首先，将活性炭放入超声波清洗仪（KS-300EI）中，在频率为45kHz条件下，用蒸馏水清洗60min，取出放于箱式电阻炉（FSX2-12-15N）中进行高温处理。煅烧温度600℃，处理时间为5h。在600℃下处理之后，活性炭吸附的小分子物质能被脱除，氢氧化钾可以在载体上得到很好的分散，由于活性炭具有更大的比表面积，使得氢氧化钾在载体上能够更好地分散。

图 7-1　XRD 射线衍射仪

2. KOH/XSBHAC 催化剂的制备方法

将一定浓度的 KOH 溶液，加入到 10g 文冠果子壳活性炭中连续搅拌 60min，于鼓风干燥箱内去除水分，温度为110℃，干燥后得到负载量为 10%~30% 的 KOH/ XSBHAC 催化剂。称取一定质量的该催化剂加入箱式电阻炉中，通入氮气，在 500~1000℃高温煅烧 2h，待降至室温，放入自封袋内保存，得到黑色固体碱 KOH/XSBAC 催化剂。

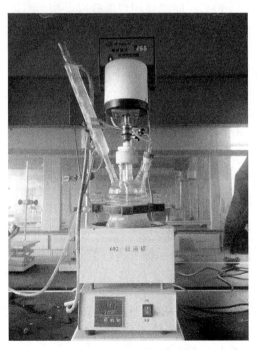

图 7-2　生物柴油制备装置

3. KOH/XSBHAC 催化剂的表征

为分析催化剂的基本结构组成、活性中心的形成及分布情况，本节对该催化剂进行了扫描电镜（SEM）、X 射线粉末衍射仪（XRD）和红外光谱分析（IR）的表征。

4. 酯交换反应条件优化

改变某一因素，固定其他因素值考察该因素对酯交换反应的影响，考察的因素有催化剂用量、醇油摩尔比、反应温度。具体的方法为：向 500mL 三口烧瓶中放入 50mL 精制的文冠果种仁油，置于可调节温度的恒温水浴锅中，见图 7-2，加热到一定温度后，加入一定质量的固体碱 KOH/XSBHAC 催化剂和甲醇开始反应，反应到一定时间终止反应，通过水洗分层得到生物柴油和甘油，干燥固体碱 KOH/XSBHAC 催化剂考察其稳定性。

5. 酯化率的测定[175]

文冠果种仁油酯化率的计算公式如下：

$$\omega = \frac{w}{V \times \rho} \qquad (7\text{-}1)$$

式中，ω 为文冠果种仁油酯化率（%）；ρ 为文冠果种仁油密度（0.8486g/cm^3）；V 为文冠果种仁油加入体积（mL）；w 为生物柴油质量（g）。

6. 生物柴油特征、成分和性能分析

1）IR 分析

本试验用 Tensor27 型德国 Bruker 红外光谱分析仪，采用溴化钾压片法对生物柴油试样进行测定，分析波长在 400～4000cm^{-1} 的吸收峰归属。

2）气相色谱分析

（1）待测样品的制备：取 lmL 的生物柴油样品于 50mL 的容量瓶中，用正己烷定容，再用吸量管吸取 0.25mL 的上述生物柴油样品于 1mL 的容量瓶中，加入 0.25mL 浓度为 12mg/mL 的硬脂酸甲酯，用正己烷定容后，即可进样分析。

（2）脂肪酸甲酯的定性与定量：定性分析是称一定量的软脂酸甲酯（棕榈酸甲酯或十六酸甲酯）、油酸甲酯、亚麻酸甲酯、亚油酸甲酯和芥酸甲酯标准样品，按一定比例配成一定浓度的脂肪酸甲酯正己烷标准溶液，在与样品相同的色谱条件下进行色谱分析。通过与标准脂肪酸甲酯的保留时间进行比较，确定样品中各脂肪酸甲酯的组成。定量分析是采用内标法，内标物为硬脂酸甲酯。建立简化的内标法标准曲线，用标准曲线进行分析。得到标准工作曲线，将从曲线上查得的各脂肪酸甲酯浓度（mg/mL）之和乘以试样的稀释倍数再除以试样量的质量（g），得到待测试样中的脂肪酸甲酯含量（mg/mL）。

（3）色谱条件[176]：汽化室温度 250℃；检测温度 250℃；柱温采用程度升温：初始温度 170℃，保持 0.5min，以 5℃/min 的升温速率升到 220℃，保持时间 5min；载气：N$_2$，柱头压 60kPa；氢气：11.2mL/min；空气：320mL/min；进样量：1μL。

（4）标准系列溶液的配制：称一定量的软脂酸甲酯（棕榈酸甲酯或十六酸甲酯）、油酸甲酯、亚麻酸甲酯、亚油酸甲酯和芥酸甲酯标准样品，以正己烷为溶剂，配制成混合脂肪酸甲酯标准储备液。然后再稀释为 5 个不同浓度的混合脂肪酸甲酯标准溶液。在这个标准系列的混合溶液中，油酸甲酯、亚麻酸甲酯、亚油酸甲酯和芥酸甲酯的浓度依次为 2mg/mL、4mg/mL、6mg/mL、8mg/mL、10mg/mL，软脂酸甲酯的浓度依次为 1mg/mL、2mg/mL、3mg/mL、4mg/mL、5mg/mL。然后再分别取上述混合标准溶液 0.75mL 于 1mL 的容量瓶中，加入 0.25mL 浓度为 12mg/mL 的硬脂酸甲酯做内标。混合均匀后进行气相色谱分析。

3）生物柴油性能分析

根据柴油的基本理化性能，对生物柴油的色度、凝点、冷滤点、闪点、水分、机械杂质、运动黏度、十六烷指数、密度和酸度进行了测定，并与 0$^#$ 柴油标准进行了分析比较。

7. 动力学分析

将文冠果种仁油置于 100mL 三口烧瓶中，放入甲醇和 KOH/XSBHAC 固体催化剂，比例为 9：1，催化剂用量为油重的 2.5%，转速为 120r/min 的条件下，温度分别为 55℃、65℃和 75℃，测定非均相 KOH/XSBHAC 催化剂酯交换反应的活化能。

7.2　试验结果分析

7.2.1　固体碱KOH/XSBHAC催化剂制备试验研究

为将活性组分稳定均匀地分散在活性炭的骨架上，制备出稳定性高、活性高的负载型催化剂。本节考察了 KOH 的加入量、催化剂煅烧温度对文冠果种仁油酯化率的影响。

1. KOH 的加入量对酯化率的影响

在 KOH 负载量 10%～30%，KOH 的反应温度 500℃，反应时间 2h 的条件下测定 KOH 的加入量对文冠果种仁油酯化率的影响。

在制备 KOH/XSBHAC 催化剂的过程中，KOH 加入量对酯化率的影响见图 7-3。随着 KOH 加入量从 10% 增加到 25%，酯化率逐渐提高；当 KOH 加入量超过 25% 时，酯化率明显开始下降。这是因为当 KOH 加入量增至 25% 时，催化剂的活性不再发生变化，KOH 在活性炭上的负载已经达到饱和，如果再增加 KOH 的加入量，KOH 会在活性炭的表面堆积，反而起不到催化作用。因此 KOH 的加入量选择 25% 为最佳，酯化率能达到 82% 以上。

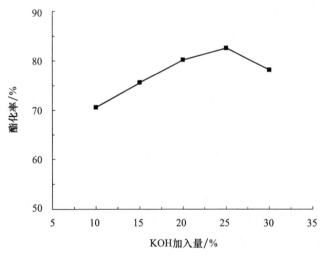

图 7-3　氢氧化钾加入量对酯化率的影响

2. 固体碱 KOH/XSBHAC 催化剂煅烧温度对酯化率的影响

在催化剂 KOH 的负载量为 25%，时间为 2h，温度为 300～900℃的条件下，对制备催化剂的温度对文冠果种仁油酯化率的影响进行了试验。

对于文冠果子壳活性炭，只能用作活性组分分散的载体，并不能提供催化活性位，因此，其催化活性主要来源于氢氧化钾。当负载氢氧化钾后，一方面由于温度的升高使得活性中心在活性炭上有了较好的分散，催化活性得到了提高；另一方面，随着温度继续升高，氢氧化钾与活性炭的相互作用进一步加强，使在催化剂制备过程中生产的少量碳酸钾被活性炭还原，因而能产生碱性更强的活性中心，这样使该催化剂的催化活性进一步增强。从图 7-4

可以看出高温煅烧对于催化剂的活性具有比较重要的影响。当 KOH 和活性炭的煅烧温度小于 400℃时，酯化率较低；随着 KOH 煅烧温度的升高，催化剂的活性也逐渐增强，主要是因为当反应温度达到 360℃，也就是达到了 KOH 的熔点，因而 KOH 能够充分地负载在活性炭的表面，煅烧温度越高越能够增大 KOH 的传质速率，从而实现在活性炭表面的均匀分布；当煅烧温度增高到 600℃时，酯化率出现显著提高，原因是生成的碳酸钾被活性炭还原的结果，产生了较强的活性中心 K_2O，其溶解在甲醇中会进攻甲醇分子中一个氢原子而形成亲核基团，即烷基负离子 CH_3O^-，促进酯化率的提高，如反应方程式（7-2）；当温度增高到 900℃时，K_2CO_3 开始逐渐分解[177]，温度越高，酯化率并没有明显增加，故选择 600℃作为煅烧温度。

$$K_2CO_3 + C \Longrightarrow K_2O + 2CO \qquad\qquad (7\text{-}2)$$

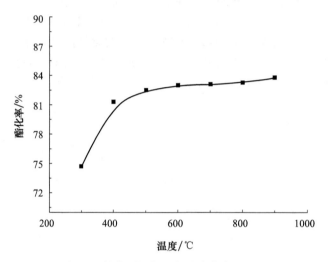

图 7-4　催化剂煅烧温度对酯化率的影响

最后，对 KOH/XSBHAC 催化剂的制备时间对酯化率的影响进行了测定，最佳的煅烧时间为 2h，延长煅烧时间，酯化率下降，主要是因为催化剂的活性中心被大量烧结破坏。

综上所述，制备固体碱 KOH/XSBHAC 催化剂的最佳条件为：KOH 加入量 25%，催化剂煅烧温度 600℃，煅烧时间为 2h。

7.2.2　固体碱KOH/XSBHAC催化剂的表征

对优化条件下制备的固体碱 KOH/XSBHAC 催化剂进行 SEM、XRD 和 IR 结构分析表征。

1. SEM 表征

文冠果子壳活性炭的表面有许多孔隙结构［图 7-5（a）］；煅烧后的 KOH/XSBHAC 催化剂表面变的致密。

2. XRD 表征

采用 XRD-6000 型 X 射线衍射分析仪对载体文冠果子壳活性炭和 KOH/XSBHAC 催化

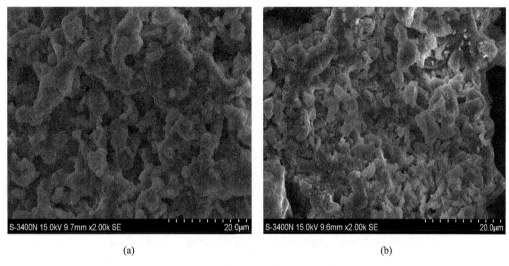

(a)　　　　　　　　　　　　　　　(b)

图 7-5　固体碱 KOH/XSBHAC 催化剂 SEM 照片

剂的晶体进行分析。图 7-6、图 7-7 分别是活性炭和催化剂（600℃）的 XRD 分析结果。两图都有文冠果子壳活性炭的特征峰（25.72° 和 43.64°）；煅烧后的 KOH/XSBHAC 催化剂在 12.84°、32.36° 和 39.80° 处有峰，说明煅烧后的载体上载有 KOH 晶体；催化剂在 30.76° 处的峰代表未高温分解的 KOH 吸附空气中 CO_2 形成的 K_2CO_3，几乎完全被还原；催化剂在 28.36° 和 29.72° 处的峰代表形成的氧化剂 K_2O 晶体 [178]。

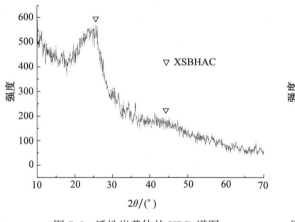

图 7-6　活性炭载体的 XRD 谱图

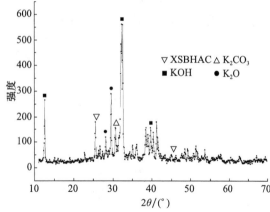

图 7-7　煅烧后的 KOH/XSBHAC 催化剂 XRD 谱图

3. IR 表征

采用 TENSOR27 型红外光谱 IR 对活性炭载体和 600℃煅烧后的 KOH/XSBHAC 催化剂进行表征，结果如图 7-8 所示。活性炭载体和 KOH/XSBHAC 催化剂在 3406cm^{-1} 和 1635cm^{-1} 处的吸收峰，归属为吸附空气中的水而形成的 OH$^-$ 伸缩振动吸收峰 [179]；3224cm^{-1} 处的吸收峰归属为 KOH 的羟基振动峰；活性炭载体在 881cm^{-1} 和 703cm^{-1} 处的吸收峰是空气中二氧化碳和水形成的 CO_3^{2-} 所致，此处的吸收峰不明显，KOH/XSBHAC 催化剂在 881cm^{-1} 和 703cm^{-1} 处的吸收峰是由 KOH 和 CO_2 形成的 K_2CO_3 中 CO_3^{2-} 的对称伸缩振动峰[180]，吸收峰比较明显；1058cm⁻¹处出现的吸收峰为K—O伸缩振动吸收峰。

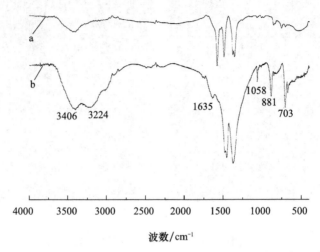

图7-8　活性炭载体和煅烧后的KOH/XSBHAC催化剂的红外光谱图

7.2.3　固体碱KOH/XSBHAC催化合成文冠果种仁油生物柴油条件优化

1. 温度对酯交换反应的影响

由于酯交换反应是吸热反应，升高温度有利于吸热反应的进行，而甲醇沸点为64.96℃，综合考虑选择温度分别为55℃、65℃和75℃，在催化剂用量为1.5%、醇油比9∶1时，研究酯化率随温度的变化情况，结果见图7-9。

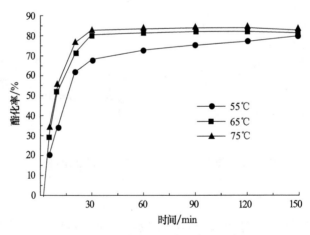

图7-9　反应温度对酯化率的影响

从图7-9可以看出，在55～75℃时，脂肪酸甲酯的产率随着温度的升高而升高，这是由于温度升高，能够增加分子的能量，反应物的活性增大，从而有利于反应物及催化剂之间的有效碰撞，反应速度加快。当反应温度升至75℃时，温度的影响不再明显。反应时间在

60min 时，各温度条件下的酯化率基本不发生变化，在反应时间为 150min 时，各温度条件下的酯化率相近，说明温度影响酯交换反应的速度，不影响反应转化程度。

2. 醇油比对酯交换反应的影响

在醇油比分别为 6∶1、9∶1 和 12∶1，催化剂用量为 1.5%，温度为 65℃条件下，考察了醇油比对酯化率的影响（图 7-10）。

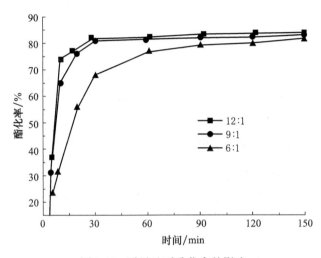

图 7-10　醇油比对酯化率的影响

在非均相催化酯交换反应中，由于形成了酯交换反应的活性物质 CH_3O^-，反应速率受到甲醇吸附速率的影响。醇油比越大，甲醇浓度越大，越有利于酯交换反应的进行。固体碱 KOH/XSBHAC 催化剂催化文冠果种仁油制备生物柴油过程中，甘油与 KOH/XSBHAC 催化剂形成黑色黏稠状物质，催化效率降低。根据化学平衡原理，增大醇油比，降低反应混合物的黏度，采用过量的甲醇可以推动反应朝正反应方向进行，增加催化剂的利用率；但是随着甲醇体积浓度继续增加，降低溶液中文冠果种仁油的浓度，对于反应所起的推动作用会越来越小。所以，选择醇油比 9∶1 为最佳，酯化率达到 83.8%。

3. KOH/XSBHAC 催化剂用量对酯交换反应的影响

在醇油比为 9∶1，反应温度为 65℃时，考察了催化剂用量分别为油重的 1.5%、2.5% 和 3.5% 条件下对酯化率的影响。

由图 7-11 可以看出，增加催化剂的用量，酯化率明显增大。当 KOH/XSBHAC 催化剂用量为油重的 2.5% 时，文冠果种仁油的酯化率最高达到 82.6%，继续增加催化剂的用量，酯化率没有发生明显变化，这是因为催化剂用量过大，会引起反应中副反应（皂化等）的发生；反之，当催化剂用量不足时，会使酯化率降低或者反应时间延长。

综上所述，以文冠果种仁油和甲醇为原料，在固体碱 KOH/XSBHAC 催化剂的作用下，对非均相酯交换反应的优化条件进行了测定。结果表明，醇油比 9∶1，催化剂用量 2.5%，反应温度 65℃，反应时间 60min 为酯交换反应的最佳反应条件。在该条件下，文冠果种仁油酯化率达 83.82%，与以均相 KOH 为催化剂酯化率在 90% 左右相比较酯化率较低[51, 181]。

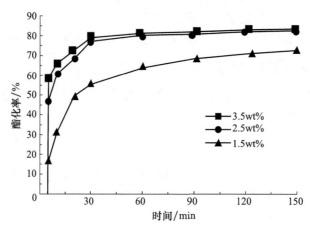

图 7-11　KOH/XSBHAC 催化剂用量对酯化率的影响

7.2.4　固体碱KOH/XSBHAC催化剂的稳定性

待 KOH/XSBHAC 催化剂催化文冠果种仁油制备生物柴油的反应结束后，通过抽滤将 KOH/XSBHAC 催化剂回收，在优化条件下考察了催化剂的稳定性。第一次酯化率为83.82%；经过在 600℃条件下煅烧 2h 之后，第二次的酯化率为 64.34%，未经过煅烧酯化率为 49.56%；在同样条件煅烧之后，第三次的酯化率为 60.68%，未经过煅烧酯化率为25.71%。

重复使用 KOH/XSBHAC 催化剂，文冠果种仁油的酯化率会出现明显下降。主要原因是催化剂的活性降低，活性炭与活性中心氢氧化钾之间的相互作用较小，活性中心也比较容易从载体活性炭中流失，从而会造成催化剂的催化活性不断降低。KOH 和 K_2O 活性组分流失，活性中心 KOH 和 K_2O 会和甲醇发生反应。由表 7-1 还可以看出，经过煅烧后的 KOH/XSBHAC 催化剂的酯化率高于未经煅烧过的酯化率，原因是经过酯交换反应之后的催化剂内部会被吸附的文冠果种仁油分子覆盖，占据催化活性中心，所以酯化率会降低，通过煅烧会去除催化剂内部的文冠果种仁油分子，使酯化率升高。应进一步改进 KOH/XSBHAC 催化剂的制备方法，采用超临界流体浸渍法来增强催化剂的稳定性。

表 7-1　KOH/XSBHAC 催化剂的稳定性

KOH/XSBHAC 催化剂	第一次酯化率 /%	第二次酯化率 /%	第三次酯化率 /%
煅烧之后	83.82	64.34	60.68
未经煅烧	—	49.56	25.71

7.2.5　文冠果种仁油生物柴油特征、成分和性能

1. IR 分析（图 7-12、表 7-2）

文冠果生物柴油红外光谱中 C—O—C 在 13 000～1000cm⁻¹ 区域内的不对称伸缩振动成为一个强而宽的峰称为酯带，它的强度几乎接近 C＝O 的吸收峰，并且在 1461.16cm⁻¹ 处的

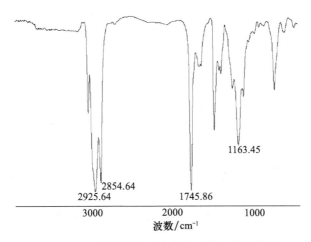

图 7-12　文冠果种仁油生物柴油的红外光谱图

吸收峰应属于甲氧基—OCH₃中的碳氢键不对称弯曲振动吸收，因此，可以确定此产物为脂肪酸甲酯。在 1745.86cm⁻¹ 处有明显的酯键的伸缩振动吸收峰，2925.64cm⁻¹ 和 2854.64cm⁻¹ 为 C—H 键的伸缩振动吸收峰，这些特征吸收峰表明文冠果种仁油生物柴油所含的主要官能团为多种脂肪酸甲酯的混合物。

表 7-2　文冠果种仁油生物柴油的 FTIR 吸收峰归属

波数 /cm⁻¹	吸收峰归属	存在基团
3007.72	C=C—H 基团中的碳氢键伸缩振动	—C=C—H
2925.64	—CH₂—伸缩振动	—C—（CH₂）—C—
2854.64	—CH₂—伸缩振动	—C—（CH₂）—C—
1745.86	—C=O 伸缩振动峰	酯基
1461.16	—OCH₃ 中的碳氢键不对称弯曲振动	—CH₃
1163.45	—CH₂—COOCH₃ 基团的对称伸缩振动	—CH₂—COOCH₃
1236.50	—CH₂—COOCH₃ 基团的非对称伸缩振动	—CH₂—COOCH₃

2. 气相色谱分析

混合脂肪酸甲酯标准溶液和加入内标物硬脂酸甲酯的文冠果种仁油生物柴油的测定色谱图分别见图 7-13 和图 7-14，图 7-13 和图 7-14 中色谱峰 1、2、3、4、5 和 6 分别为软脂酸甲酯（棕榈酸甲酯或十六酸甲酯）、硬脂酸甲酯、油酸甲酯、亚油酸甲酯、亚麻酸甲酯和芥酸甲酯。6 种脂肪酸甲酯分离明显，硬脂酸甲酯色谱峰与其他组分色谱峰位置较近，硬脂酸甲酯是较理想的内标物。图 7-15 为文冠果种仁油生物柴油气相色谱图，图 7-15 中色谱峰 1、2、3、4 和 5 分别为软脂酸甲酯、油酸甲酯、亚油酸甲酯、亚麻酸甲酯和芥酸甲酯。

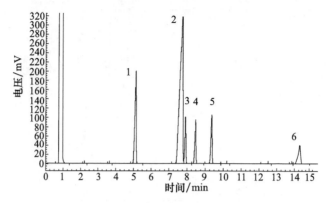

图 7-13　标准溶液的气相色谱图

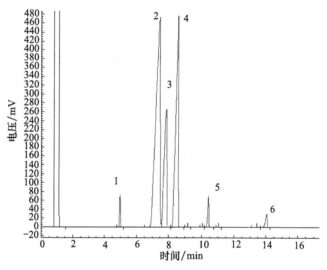

图 7-14　有内标物的文冠果种仁油生物柴油的气相色谱图

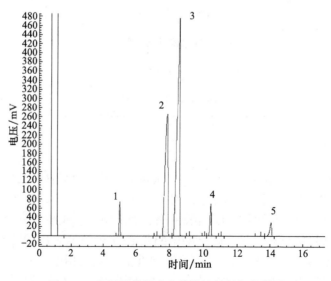

图 7-15　文冠果种仁油生物柴油的气相色谱图

将配制的系列标准溶液分别进行 3 次平行气相色谱分析，取平均值。得到了各脂肪酸甲酯与内标物的峰面积比（y）与浓度比（x）之间的标准工作曲线，结果见表 7-3，由表 7-3 可知在各自的测量浓度范围之内有显著的线性关系。

表 7-3 线性关系实验结果

标准样品	浓度范围 /(mg/mL)	线性回归方程	相关系数
软脂酸甲酯	0.75～3.75	$y = 1.8552x + 0.0298$	0.9941
油酸甲酯	1.5～7.5	$y = 0.9030x - 0.1959$	0.9905
亚油酸甲酯	1.5～7.5	$y = 0.8417x - 0.0689$	0.9963
亚麻酸甲酯	1.5～7.5	$y = 1.1285x - 0.1949$	0.9932
芥酸甲酯	1.5～7.5	$y = 0.2369x - 0.0026$	0.9985

表 7-3 结果表明各脂肪酸甲酯的浓度在 1.5～7.5mg/mL 的范围内具有良好的线性关系，软脂酸甲酯、油酸甲酯、亚油酸甲酯、亚麻酸甲酯、芥酸甲酯的线性相关系数（r）分别为 0.9941、0.9905、0.9963、0.9932、0.9985。

由表 7-4 可知，文冠果种仁油生物柴油主要由 5 种成分组成，分别为软脂酸甲酯（C17：0）12.34mg/mL、油酸甲酯（C19：1）158.68mg/mL、亚油酸甲酯（C19：2）455.41mg/mL、亚麻酸甲酯（C19：3）93.51mg/mL、芥酸甲酯（C23：1）88.93mg/mL，脂肪酸甲酯的含量占 95.93%。根据 Kevin[182] 的研究，石化柴油的替代物质应当有如下分子结构：拥有较长的碳链结构；含有一定量酯类、醚类、醇类化合物中的氧元素；分子结构尽可能没有或只有很少的碳支链；分子中不能含有芳香烃结构。由此，可得由文冠果种仁油制备的生物柴油可替代矿物柴油。

表 7-4 文冠果种仁油生物柴油的组分

峰号	组分	分子式	分子结构式	含量 /(mg/mL)
1	软脂酸甲酯	$C_{17}H_{34}O_2$	$H_3C(H_2C)_{14}C\overset{O}{-}OCH_3$	12.34
2	油酸甲酯	$C_{19}H_{36}O_2$	$CH_3(CH_2)_6CH=CH(H_2C)_8C\overset{O}{-}OCH_3$	158.68
3	亚油酸甲酯	$C_{19}H_{34}O_2$	$CH_3CH_2CH=CH(H_2C)_4CH=CH(CH_2)_7C\overset{O}{-}OCH_3$	455.41
4	亚麻酸甲酯	$C_{19}H_{32}O_2$	$CH_3(CH_2CH=CH)_3CH_2(H_2C)_6C\overset{O}{-}OCH_3$	93.51
5	芥酸甲酯	$C_{23}H_{44}O_2$	$CH_3(CH_2)_7CH=CH(H_2C)_{11}C\overset{O}{-}OCH_3$	88.93

3. 生物柴油的性能

由表 7-5 可以看出生物柴油闭口闪点均比 0# 柴油高出许多，这是由于生物柴油分子的碳链平均长度较矿物柴油分子长，因此生物柴油的闪点比矿物柴油高，这使得生物柴油不易发生火灾，与常用 0# 柴油相比，生物柴油在存储、运输及使用时有着良好的安全性，但是点火性能不好；生物柴油基本上符合 0# 柴油的凝点要求，这表明生物柴油有较好的低温性能，除北方地区冬季以外都能使用；生物柴油来源于天然植物资源或动物资源，不含有机械杂质，对发动机的腐蚀性很小；生物柴油样品的黏度、酸度、密度、冷滤点也基本符合 0# 柴油的指标。

表 7-5　生物柴油和 0# 柴油的比较

名称	色度	凝点 /℃	冷滤点 /℃	闭口闪点 /℃	水分 /%	机械杂质	运动黏度（20℃）/（m²/s）	十六烷指数	密度（20℃）/（g/cm³）	酸度
0# 柴油	16	≪0	2	>60	痕量	无	3.0～8.0	50	0.8581	0.60
生物柴油	1.0	−17	−8	>105	无	无	3.15	63	0.8303	0.58

7.2.6　固体碱KOH/XSBHAC催化剂酯交换反应机理

KOH/XSBHAC 固体催化剂的活性中心为 K^+，那么甲醇在催化剂表面吸附形成活性基团 CH_3O^-，以达到电荷平衡，油脂与活性基团 CH_3O^- 作用机理如下。

$$CH_3OH + KOH \longrightarrow CH_3OK + H_2O \tag{7-3}$$

$$CH_3OH + K_2O \longrightarrow CH_3OK + KOH \tag{7-4}$$

文冠果种仁油与甲醇在催化剂的作用下的总反应见式（7-5），即 1mol 的甘三酯与 3mol 的甲醇完全反应，得到 3mol 的甲酯和 1mol 的甘油。

$$
\begin{array}{l}
CH_2OCOR_1 \\
| \\
CH_2OCOR_2 + 3(CH_3OH) \longrightarrow
\end{array}
\begin{array}{l}
CH_2OH \\
| \\
CH_2OH \\
| \\
CH_2OH
\end{array}
+
\begin{array}{l}
R_1COOCH_3 \\
R_2COOCH_3 \\
R_3COOCH_3
\end{array}
\tag{7-5}
$$

7.2.7　固体碱KOH/XSBHAC催化剂酯交换反应动力学

1. 动力学方程的建立

文冠果种仁油在 KOH/XSBHAC 固体催化剂的催化下，与甲醇酯交换反应的反应速度方程为：

$$-\frac{dc_0}{dt} = kc_0^\alpha c_{Me}^\beta \tag{7-6}$$

式中，c_0 为甘油三酸酯的浓度，本试验为文冠果种仁油的浓度（mol/L）；c_{Me} 为甲醇的浓度（mol/L）；t 为时间（s）；α 为对于组分文冠果种仁油的反应级数；β 为对于组分甲醇的反应级数；k 为反应速率常数 $[(mol/L)^{1-\alpha-\beta}/s]$。

用 KOH/XSBHAC 催化剂制备生物柴油时甲醇的用量较大，酯交换反应是在甲醇大量过剩的甲醇相中进行的，所以在酯交换过程中可以认定甲醇的浓度没有发生变化，故 C_{Me} 恒定不变[183]，那么上式可简化为

$$-\frac{\mathrm{d}c_0}{\mathrm{d}t} = kc_0^\alpha \tag{7-7}$$

对上式两边取对数，可得：

$$\lg\left(-\frac{\mathrm{d}c_0}{\mathrm{d}t}\right) = \lg K + \alpha \lg c_0 \tag{7-8}$$

在一定温度下，K 和 α 为常数，则 $\lg\left(-\dfrac{\mathrm{d}c_0}{\mathrm{d}t}\right)$ 和 $\lg c_0$ 呈线性关系，通过作图可得到甘油三酸酯的反应级数和速率常数 K。

2. 酯交换反应动力学参数的确定

1）不同温度下的酯交换反应常数和反应级数

在甲醇和文冠果种仁油比例为 9:1，KOH/XSBHAC 固体催化剂用量为油重的 2.5%，转速为 120r/min 的条件下，在温度分别为 55℃、65℃和 75℃时，取不同时间的反应混合液，测定文冠果种仁油的浓度，得到图 7-16。

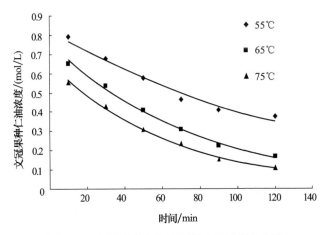

图 7-16　文冠果种仁油浓度随时间的变化曲线

在温度分别为 55℃、65℃和 75℃时，对文冠果种仁油浓度随时间变化曲线进行拟合，分别得到以下方程[181]：

$$y = 0.8225\mathrm{e}^{-0.0071x}; \quad y = 0.7645\mathrm{e}^{-0.013x}; \quad y = 0.6607\mathrm{e}^{-0.0153x}。$$

以表 7-6 各个温度下计算出的 $\lg c_0$ 为横坐标，$\lg\left(-\dfrac{\mathrm{d}c_0}{\mathrm{d}t}\right)$ 为纵坐标，得到图 7-17、图 7-18 和图 7-19。

表 7-6　反应速率随反应时间变化数据表

温度 /℃	时间 /min	种仁油浓度 /(mol/L)	$\lg(c_0)$	$\lg(-\mathrm{d}c_0/\mathrm{d}t)$
55	10	0.7912	−0.1017	−2.2644
55	30	0.6754	−0.1704	−2.3261

续表

温度 /℃	时间 /min	种仁油浓度 /(mol/L)	lg(c_0)	lg($-\mathrm{d}c_0/\mathrm{d}t$)
55	50	0.575	−0.2385	−2.3878
55	70	0.4641	−0.3334	−2.4495
55	90	0.4081	−0.3892	−2.5111
55	120	0.3773	−0.4233	−2.6036
65	10	0.6523	−0.1856	−2.0591
65	30	0.5368	−0.2702	−2.1721
65	50	0.4109	−0.3863	−2.2850
65	70	0.3073	−0.5124	−2.3979
65	90	0.2247	−0.6484	−2.5108
65	120	0.1658	−0.7804	−2.6802
75	10	0.5552	−0.2556	−2.0618
75	30	0.4289	−0.3676	−2.1946
75	50	0.3094	−0.5095	−2.3275
75	70	0.2348	−0.6293	−2.4604
75	90	0.1535	−0.8139	−2.5933
75	120	0.1087	−0.9638	−2.7927

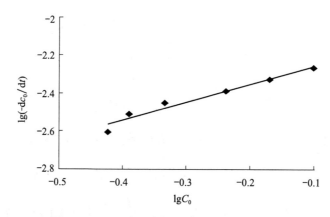

图 7-17　55℃时 lg（$-\mathrm{d}c_0/\mathrm{d}t$）对 lg$c_0$ 的关系图

对图 7-17 进行直线拟合，得到方程：

$$\lg\left(-\frac{\mathrm{d}c_0}{\mathrm{d}t}\right)=-2.159+0.9572\lg(c_0)$$，其相关系数 R^2=0.9626，其速率常数 K=6.93 × 10⁻³ min⁻¹。

对图 7-18 进行直线拟合，得到方程：

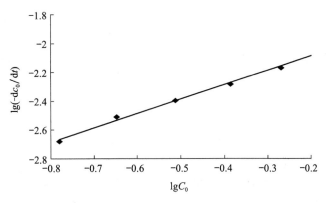

图 7-18　65℃时 lg（−dc_0/dt）对 lgc_0 的关系图

$$\lg\left(-\frac{\mathrm{d}c_0}{\mathrm{d}t}\right)=-1.888+0.99761\mathrm{g}(c_0)$$，其相关系数 R^2=0.9949，其速率常数 K=1.29×10^{-2} min^{-1}。

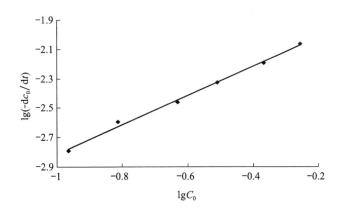

图 7-19　75℃时 lg（−dc_0/dt）对 lgc_0 的关系图

对图 7-19 进行直线拟合，得到方程：

$$\lg\left(-\frac{\mathrm{d}c_0}{\mathrm{d}t}\right)=-1.8186+0.9941\mathrm{g}(c_0)$$，其相关系数 R^2=0.9946，其速率常数 K=1.52×10^{-2} min^{-1}。

通过计算得到各温度下文冠果种仁油生物柴油酯交换反应的速率常数和反应级数，结果见表 7-7。

表 7-7　反应级数和速率常数

T/℃	K/min^{-1}	α
55	6.93×10^{-3}	0.9572
65	1.29×10^{-2}	0.9976
75	1.52×10^{-2}	0.9941

在温度分别为 55℃、65℃ 和 75℃ 时，反应速率不断增大，可以说文冠果种仁油制备生物柴油的酯交换反应是吸热反应，温度升高，可以促进该反应的进行，其反应速率与甘三酯的浓度的 0.98 次方成正比，该反应为准一级反应，故文冠果种仁油制备生物柴油的动力学方程可以写成：

$$-\frac{\mathrm{d}c_0}{\mathrm{d}t}=Kc_0^{0.98} \tag{7-9}$$

式中，反应速率常数 K 随温度的变化而变化。

2）酯交换反应活化能的计算

反应活化能是在反应体系中，具有足够高能量的分子经过碰撞而发生反应的分子所吸收的能量。在相同温度下，活化能越小的反应，其速率常数就越大，即反应速率就越大，反应进行的越快。

根据阿仑尼乌斯方程，K 可以表示为温度的函数

$$K=A\exp(-Ea/RT) \tag{7-10}$$
$$\lg K=\ln A-Ea/2.303RT \tag{7-11}$$

式中，A 为指前因子；Ea 为活化能（J/mol）；K 为速率常数（min^{-1}）。

在温度分别为 55℃、65℃ 和 75℃ 时，通过式（7-10）计算得到反应速率常数与温度的关系，利用式（7-11）将 $\lg k$ 对 $1/T$ 进行线性回归，得到图 7-20。

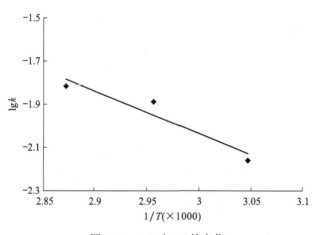

图 7-20　$\lg k$ 对 $1/T$ 的变化

根据图 7-20 可以得到酯交换反应的活化能 $Ea=1964.7\times2.303R=37.62\mathrm{kJ/mol}$。根据计算出的活化能可以看出，酯交换反应活化能很低，反应速度比较快，反应在很短的时间内就可以达到平衡，属于容易进行的反应。据文献报道，植物油碱催化酯交换反应活化能一般为 33～83.7kJ/mol，文冠果种仁油通过酯交换反应制备生物柴油的活化能也在这个范围内，反应比较容易进行，实验结果与乌桕梓油[183]、潲水油[184]的酯交换反应基本一致。

7.3　小　　结

（1）固体碱 KOH/XSBHAC 催化剂制备的最佳条件为：KOH 加入量 25%，催化剂煅烧

温度 600℃，煅烧时间为 2h。

（2）通过 SEM、XRD 和 IR 表征手段，确定了固体碱 KOH/XSBHAC 催化剂的活性中心分别为 KOH 和 K_2O。

（3）以固体碱 KOH/XSBHAC 为催化剂，文冠果种仁油制备生物柴油的最佳条件为醇油比 9∶1，催化剂用量 2.5%，反应温度 65℃，反应时间 60min 为酯交换反应的最佳反应条件，在该条件下，生物柴油的收率最高达到 83.82%。

（4）考察了固体碱 KOH/XSBHAC 催化剂的稳定性，发现高温煅烧后的 KOH/XSBHAC 催化剂的酯化率高于未经煅烧过的酯化率。

（5）固体碱 KOH/XSBHAC 催化剂，采用废弃的文冠果子壳制备的活性炭为载体，与金属载体相比，活性炭载体自制、成本便宜，具有环保性、易回收等特点，同时生物柴油的酯化率同样可以达 80% 以上。

（6）通过对生物柴油的 IR 和 GC 分析，确定了生物柴油在 $1745.86cm^{-1}$ 处有明显的酯键的伸缩振动吸收峰，$2925.64cm^{-1}$ 和 $2854.64cm^{-1}$ 为 C—H 键的伸缩振动吸收峰，这些特征吸收峰表明文冠果种仁油生物柴油所含的主要官能团，验证了其为酯类结构；确定了生物柴油由主要的 5 种成分组成，分别为软脂酸甲酯（C17∶0）12.34mg/mL、油酸甲酯（C19∶1）158.68mg/mL、亚油酸甲酯（C19∶2）455.41mg/mL、亚麻酸甲酯（C19∶3）93.51mg/mL、芥酸甲酯（C23∶1）88.93 mg/mL，脂肪酸甲酯的含量占 95.93%。

（7）文冠果种仁油制备生物柴油符合准一级反应动力学方程，反应的活化能为 37.62kJ/mol。

第三篇　文冠果种仁油制备生物柴油工艺

第8章　文冠果种仁油酯交换法制备生物柴油工艺及脂肪酸甲酯含量的测定

生物柴油制备工艺有许多种，如直接混合法、微乳化法、高温裂解法和酯交换法等。本部分试验采用传统的酯交换法，以文冠果种仁油为原料，以 NaOH 为催化剂与甲醇进行酯交换反应合成生物柴油，并对最佳工艺条件下合成的生物柴油中脂肪酸甲酯的含量进行测定。

8.1　试验材料、试剂与仪器

8.1.1　试验材料

文冠果种子购自内蒙古赤峰市阿鲁科尔沁旗，陆运到呼和浩特市，在实验室去壳，110℃干燥 4h 后，粉碎过 10 目筛备用。标准品：软脂酸甲酯、硬脂酸甲酯、油酸甲酯、亚油酸甲酯、亚麻酸甲酯、芥酸甲酯，由百灵威公司提供。

8.1.2　试验试剂与仪器

无水硫酸钠（分析纯），天津市耀华化工厂；氢氧化钠（分析纯），天津风船化学试剂科技有限公司；甲醇（分析纯），天津风船化学试剂科技有限公司；磷酸（分析纯），天津市化学试剂三厂；真空干燥箱（DZF-6210 型），上海一恒科技有限公司；粉碎机（KDF-2311型），天津康达电器公司；电子分析天平（BS210S），北京赛多利斯仪器系统有限公司；旋转蒸发仪（RE-52A 型），上海亚荣生化仪器厂；循环水式真空泵（SHZ-Ⅲ型），上海亚荣生化仪器厂；超声波清洗仪（KS-300EI），宁波海曙科生超声设备有限公司；集热式磁力搅拌器（DF-101S 型），郑州杜甫仪器厂；气相色谱（GC-112A），日本岛津。

8.2　生物柴油制备工艺及流程

8.2.1　生物柴油制备工艺

以石油醚（60～90℃）为提取剂，采用超声波辅助提取法提取文冠果种仁油，经分离获得文冠果种仁油，然后将文冠果种仁油经预处理除去杂质、水分和游离酸，用于制备生物柴油。

取适当量的文冠果种仁油置于500mL三口烧瓶中，再放入一定量的NaOH和甲醇，然后放在磁力搅拌器上，在磁力搅拌的条件下，恒温水浴加热至一定温度，进行酯交换反应。反应结束后，将产品倒入分液漏斗中使之分层，上层是粗生物柴油，下层是甘油。

8.2.2　生物柴油的精制

当反应结束以后，冷却，静置得粗生物柴油。粗制的生物柴油用蒸馏水进行洗涤，除去剩余的甲醇和残余的催化剂，然后充分振荡后静置分层，再进行分离，反复水洗至中性。再用无水Na₂SO₄干燥，分离得到透明淡黄色生物柴油产品。

8.2.3　生物柴油的工艺流程

由文冠果种仁油制备生物柴油的工艺流程如图8-1所示。

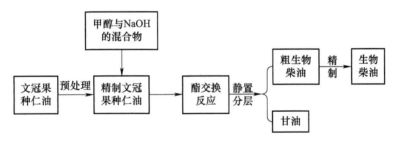

图8-1　生物柴油生产工艺流程图

8.2.4　生物柴油得率的计算

文冠果种仁油与甲醇进行酯交换后，认为理论上获得的生物柴油质量与文冠果种仁油质量一致。故其公式为：

$$生物柴油得率（\%）=（生物柴油质量/文冠种仁油质量）\times 100\% \qquad (8\text{-}1)$$

8.3　文冠果种仁油制备生物柴油的工艺优化

8.3.1　单因素试验

通过单因素试验，考察醇油摩尔比、反应温度（℃）、催化剂用量（g/g）、反应时间（min）4个因素对生物柴油得率的影响。单因素试验因素与水平设计见表8-1。

表 8-1　单因素试验因素和水平

试验因素	试验水平				
醇油摩尔比（X_1）	4:1	5:1	6:1	7:1	8:1
提取温度（X_2）/℃	50	55	60	65	70
催化剂用量（X_3）/(g/100g)	0.6	0.8	1.0	1.2	1.4
反应时间（X_4）/min	40	60	80	120	140

8.3.2　中心复合试验设计

根据单因素试验结果，采用 CCD 试验设计法进行试验优化设计，试验因素分别选取醇油摩尔比、反应温度（℃）、催化剂用量（g/g），并分别以 X_1、X_2（℃）、X_3（g/100g）表示，每个变量的低、中、高水平分别以 –1、0、1 表示，按方程 $x_i=(X_i - X_0)/\triangle X$ 对自变量进行编码，其中，x_i 为自变量的编码值，X_i 为自变量的真实值，X_0 为试验中心点处自变量的真实值，$\triangle X$ 为自变量的变化步长，响应值为生物柴油得率 Y（%）。试验因素和水平见表 8-2。

表 8-2　中心复合试验因素水平及编码

x_i 因素水平编码	试验因子		
	醇油摩尔比（X_1）	提取温度（X_2）/℃	催化剂用量（X_3）/(g/100g)
$-r$	4.3:1	51.5	0.66
-1	5:1	55	0.8
0	6:1	60	1.0
1	7:1	65	1.2
$+r$	7.7:1	68.4	1.34

注：其中 r 值在 $p=3$、$m_0=6$ 时查表为 1.682。

8.4　生物柴油中脂肪酸甲酯含量的测定

8.4.1　气相色谱条件以及生物柴油成分定性分析

GC-112A 型气相色谱仪；FID 检测器；N2000 色谱工作站；JW-DBwax 毛细管色谱柱（30m×0.25mm×0.25m）。其检测条件为：汽化室温度 250℃；检测温度 250℃；柱温采用程度升温：初始温度 170℃，保持 0.5min，以 5℃/min 的升温速率升到 220℃，保持时间 5min；载气：N_2，柱头压 60kPa；氢气：11.2mL/min；空气：320mL/min；进样量：1μL。在此设定条件下，分别进样：软脂酸甲酯、硬脂酸甲酯、油酸甲酯、亚油酸甲酯、亚麻酸甲酯和芥酸甲酯、混合脂肪酸甲酯标准溶液和生物柴油样品。

8.4.2　标准工作曲线的建立

准确称取一定量的软脂酸甲酯、油酸甲酯、亚麻酸甲酯、亚油酸甲酯和芥酸甲酯标准样品，以正己烷为溶剂，配制成混合脂肪酸甲酯标准储备液。然后再稀释为 5 个不同浓度的混合脂肪酸甲酯标准溶液。在这个标准系列的混合溶液中，油酸甲酯、亚麻酸甲酯、亚油酸甲酯和芥酸甲酯的浓度依次为 2mg/mL、4mg/mL、6mg/mL、8mg/mL、10mg/mL，软脂酸甲酯的浓度依次为 1mg/mL、2mg/mL、3mg/mL、4mg/mL、5mg/mL。然后再分别取上述混合标准溶液 0.75mL 于 1mL 的容量瓶中，加入 0.25mL 浓度为 12mg/mL 的硬脂酸甲酯做内标。混合均匀后进行气相色谱分析。得到了各脂肪酸甲酯与内标物的峰面积比（Y）与浓度比（X）间的标准工作曲线。

8.4.3　生物柴油中脂肪酸甲酯含量的计算

准确量取一定量的生物柴油于 1mL 的容量瓶中，加入 0.25mL 浓度为 12mg/mL 的硬脂酸甲酯，用正己烷定容后，进行气相色谱分析。将从标准工作曲线上查得的浓度乘以生物柴油样品的稀释倍数，从而得到生物柴油样品中的脂肪酸甲酯含量。

8.5　试验结果与分析

8.5.1　文冠果种仁油制备生物柴油的工艺优化结果分析

1. 单因素试验结果分析

1）反应温度对生物柴油得率的影响

在醇油摩尔比为 6∶1，提取时间为 120min，NaOH 为油重 1% 的条件下，不同反应温度对生物柴油得率的影响如图 8-2 所示。

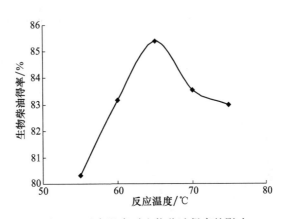

图 8-2　反应温度对生物柴油得率的影响

由图 8-2 可知：随着反应温度的升高，生物柴油得率先增大后减小，65℃时生物柴油得率最高为 85.40%。当温度达到 70℃后，生物柴油得率下降。这是因为甲醇的沸点约为

64.5℃，故反应温度过高导致甲醇的挥发量增大，导致生物柴油得率下降。故最佳的反应温度为65℃。

2）醇油摩尔比对生物柴油得率的影响

在反应温度为65℃，提取时间为120min，NaOH为油重1%的条件下，不同醇油摩尔比对生物柴油得率的影响如图8-3所示。

由图8-3可知，醇油摩尔比在4∶1~7∶1范围内，生物柴油得率随醇油摩尔比的增加而增加。当醇油摩尔比为7∶1时所得生物柴油得率最高为89.15%。其原因是酯交换反应为可逆反应，反应物的量增加可使反应向正方向移动，因而生物柴油得率会增大。而当醇油摩尔比增大到8∶1时，生物柴油得率略有下降，这是因为反应产生的副产物甘油在文冠果种仁油与脂肪酸甲酯中的溶解度很小，在甲醇中的溶解度却较大，因此，当甲醇的量过于大时，反应生成的甘油就很难脱离反应体系。由可逆反应理论可知，反应相中的甘油越多，生物柴油得率就会越低[185]。因此，最优醇油摩尔比应为7∶1。

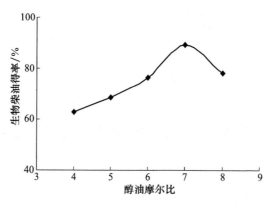

图8-3　醇油摩尔比对生物柴油得率的影响

3）催化剂用量对生物柴油得率的影响

在醇油摩尔比为6∶1，反应温度为65℃，提取时间为120min的条件下，不同催化剂用量对生物柴油得率的影响如图8-4所示。

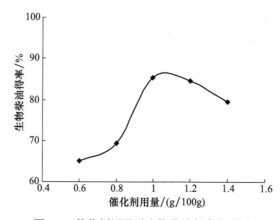

图8-4　催化剂用量对生物柴油得率的影响

由图 8-4 可知：催化剂用量在 0.6%～1.0% 范围内，生物柴油得率随醇油摩尔比的增加而增加。催化剂为油重的 1.0% 时，生物柴油得率为 85.29%。随着催化剂使用量的增加，生物柴油得率会下降。这是因为 NaOH 用量过于大，NaOH 会与文冠果种仁油中残存的游离脂肪酸发生皂化反应，使反应的黏度增大，甚至形成凝胶，使甘油的分离困难，这与文献[186]分析一致。所以，催化剂用量为油重的 1.0% 是最适宜的。

4）反应时间对生物柴油得率的影响

在醇油摩尔比为 6：1，反应温度为 65℃，NaOH 为油重 1% 的条件下，不同反应时间对生物柴油得率的影响如图 8-5 所示。

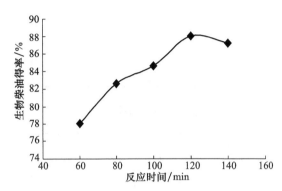

图 8-5　反应时间对生物柴油得率的影响

由图 8-5 可知：当反应时间为 60～120min 时，随着时间的延长，生物柴油得率逐渐增大，反应时间为 120min 时达到最大值，为 87.51%。如果反应时间超过 120min，生物柴油得率略有下降。主要是因为时间再延长，皂化反应就会加剧，会导致生物柴油得率下降。所以反应时间应为 120min 是适宜的。

2. CCD 试验结果分析

1）模型方程的建立与显著性分析

文冠果种仁油制备生物柴油工艺的试验优化安排及试验结果如表 8-3 所示。利用 Design expert 软件对表 8-3 中的试验结果进行统计回归分析，其方差分析结果如表 8-4 所示。

表 8-3　中心复合试验设计及结果

试验序号	醇油摩尔比（X_1）	提取温度（X_2）/℃	催化剂用量（X_3）/（g/100g）	生物柴油得率 Y/%
1	−1（5：1）	−1（55）	−1（0.8）	68.69
2	1（7：1）	−1	−1	79.61
3	−1	1（65）	−1	74.49
4	1	1	−1	89.23
5	−1	−1	1（1.2）	77.72
6	1	−1	1	78.63
7	−1	1	1	82.54
8	1	1	1	83.59
9	−1.682（4.3：1）	0（60）	0（1.0）	79.91

试验序号	醇油摩尔比（X_1）	提取温度（X_2）/℃	催化剂用量（X_3）/（g/100g）	生物柴油得率 Y/%
10	1.682（7.7:1）	0	0	87.09
11	0（6:1）	−1.682（51.5）	0	77.19
12	0	1.682（68.4）	0	80.08
13	0	0	−1.682（0.66）	80.93
14	0	0	1.682（1.34）	82.94
15	0	0	0	89.31
16	0	0	0	85.67
17	0	0	0	86.19
18	0	0	0	85.19
19	0	0	0	88.98
20	0	0	0	84.35

表 8-4 试验结果方差分析

来源	平方和	自由度	均方	F 值	概率 P	显著性
回归	474.67	9	52.74	9.24	0.0009	**
X_1	115.38	1	115.38	20.21	0.0012	*
X_2	66.17	1	66.17	11.59	0.0067	*
X_3	14.03	1	14.03	2.46	0.1481	
$X_1 X_2$	1.96	1	1.96	0.34	0.5709	
$X_1 X_3$	70.21	1	70.21	12.30	0.0057	*
$X_2 X_3$	3.98	1	3.98	0.70	0.4235	
X_1^2	30.95	1	30.95	5.42	0.0422	*
X_2^2	146.23	1	146.23	25.61	0.0005	**
X_3^2	58.73	1	58.73	10.28	0.0094	*
残差	57.10	10	5.71			
失拟	36.01	5	7.20	1.71	0.9335	
误差	21.09	5	4.22			
总和	531.77	19				

注：* 指 P 值小于 0.01，表示考察因素或者模型有显著影响；** 指 P 值小于 0.001，表示影响极为显著。$F_{0.01}$（1，10）=10.04，$F_{0.05}$（1，10）=4.96，$F_{0.10}$（1，10）=3.29，$F_{0.01}$（9，10）=4.94，$F_{0.05}$（9，10）=3.02，$F_{0.10}$（9，10）=2.35，$F_{0.01}$（5，5）=10.97，$F_{0.05}$（5，5）=5.05，$F_{0.10}$（5，5）=3.45。

根据回归分析结果，建立了以生物柴油得率为响应值，以醇油摩尔比（X_1）、反应温度（X_2）、催化剂用量（X_3）为自变量 3 因素水平间的数学回归模型为：

$$Y=-619.704\,98+29.363\,64X_1+15.841\,21X_2+237.176\,58X_3+0.099\,000X_1X_2-14.812\,50X_1X_3-0.705\,00X_2X_3-1.465\,38X_1^2-0.127\,42X_2^2-50.467\,19X_3^2$$

由表 8-4 中的方差分析可知：$F_{失拟}$=1.71＜$F_{0.05}$（5，5）=5.05，这就表明该回归方程的失拟性差异并不显著，可认为所拟合的二次回归模型是适当的；通过对回归方程的显著性检验可知回归方程是极显著的,因为 $F_{0.01}$(9,10)=4.94<$F_{方程}$=9.24,这也表明该数学模型是成立的。F 值的大小可以反映出各个自变量因素对响应值的影响程度,某因素的 F 值越大,就表明该因素的影响程度越大。从方差分析知:F_{X_1}=20.21,F_{X_2}=11.59,F_{X_3}=2.46,由此可见,三个因素中,X_1、X_2 都极为显著,X_3 不显著。因此各因素对生物柴油得率的影响程度大小顺序为:醇油摩尔比>反应温度>催化剂用量。

2)响应曲面分析

响应曲面是指由响应值 Y 与两个对应的自变量之间构成的空间三维立体图,此图可比较直观地反映自变量对响应值的影响。

Y=f(X_1,X_2,X_3=1.0)的响应面及等高线见图 8-6,Y=f(X_1,X_3,X_2=60℃)的响应面及等高线见图 8-7,Y=f(X_2,X_3,X_1=6:1)的响应面及等高线见图 8-8。

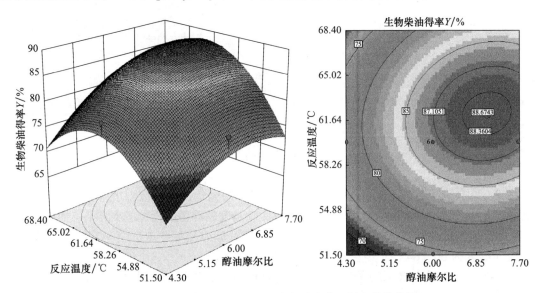

图 8-6 醇油摩尔比与反应温度的响应曲面图和等值线图

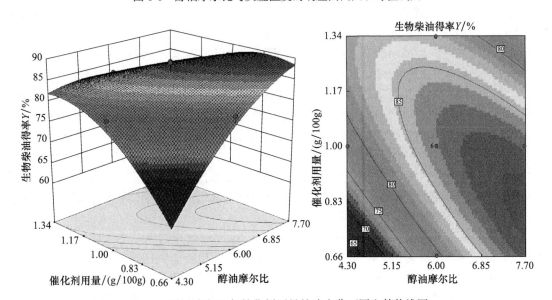

图 8-7 醇油摩尔比与催化剂用量的响应曲面图和等值线图

　　根据等值线的彤状并结合图 8-6～图 8-8 和回归方程系数的显著性检验可知，在优化区域内各因素交互作用对生物柴油得率影响的显著程度为：醇油摩尔比与催化剂用量的交互作用较为显著，反应温度与催化剂用量以及醇油摩尔比与反应温度的交互作用相对较小。

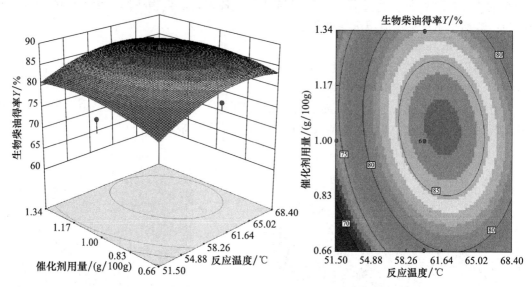

图 8-8　反应温度与催化剂用量的响应曲面图和等值线图

　　图 8-6 为催化剂用量为 1.0% 的条件下，不同醇油摩尔比和反应温度下生物柴油得率的变化情况。从图 8-6 可以看出，醇油摩尔比和反应温度的等值线近似为圆形，说明 2 个因素的交互作用并不显著。从图 8-6 中可以看出，当醇油摩尔比处于 6.5：1～7.5：1 的范围内，并且反应温度为 60～64℃时，生物柴油得率达到最大值。

　　图 8-7 为反应温度 60℃的条件下，不同醇油摩尔比和催化剂用量下生物柴油得率的变化情况。从图 8-7 可以看出，醇油摩尔比和催化剂用量的等值线为椭圆形，说明 2 个因素的交互作用比较显著。在试验的优化范围内，当醇油摩尔比处于较低水平时，生物柴油得率基本是随着催化剂用量的增加在增大，而醇油摩尔比处于较高水平时，生物柴油得率随着催化剂用量的增加呈先增大后减小的变化趋势。这说明在醇油摩尔比处于较低水平时，催化剂的增加不会加剧副反应的进行程度，但是当醇油摩尔比处于较高水平时，催化剂用量的增加将会加剧皂化反应的发生，从而降低了生物柴油得率。在试验的优化范围内，当催化剂用量处于较低水平时，生物柴油得率基本是随着醇油摩尔比的增加在增大，而催化剂用量处于较高水平时，生物柴油得率随着醇油摩尔比的增加呈先增大后减小的变化趋势。这是因为在催化剂用量处于较低水平时，醇油摩尔比的增加使酯交换反应向正向移动，所以生物柴油得率不断增加。但是当催化剂用量处于较高水平时，如果醇油摩尔比低于某个值，甘油会很容易脱离反应体系，促进酯交换反应的进行，而当醇油摩尔比逐渐增大时，副产物甘油就不容易脱离反应体系，故此生物柴油得率将会降低。

　　图 8-8 为醇油摩尔比 6：1 的条件下，不同反应温度和催化剂用量下生物柴油得率的变化情况。从图 8-8 可以看出，反应温度和催化剂用量的等值线为椭圆形，但已接近圆形，因此说明 2 个因素间有一定的交互作用，但并不明显。在试验的优化范围内，当反应温度处于一定水平时，生物柴油得率随着催化剂用量的增加呈先增大后减小的变化趋势，但是变化幅

度并不大。这说明在反应温度一定时，催化剂在较低水平下有利于酯交换反应的进行，而当催化剂处于较高水平下，将会加剧皂化反应的发生，不利于酯交换反应的进行，从而降低了生物柴油得率。在试验的优化范围内，当催化剂用量处于一定水平时，生物柴油得率随着反应温度的增加呈先增大后减小的变化趋势，变化幅度相对较大。由此可见，适当的增加反应温度可以利于酯交换反应的进行，提高生物柴油得率。

3）最佳工艺条件的确定

利用 Design expert 软件对优化结果进行分析，并结合回归模型，得到了 CCD 法优化的文冠果种仁油制备生物柴油的最佳制备条件为：醇油摩尔比为 7∶1，反应温度为 62.43℃，催化剂用量为油重的 0.89%，由方程预测的生物柴油得率为 89.32%。为了验证该模型预测的准确性，同时考虑到试验操作便利，对制备条件进行了修正，修正后的最佳制备条件为：醇油摩尔比为 7∶1，反应温度为 62℃，催化剂用量为油重的 0.9%。在模型所得最佳制备条件进行 5 次试验，其生物柴油得率分别为 88.06%、89.35%、88.27%、89.55%、90.03%，平均值为 89.05%，由方程得到的预测值为 89.32%，其相对偏差为 0.30%，因此可以证明此模型可以科学合理地对文冠果种仁油制备生物柴油进行比较准确的预测，具有一定的适用性。

8.5.2 生物柴油中脂肪酸甲酯含量测定的结果分析

1. 文冠果油基生物柴油成分的定性分析

将混合脂肪酸甲酯标准液和文冠果油基生物柴油分别进行气相色谱测定，其色谱图分别见图 8-9 和图 8-10。

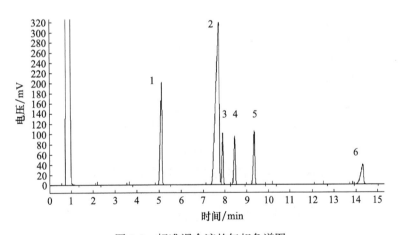

图 8-9 标准混合液的气相色谱图

1~6 分别为软脂酸甲酯、硬脂酸甲酯、油酸甲酯、亚油酸甲酯、亚麻酸甲酯和芥酸甲酯

由图 8-9 可知在该色谱条件下，6 种脂肪酸甲酯的混合物分离明显。经与同一条件下的单一样品的出峰时间进行比对，确定 1~6 对应的脂肪酸甲酯分别为软脂酸甲酯、硬脂酸甲酯、油酸甲酯、亚油酸甲酯、亚麻酸甲酯和芥酸甲酯。将图 8-10 与图 8-9 对比可知，文冠果油基生物柴油主要由软脂酸甲酯、油酸甲酯、亚油酸甲酯、亚麻酸甲酯和芥酸甲酯组成。

为了进行文冠果油基生物柴油中脂肪酸甲酯含量的测定，以硬脂酸甲酯为内标物，将一定量的硬脂酸甲酯加入到文冠果油基生物柴油样品中，用正己烷定容后，进行气相色谱分析，其结果见图 8-11。由图 8-11 可知，在文冠果油基生物柴油中加入硬脂酸甲酯后，在该色谱条件下各种脂肪酸甲酯依然能够较好地实现分离。因此，通过该方法测定文冠果油基生物柴油中脂肪酸甲酯的方法是可行的。

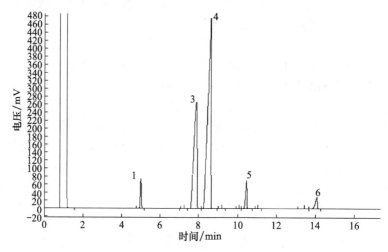

图 8-10　文冠果油基生物柴油的气相色谱图

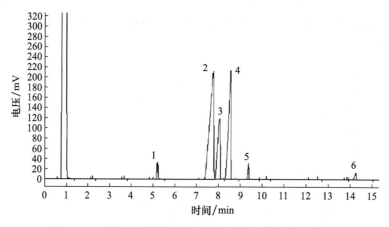

图 8-11　有内标物的文冠果油基生物柴油的气相色谱图

2. 脂肪酸甲酯标准工作曲线的结果分析

以硬脂酸甲酯为内标物，得到的软脂酸甲酯、油酸甲酯、亚油酸甲酯、亚麻酸甲酯和芥酸甲酯的标准工作曲线见表 8-5。

表 8-5　脂肪酸甲酯的标准工作曲线

标准样品	浓度范围 /（mg/mL）	线性回归方程	相关系数
软脂酸甲酯	0.75～3.75	$y = 3.7103x + 0.0298$	0.9952
油酸甲酯	1.5～7.5	$y = 0.9030x - 0.1959$	0.9925
亚油酸甲酯	1.5～7.5	$y = 0.8417x - 0.0689$	0.9983

续表

标准样品	浓度范围/（mg/mL）	线性回归方程	相关系数
亚麻酸甲酯	1.5～7.5	$y = 1.1285x - 0.1949$	0.9946
芥酸甲酯	1.5～7.5	$y = 0.2369x - 0.0026$	0.9988

结果表明软脂酸甲酯的浓度在 0.75～3.75mg/mL 的范围内具有良好的线性关系，而油酸甲酯、亚油酸甲酯、亚麻酸甲酯、芥酸甲酯的浓度在 1.5～7.5mg/mL 的范围内具有良好的线性关系。各种脂肪酸甲酯标准曲线的线性相关系数 r 分别为 0.9952、0.9925、0.9983、0.9946、0.9988。

3. 生物柴油中脂肪酸甲酯含量的计算

对 8.5.1 中优化后获得的最佳工艺条件下制备的文冠果油基生物柴油中各脂肪酸甲酯的含量进行了测定，其结果见表 8-6。

表 8-6 文冠果油基生物柴油中脂肪酸甲酯的含量

序号	名称	分子式	含量/（mg/mL）
1	软脂酸甲酯	$C_{17}H_{34}O_2$	57.15
2	油酸甲酯	$C_{19}H_{36}O_2$	291.84
3	亚油酸甲酯	$C_{19}H_{34}O_2$	335.79
4	亚麻酸甲酯	$C_{19}H_{32}O_2$	71.58
5	芥酸甲酯	$C_{23}H_{44}O_2$	68.36

由表 8-6 的分析结果可知，组成文冠果油基生物柴油的主要 5 种脂肪酸甲酯的含量分别为：软脂酸甲酯（C17：0）57.15mg/mL、油酸甲酯（C19：1）291.84mg/mL、亚油酸甲酯（C19：2）335.79mg/mL、亚麻酸甲酯（C19：3）71.58mg/mL、芥酸甲酯（C23：1）68.36mg/mL，由此确定文冠果油基生物柴油中脂肪酸甲酯含量高达 99.33%。其结果表明，文冠果油基生物柴油中烃脂类成分含量很高，含 19C 的甲酯占 84.8%，并且几乎无 S、N 等污染元素，非常符合生物柴油的指标[115]。根据 Kevin[182]、范航等[187] 的报道，石化柴油的理想替代品，应具备以下几个条件：① 应拥有较长的碳链，尽可能没有支链存在；② 一个以上的双键，且位于碳链末端或均匀分布在碳链中；③含一定量的氧元素。理想的柴油替代品的分子式一般表示为：$C_{19}H_{36}O_2$。由此可见文冠果油基生物柴油是替代石化柴油的理想物质。

8.6 小 结

（1）采用 CCD 试验设计法，对文冠果种仁油制备生物柴油的工艺进行了优化，应用 Design expert 软件对试验结果进行了拟合，获得了数学模型：

$Y = -619.704\,98 + 29.363\,64X_1 + 15.841\,21X_2 + 237.176\,58X_3 + 0.099\,000X_1X_2 - 14.812\,50X_1X_3 - 0.705\,00X_2X_3 - 1.465\,38X_1^2 - 0.127\,42X_2^2 - 50.467\,19X_3^2$

（2）通过对 CCD 试验结果的方差分析及响应曲面的分析可知，各试验因素对生物柴油得率影响作用大小顺序为：醇油摩尔比＞反应温度＞催化剂用量。修正后的最佳工艺条件为：醇油摩尔比为 7∶1，反应温度为 62℃，催化剂用量为油重的 0.9%，在该工艺条件下生物柴油得率为 89.05%，方程的预测值为 89.32%，其相对偏差为 0.30%，证明此模型可以科学合理地对文冠果种仁油制备生物柴油进行比较准确的预测，具有一定的适用性。

（3）由气相色谱的检测结果可知，文冠果油基生物柴油主要由软脂酸甲酯、油酸甲酯、亚油酸甲酯、亚麻酸甲酯和芥酸甲酯组成；以硬脂酸甲酯为内标物建立的测定文冠果油基生物柴油中脂肪酸甲酯含量的方法是可行的。

（4）在经 CCD 试验优化后获得最佳工艺条件下制备文冠果油基生物柴油，通过内标法定量分析了各脂肪酸甲酯的含量为 99.33%，其结果表明，文冠果油基生物柴油中烃脂类成分含量很高，含 19C 的甲酯占 84.8%，非常符合生物柴油的指标，是替代石化柴油的理想产品。

第9章 文冠果种仁油一步法制备生物柴油的工艺优化

目前，生物柴油的研究较广泛，包括不同来源的原料对比分析、制备方法、动力学、不同的催化剂及燃烧性能等[188~193]，然而以菜籽[194]、桐籽[195]、棉籽[196]、葵花籽[197]、文冠果种子[198]、麻疯树籽[199]制备生物柴油的研究中，其工艺流程均是首先提取油脂，经预处理后再合成生物柴油的两步法。两步法的不足是，生产工艺相对复杂，分离过程相对较多，分离成本较大。因而本试验对文冠果种仁油一步法制取生物柴油的工艺进行了研究，并进行了优化，为生物柴油的研究提供了一种新的思路。

9.1 试验材料、试剂与仪器

9.1.1 试验材料

文冠果种子购自内蒙古赤峰市阿鲁科尔沁旗，陆运到呼和浩特市，在实验室去壳，110℃干燥4h后，粉碎过10目筛备用。

9.1.2 试验试剂与仪器

石油醚（60~90℃）（分析纯），天津富宇精细化工有限公司；无水硫酸钠（分析纯），天津市耀华化工厂；氢氧化钠（分析纯），天津风船化学试剂科技有限公司；甲醇（分析纯），天津风船化学试剂科技有限公司；真空干燥箱（DZF-6210型），上海一恒科技有限公司；粉碎机（KDF-2311型），天津康达电器公司；电子分析天平（BS210S），北京赛多利斯仪器系统有限公司；旋转蒸发仪（RE-52AA型），上海亚荣生化仪器厂；循环水式真空泵（SHZ-Ⅲ型），上海亚荣生化仪器厂；超声波清洗仪（(BL10-250A)，上海比郎仪器有限公司；集热式磁力搅拌器（DF-101S型），郑州杜甫仪器厂。

9.2 一步法合成生物柴油的原理、方法与工艺流程

9.2.1 一步法合成生物柴油的原理与方法

以文冠果种仁为原料，石油醚（60~90℃）为提取剂，甲醇为合成剂，加入催化剂，在水浴加热、磁力搅拌的条件下，将文冠果种仁的提取和文冠果油基生物柴油的合成一步完成。其试验过程为：准确称取干燥粉碎后过10目筛的文冠果种仁50g装入滤纸袋内，放入500mL提取合成器中（图9-1），按照一定的比例加入石油醚、甲醇的混合溶剂，加入一定

量的催化剂。采用索氏提取和磁力搅拌相结合的方式，在一定温度下提取合成生物柴油，反应时间为2h。

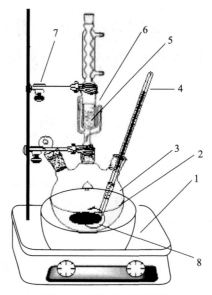

图 9-1　提取合成反应器

1.集热磁力搅拌器；2.混合溶剂；3.三口烧瓶；4.温度计；
5.文冠果种仁；6.索氏提取器；7.铁夹；8.磁子

9.2.2　生物柴油的精制及得率的计算

将上述反应后获得的混合溶液转移至旋转蒸发仪中，减压蒸馏回收溶剂，再转移至分液漏斗中静置分层，除去甘油得到粗生物柴油，然后水洗粗生物柴油至中性，再用无水硫酸钠干燥，过夜，称得生物柴油质量为 m_1。将提取后的文冠果种仁干燥后称得其质量为 m_2，计算生物柴油得率。生物柴油得率按下式计算：

$$Y(\%) = [m_1/(50-m_2)] \times 100 \qquad (9-1)$$

9.2.3　一步法制备生物柴油的工艺流程

以文冠果种仁为原料一步法制备生物柴油的工艺流程如图 9-2 所示。

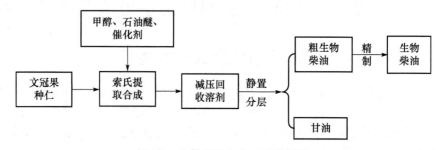

图 9-2　生物柴油生产工艺流程图

9.3 均相碱催化一步法制备生物柴油的工艺

9.3.1 均相碱催化一步法制备生物柴油的操作方法

准确称取干燥粉碎后过 10 目筛的文冠果种仁 50g 装入滤纸袋内，放入 500mL 提取合成器中，按照一定的比例加入石油醚、甲醇和 NaOH 的混合溶剂（将 NaOH 预先放入甲醇中，在频率为 40kHz 的超声波清洗仪中溶解）。采用索氏提取和磁力搅拌相结合的方式，在一定的温度下提取合成生物柴油，反应时间为 2h。

9.3.2 均相碱催化一步法制备生物柴油的单因素试验

设计单因素试验，考察提取/反应温度（℃）、石油醚用量（mL/g）、甲醇用量（mL/g）和 NaOH 用量（g/g）4 个因素对生物柴油得率的影响。单因素试验因素与水平设计如表 9-1 所示。

表 9-1 单因素试验因素和水平

试验因素	试验水平				
提取/反应温度（X_1）/℃	70	75	80	85	90
石油醚用量（X_2）/（mL/g）	3:1	4:1	5:1	6:1	7:1
甲醇用量（X_3）/（mL/100g）	8	12	16	20	24
NaOH 用量（X_4）/（g/100g）	0.2	0.3	0.4	0.5	0.6

9.3.3 均相碱催化一步法制备生物柴油的CCD试验设计

根据单因素试验结果，采用 CCD 试验设计法进行试验优化设计，选择提取/反应温度、石油醚用量、甲醇用量、NaOH 用量为试验因素，分别以 X_1、X_2、X_3、X_4 表示，每个变量的低、中、高水平分别以 −1、0、1 表示，按方程 $x_i=(X_i-X_0)/\triangle X$ 对自变量进行编码，其中，x_i 为自变量的编码值，X_i 为自变量的真实值，X_0 为试验中心点处自变量的真实值，$\triangle X$ 为自变量的变化步长，响应值为生物柴油得率 Y（%）。试验因素和水平见表 9-2。

表 9-2 中心复合试验设计因素水平及编码

x_i 因素水平编码	试验因子			
	提取/反应温度 (X_1)/℃	石油醚用量 (X_2)/(mL/g)	甲醇用量 (X_3)/(mL/100g)	NaOH 用量 (X_4)/(g/100g)
−2	70	3	8	0.2
−1	75	4	12	0.3
0	80	5	16	0.4

x_i 因素水平编码	试验因子			
	提取 / 反应温度 (X_1)/℃	石油醚用量 (X_2)/(mL/g)	甲醇用量 (X_3)/(mL/100g)	NaOH 用量 (X_4)/(g/100g)
1	85	6	20	0.5
+2	90	7	24	0.6

9.4 固体酸催化一步法制备生物柴油的工艺

9.4.1 固体酸催化一步法制备生物柴油的操作方法

准确称取干燥粉碎后过 10 目筛的文冠果种仁 50g 装入滤纸袋内，放入 500mL 提取合成器中，按照一定的比例加入石油醚、甲醇的混合溶剂和一定量的 SO_4^{2-}/SnO_2- 杭锦 2# 土固体酸催化剂，采用索氏提取和磁力搅拌相结合的方式，在一定的温度下提取合成生物柴油，反应时间为 2h。

9.4.2 固体酸催化一步法制备生物柴油的单因素试验

设计单因素试验，考察提取 / 反应温度（℃）、石油醚用量（mL/g）、甲醇用量（mL/g）和固体酸催化剂用量（g/g）4 个因素对生物柴油得率的影响。单因素试验因素与水平设计如表 9-3 所示。

表 9-3 单因素试验因素和水平

试验因素	试验水平				
提取 / 反应温度（X_1）/ ℃	70	75	80	85	90
石油醚用量（X_2）/（mL/g）	3 : 1	4 : 1	5 : 1	6 : 1	7 : 1
甲醇用量（X_3）/（mL/100g）	8	12	16	20	24
催化剂用量（X_4）/（g/100g）	0.2	0.4	0.6	0.8	1.0

9.4.3 固体酸催化一步法制备生物柴油的CCD试验设计

根据单因素试验结果，采用 CCD 试验设计法进行试验优化设计，选择提取 / 反应温度、石油醚用量、甲醇用量、固体酸催化剂用量为试验因素，分别以 X_1、X_2、X_3、X_4 表示，每个变量的低、中、高水平分别以 –1、0、1 表示，按方程 $x_i=(X_i-X_0)/\Delta X$ 对自变量进行编码，其中，x_i 为自变量的编码值，X_i 为自变量的真实值，X_0 为试验中心点处自变量的真实值，ΔX 为自变量的变化步长，响应值为生物柴油得率 Y（%）。试验因素和水平见表 9-4。

表 9-4　中心复合试验设计因素水平及编码

x_i 因素水平编码	试验因子			
	提取/反应温度 (X_1)/℃	石油醚用量 (X_2)/(mL/g)	甲醇用量 (X_3)/(mL/100g)	催化剂用量 (X_4)/(g/100g)
−2	70	3	8	0.2
−1	75	4	12	0.4
0	80	5	16	0.6
1	85	6	20	0.8
+2	90	7	24	1.0

9.5　试验结果与分析

9.5.1　均相碱催化一步法制备生物柴油工艺结果分析

1. 单因素试验结果与分析

1）提取/反应温度对生物柴油得率的影响

在石油醚用量为 5∶1，甲醇用量为 12%，NaOH 用量为 0.3%，反应时间为 2h 的条件下，不同提取/反应温度对文冠果油基生物柴油得率的影响如图 9-3 所示。

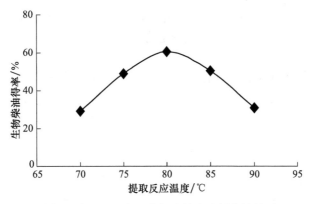

图 9-3　提取/反应温度与生物柴油得率的关系

由图 9-3 可知，在选定的提取/反应时间、石油醚用量、甲醇用量和 NaOH 用量的条件下，提取/反应温度在 70～80℃的范围内，生物柴油得率不断增大，当提取/反应温度达到 80℃时，生物柴油得率最大为 60.56%。原因可能是对于一定量的文冠果种仁粉来说，温度升高增加了溶剂分子运动剧烈程度，提高了文冠果种仁的提取速率和文冠果种仁油与甲醇的反应速率，从而使生物柴油得率不断增大。但是当其提取/反应温度高于 80℃后，其生物柴油得率反而下降，原因可能是，当温度继续升高后使得石油醚的挥发速率增大，提取文冠果种仁的有效时间缩短，同时甲醇挥发量也在不断地增加，从而导致醇油摩尔比降低，因而使得生物柴油得率下降。故最佳提取/反应温度为 80℃。

2）石油醚用量对生物柴油得率的影响

在提取/反应温度为80℃，甲醇用量为12%，NaOH用量为0.3%，反应时间为2h的条件下，不同石油醚用量对文冠果种仁油生物柴油得率的影响如图9-4所示。

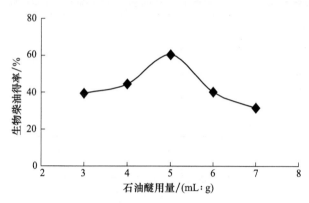

图9-4   石油醚用量与生物柴油得率的关系

由图9-4可知，在选定的提取/反应时间、提取/反应温度、甲醇用量和NaOH用量的条件下，随着石油醚用量的增大，生物柴油得率增大，石油醚用量为5∶1时，生物柴油得率最大为60.73%。分析其原因可能是：文冠果种仁粉的量一定，随着石油醚用量的增大，种仁粉与溶剂的接触更加充分，固液相间的浓度差越来越大，从而有利于文冠果种仁油的提取和生物柴油的合成，但当石油醚的体积用量高于5∶1后，生物柴油得率反而下降，而且石油醚的使用量越大似乎生物柴油得率下降得越多，其原因可能是，石油醚用量越大，使得甲醇和文冠果种仁油的有效浓度越低，从而降低了文冠果种仁油合成生物柴油的反应速率，使得生物柴油的得率降低。故最佳石油醚用量为5∶1。

3）甲醇用量对生物柴油得率的影响

在提取/反应温度为80℃，石油醚用量为5∶1，NaOH用量为0.3%，反应时间为2h的条件下，不同甲醇用量对文冠果油基生物柴油得率的影响如图9-5所示。

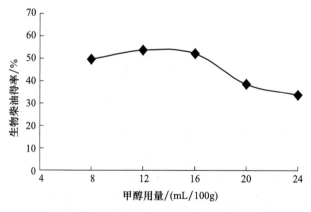

图9-5   甲醇用量与生物柴油得率的关系

由图9-5可知，在选定的提取/反应时间、提取/反应温度、石油醚用量和NaOH用量的条件下，甲醇体积用量为文冠果种仁质量的8%~16%时，生物柴油得率变化不大，甲醇体积用量 12% 时，其得率最大为 61.50%。原因可能是甲醇的使用量在此范围内时，醇油摩尔比可能在最适宜的比例范围内，在该范围内文冠果种仁油能够充分反应转化为生物柴油。当其用量高于 16% 后，生物柴油得率明显下降，分析其原因可能是由于酯交换反应中产生的副产物甘油所造成的，因为甘油在文冠果种仁油以及脂肪酸甲酯中的溶解度均很小，而在甲醇中的溶解度比较大。因此，当甲醇适量时生成的甘油能比较快的脱离反应体系，但是当甲醇过量时，甘油就会大量的溶解到甲醇之中，很难从反应体系中脱离，而且甲醇过量的越多，甘油就越难从反应体系中脱离。根据可逆反应的理论可知，溶解在反应相的甘油越多，生物柴油得率则越低[185]。

4）NaOH 用量对生物柴油得率的影响

在提取 / 反应温度为 80℃，石油醚用量为 5：1，甲醇用量为 12%，反应时间为 2h 的条件下，不同 NaOH 用量对文冠果油基生物柴油得率的影响如图 9-6 所示。

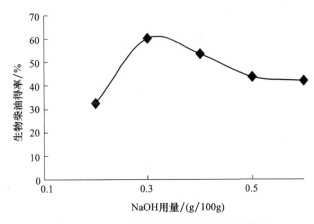

图 9-6　NaOH 用量与生物柴油得率的关系

由图 9-6 可知，在选定的提取 / 反应时间、提取 / 反应温度、石油醚用量和甲醇用量的条件下，随着 NaOH 用量的不断增加，生物柴油得率开始不断地增大，但当 NaOH 的用量增加到一定值之后，生物柴油得率开始下降，NaOH 用量为 0.3% 时，生物柴油得率最大为 60.43%。这是因为过多的 NaOH 会与文冠果种仁油中的脂肪酸发生皂化反应，生成甘油和脂肪酸钠的混合物，从而导致反应后的粗生物柴油黏度增大，使甘油的分离困难，致使生物柴油得率下降，这与文献 [186] 分析一致。因此催化剂用量控制在 0.3% 最为适宜。

2. CCD 试验结果分析

1）模型方程的建立与显著性分析

均相碱催化一步法制备生物柴油工艺优化试验方案及结果如表 9-5 所示，其方差分析结果如表 9-6 所示。

表 9-5　中心复合试验设计及结果

试验序号	提取 / 反应温度 (X_1)/℃	石油醚用量 (X_2)/ (mL/g)	甲醇用量 (X_3)/ (mL/100g)	催化剂用量 (X_4)/ (g/100g)	生物柴油得率 Y/%
1	−1（75）	−1（4）	−1（12）	−1（0.3）	57.56

试验序号	提取/反应温度 (X_1)/℃	石油醚用量 (X_2)/(mL/g)	甲醇用量 (X_3)/(mL/100g)	催化剂用量 (X_4)/(g/100g)	生物柴油得率 Y/%
2	1（85）	−1	−1	−1	39.3
3	−1	1（6）	−1	−1	65.8
4	1	1	−1	−1	61.02
5	−1	−1	1（20）	−1	25.6
6	1	−1	1	−1	21.53
7	−1	1	1	−1	46.24
8	1	1	1	−1	51.54
9	−1	−1	−1	1（0.5）	36.84
10	1	−1	−1	1	35.94
11	−1	1	−1	1	47.14
12	1	1	−1	1	64.7
13	−1	−1	1	1	31.69
14	1	−1	1	1	35.64
15	−1	1	1	1	48.25
16	1	1	1	1	45.34
17	−2（70）	0（5）	0（16）	0（0.4）	53.97
18	2（90）	0	0	0	30.27
19	0（85）	−2（3）	0	0	32.77
20	0	2（7）	0	0	41.94
21	0	0	−2（8）	0	52.19
22	0	0	2（24）	0	40.74
23	0	0	0	−2（0.2）	53.84
24	0	0	0	2（0.6）	51.61
25	0	0	0	0	58.99
26	0	0	0	0	42.71
27	0	0	0	0	47.43
28	0	0	0	0	60.16
29	0	0	0	0	50.27
30	0	0	0	0	56.28

　　根据回归分析结果，建立了以生物柴油得率（Y）为响应值，以提取/反应温度（X_1）、石油醚用量（X_2）、甲醇用量（X_3）和 NaOH 用量（X_4）为自变量 4 因素水平间的数学回归模型为：

$$Y = -305.952\,19 + 11.876\,96X_1 + 12.512\,29X_2 - 4.428\,18X_3 - 497.714\,58X_4 + 0.430\,62\,X_1X_2$$
$$+ 0.027\,03\,X_1X_3 + 4.938\,75\,X_1X_4 + 0.123\,28\,X_2X_3 - 9.556\,25\,X_2X_4 + 8.604\,69\,X_3X_4 - 0.105\,42\,X_1^2 -$$

$3.826\ 77\ X_2^2 - 0.096\ 83\ X_3^2 + 1.572\ 92\ X_4^2$

表 9-6　试验结果方差分析

来源	平方和	自由度	均方	F 值	概率 P	显著性
回归	2868.92	14	204.92	3.10	0.0187	*
X_1	110.55	1	110.55	1.67	0.2157	
X_2	1124.36	1	1124.36	17.00	0.0009	**
X_3	654.90	1	654.90	9.90	0.0067	*
X_4	31.53	1	31.53	0.48	0.5005	
X_1X_2	74.18	1	74.18	1.12	0.3064	
X_1X_3	4.68	1	4.68	0.07	0.7940	
X_1X_4	97.57	1	97.57	1.47	0.2434	
X_2X_3	3.89	1	3.89	0.06	0.8117	
X_2X_4	14.61	1	14.61	0.22	0.6451	
X_3X_4	189.54	1	189.54	2.87	0.1112	
X_1^2	190.52	1	190.52	2.88	0.1103	
X_2^2	401.67	1	401.67	6.07	0.0263	*
X_3^2	65.84	1	65.84	1.00	0.3343	
X_4^2	0.01	1	0.01	0	0.9921	
残差	992.27	15	66.15			
失拟	750.79	10	75.08	1.55	0.3271	
误差	241.49	5	48.30			
总和	3861.20	29				

注：* 指 P 值小于 0.01，表示考察因素或者模型有显著影响；** 指 P 值小于 0.001，表示影响极为显著。$F_{0.01}(1, 15)$ =8.68，$F_{0.05}(1, 15)$ =4.54，$F_{0.10}(1, 15)$ =3.07，$F_{0.01}(14, 15)$ =3.56，$F_{0.05}(14, 15)$ =2.42，$F_{0.10}(14, 15)$ =1.99，$F_{0.01}(10, 5)$ =10.05，$F_{0.05}(10, 5)$ =4.74，$F_{0.10}(10, 5)$ =3.30。

　　通过对表 9-6 中的方差分析可知：回归方程的失拟性差异并不显著，因为 $F_{失拟}$ = 1.55<$F_{0.05}(10, 5)$ =4.74，因此，所拟合的二次回归模型是适当的；通过对回归方程的显著性检验可知回归方程是极显著的，因为 $F_{0.05}(14, 15)$ =2.42<$F_{方程}$ =3.10<$F_{0.01}(14, 15)$ = 3.56，这也表明该数学模型是成立的。F 值的大小可以反映出各个自变量因素对响应值的影响程度，某因素的 F 值越大，就表明该因素的影响程度越大。由方差分析结果知：F_{X_1} =1.67，F_{X_2} =17.00，F_{X_3} =9.90，F_{X_4} =0.48，由此可见，4 个因素中，X_2、X_3 都极为显著。因此各因素对生物柴油得率的影响程度大小顺序为：石油醚用量＞甲醇用量＞提取 / 反应温度＞NaOH 用量。因素间交互作用的影响程度大小顺序为：甲醇用量和 NaOH 的用量＞提取 / 反应温度和 NaOH 的用量＞提取 / 反应温度和石油醚用量＞石油醚用量和 NaOH 用量＞提取 / 反应温度

和甲醇用量＞石油醚用量和甲醇用量。

2）响应曲面分析

根据回归方程，作出响应曲面和等高线，考察拟合响应曲面的形状，分析提取／反应温度、石油醚用量、甲醇用量和 NaOH 用量对生物柴油得率的影响。

$Y=f(X_1, X_2, X_3=16, X_4=0.4)$ 的响应面及等高线见图 9-7，$Y=f(X_1, X_3, X_2=5:1, X_4=0.4)$ 的响应面及等高线见图 9-8，$Y=f(X_1, X_4, X_2=5:1, X_3=16)$ 的响应面及等高线见图 9-9，$Y=f(X_2, X_3, X_1=80℃, X_4=0.4)$ 的响应面及等高线见图 9-10，$Y=f(X_2, X_4, X_1=80℃, X_3=16)$ 的响应面及等高线见图 9-11，$Y=f(X_3, X_4, X_1=80℃, X_2=5:1)$ 的响应面及等高线见图 9-12。

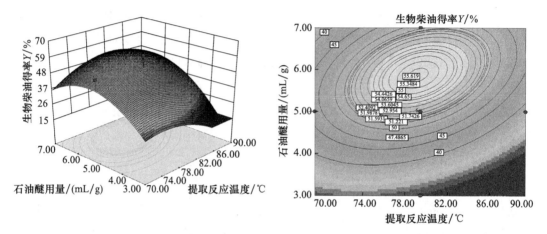

图 9-7　提取／反应温度与石油醚用量的响应曲面图和等值线图

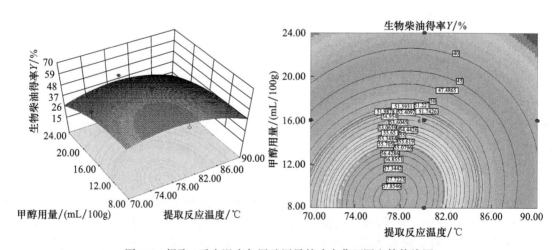

图 9-8　提取／反应温度与甲醇用量的响应曲面图和等值线图

根据响应面图可以获得等高线的形状，等高线的形状反映出交互效应的强弱，椭圆形表示 2 个因素交互作用显著，而呈现圆形则表示对应的 2 个因素间交互影响比较弱[200, 201]。结合图 9-7～图 9-12 和回归方程系数的显著性检验，可以得出优化区域内各因素交互作用对生物柴油得率的影响作用大小，提取／反应温度和石油醚用量、提取／反应温度和 NaOH 的用量以及甲醇用量和 NaOH 的用量的交互作用相对显著，其余因素间的交互作用较小。

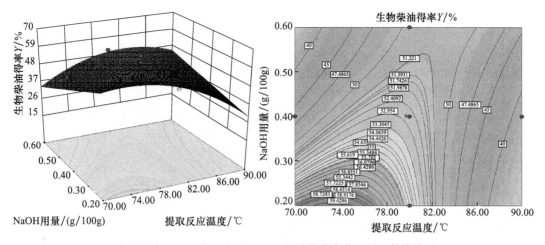

图 9-9　提取/反应温度与 NaOH 用量的响应曲面图和等值线图

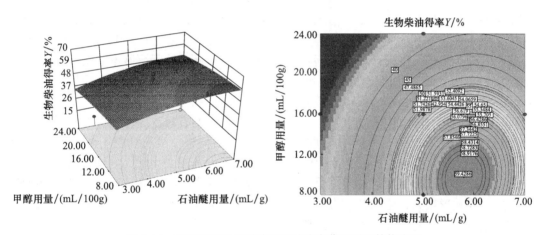

图 9-10　石油醚用量与甲醇用量的响应曲面图和等值线图

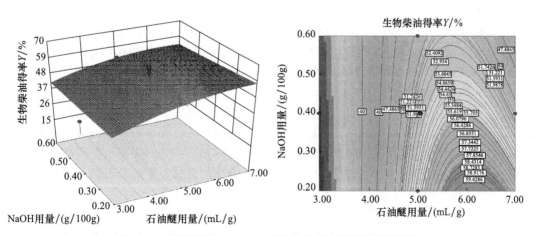

图 9-11　石油醚用量、NaOH 用量的响应曲面图和等值线图

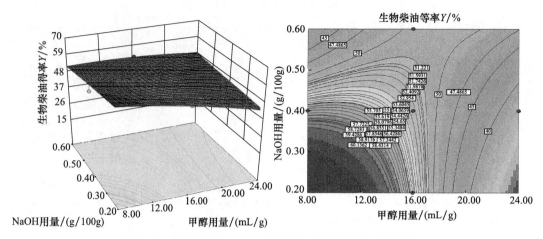

图 9-12　甲醇用量与 NaOH 用量的响应曲面图和等值线图

　　图 9-7 为在甲醇用量为 16%，NaOH 用量为 0.4% 的情况下，不同提取 / 反应温度和石油醚用量条件下生物柴油得率的变化情况。从图 9-7 可以看出，当提取 / 反应温度在 70～90℃ 范围内，处于一定水平时，石油醚用量在 3∶1～7∶1 的范围变化时，生物柴油得率呈先增加后减小的变化趋势；但当提取 / 反应温度接近 90℃，生物柴油得率基本是随石油醚用量的增加而增大。这是因为当提取 / 反应温度一定时，石油醚用量的增加会使文冠果种仁的出油率增加，从而会提高生物柴油得率，但是当石油醚用量达到一定水平时，生物柴油得率会有所降低，其原因是石油醚体积过于大，会降低油脂和甲醇的有效浓度，从而降低了化学反应速率，使得在一定的时间内，生物柴油得率有所降低。同样，当石油醚用量在 3∶1～7∶1 范围内，处于一定水平时，提取 / 反应温度在 70～90℃的范围变化时，生物柴油得率也呈现相同的变化趋势。这是因为石油醚用量一定时，提取 / 反应温度升高其油脂提取率会有所增加，合成反应速率增大，生物柴油得率增大；但提取 / 反应温度高于一定水平后，甲醇和石油醚挥发量都会相应的增加，因而生物柴油得率会有所下降。

　　图 9-8 为在石油醚用量为 5∶1，NaOH 用量为 0.4% 的情况下，不同提取 / 反应温度和甲醇用量条件下生物柴油得率的变化情况。从图 9-8 可以看出，当提取 / 反应温度在 70～90℃范围内，处于一定水平时，甲醇用量在 8%～24% 的范围变化时，生物柴油得率基本呈减小趋势。这是因为当提取 / 反应温度一定时，甲醇用量增加，使得反应体系中甘油的溶解度增大，很难从反应体系中脱离，而且甲醇用量越大，甘油就越难脱离反应体系。根据可逆反应理论，产物能够及时从反应体系中脱出可使平衡正向移动，提高生物柴油得率。因此，甲醇用量增大会降低生物柴油得率。当甲醇用量在 8%～24% 范围内，处于一定水平时，提取 / 反应温度在 70～90℃的范围变化时，生物柴油得率先增大后减小。其原因是当甲醇用量一定时，提取 / 反应温度处于低水平时，甲醇的挥发量相对较少，能够充分地进行酯交换反应，但当提取 / 反应温度处于较高水平时，甲醇和石油醚的挥发量都有所增加，尽管提取 / 反应温度的升高，增大了反应速率，但其影响程度要低于甲醇和石油醚挥发所造成的影响，因此生物柴油得率会降低。

　　图 9-9 为在石油醚用量为 5∶1，甲醇用量为 16% 的情况下，不同提取 / 反应温度和 NaOH 用量条件下生物柴油得率的变化情况。从图 9-9 可以看出，当提取 / 反应温度低于 80℃，并处于一定水平时，生物柴油得率随着 NaOH 用量的增大而降低；当高于

80℃，并处于一定水平时，生物柴油得率随着 NaOH 用量的增大而增大。当 NaOH 用量在 0.2%～0.6% 范围内，处于一定水平时，提取 / 反应温度在 70～90℃ 的范围变化时，生物柴油得率基本呈先增大后减小的变化趋势。这是因为 NaOH 能够与油脂中游离的脂肪酸发生皂化反应，而皂化反应是放热反应，所以在温度较低时，有利于皂化反应的进行，因此可以通过控制 NaOH 的用量来减小皂化反应的影响；当温度较高时皂化反应将会左移，所以适当增加 NaOH 的用量，反而会增加生物柴油得率。

图 9-10 为提取 / 反应温度为 80℃，NaOH 用量为 0.4% 的情况下，不同石油醚用量和甲醇用量条件下生物柴油得率的变化情况。从图 9-10 可以看出，当石油醚用量和甲醇用量在一定的范围内时，生物柴油得率最大，其范围大约为：石油醚用量为 5.5∶1～6∶1 和甲醇用量为 9%～11%。当石油醚用量处于一定水平时，在试验优化区域内，随着甲醇用量的增加，生物柴油得率基本呈减小的变化趋势。这是因为石油醚用量一定时，甲醇用量增加，反应体系中甘油的溶解度就会增大，很难脱离反应体系，生物柴油得率就会降低。当甲醇用量处于一定水平时，在试验优化区域内，随着石油醚用量的增加，生物柴油得率先增大后减小。其原因是甲醇用量一定时，石油醚用量的增加会增加文冠果种仁的出油率，从而会提高生物柴油得率，但是当石油醚用量达到一定水平后，则降低了油脂和甲醇的有效浓度，从而降低了酯交换反应速率，因此生物柴油得率有所降低。

图 9-11 展示了提取 / 反应温度为 80℃，甲醇用量为 16% 的情况下，不同石油醚用量和 NaOH 用量条件下生物柴油得率的变化情况。从图 9-11 可以看出，当石油醚用量处于一定水平时，随着 NaOH 用量的增加，生物柴油得率基本呈现减小的变化趋势，但是变化幅度并不大。这是因为石油醚用量一定时，NaOH 用量增加，会使皂化反应增强，因而生物柴油得率会有所降低。当 NaOH 用量处于一定水平时，随着石油醚用量的增加，生物柴油得率先增大后减小。其原因是石油醚用量的增加会使文冠果种仁的出油率增加，从而会提高生物柴油得率，但当石油醚用量过于大时，就降低了油脂和甲醇的有效浓度，降低了酯交换反应速率，因而生物柴油得率会有所降低。

图 9-12 展示了提取 / 反应温度为 80℃，石油醚用量为 5∶1 的情况下，不同 NaOH 用量和甲醇用量条件下生物柴油得率的变化情况。从图 9-12 可以看出，当甲醇用量在 8%～17% 范围内，并处于一定水平时，生物柴油得率随着 NaOH 用量的增大而降低；当甲醇用量在 17%～24% 范围内，并处于一定水平时，生物柴油得率随着 NaOH 用量的增大而增大。这是因为当甲醇用量在 8%～17% 时，醇油摩尔比适宜，而 NaOH 用量增加，更容易发生皂化反应，因此生物柴油得率就会降低。当甲醇用量在 17%～24% 范围内时，NaOH 用量增加，有利于酯交换反应的进行，但由于甘油难以分离以及皂化反应加剧，所以生物柴油得率仍然很低。当 NaOH 用量在 0.2%～0.4% 的范围内，处于一定水平时，生物柴油得率随着甲醇用量的增大而降低。当 NaOH 用量在 0.4%～0.6% 的范围内，处于一定水平时，生物柴油得率随着甲醇用量的增大呈先增大后减小的变化趋势。这是因为 NaOH 用量为 0.2%～0.4% 时，随着甲醇用量的增加，体系中甘油的溶解度增大，不容易脱离反应体系，生物柴油得率就会降低。当 NaOH 用量为 0.4%～0.6% 时，NaOH 与油脂中游离的脂肪酸更容易发生皂化反应，而甲醇的用量适当增加则会增加酯交换反应的速率，使生物柴油得率增大，但甲醇用量过多甘油溶解度增大，其得率就会降低。

3. 最佳工艺条件的确定

利用 Design expert 软件结合回归模型，得出使用 NaOH 为催化剂，一步法均相催化文冠果种仁合成生物柴油的最佳工艺条件为：提取 / 反应温度为 76.73℃，石油醚用量为 5.77 : 1（mL : g），甲醇用量为文冠果种仁质量的 12%（mL/g），NaOH 用量为文冠果种仁质量的 0.3%（质量比），其生物柴油预测得率为 65.44%。为了验证模型的预测准确性，同时考虑试验操作便利，对工艺条件进行了修正，修正后的优化条件为：提取 / 反应温度为 77℃，石油醚用量为 6 : 1（mL/g），甲醇用量为文冠果种仁质量的 12%（mL/g），NaOH 用量为文冠果种仁质量的 0.3%（质量比）。在此条件下进行验证试验，重复试验 5 次，生物柴油得率分别为：65.91%、65.12%、65.65%、65.88%、65.35%，其平均值为 65.58%，方程预测值为 65.44%，其相对误差为 0.21%。结果表明中心复合设计法所优化的制取条件准确可靠，验证了数学回归模型的合理性。

9.5.2　固体酸催化一步法制备生物柴油工艺结果分析

1. 单因素试验结果与分析

1）提取 / 反应温度对生物柴油得率的影响

在石油醚用量为 5 : 1，甲醇用量为 12%，催化剂用量为 0.6%，反应时间为 2h 的条件下，不同提取 / 反应温度对文冠果油基生物柴油得率的影响如图 9-13 所示。

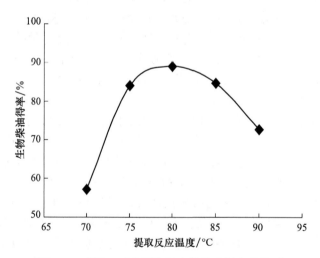

图 9-13　提取 / 反应温度与生物柴油得率的关系

由图 9-13 可知，在选定的提取 / 反应时间、石油醚用量、甲醇用量和催化剂用量的条件下，提取 / 反应温度在 70～80℃的范围内，生物柴油得率不断增大；当到达 80℃时，生物柴油得率最大为 89.00%。分析变化的原因有两种：①与以 NaOH 为催化剂的均相催化一步法一样，温度升高增加了提取和酯交换反应的速率，促进酯交换反应的平衡正向移动，从而使生物柴油得率不断增大。但当其温度过于高时，就会造成石油醚和甲醇大量的挥发，导致醇油摩尔比降低，使得酯交换反应的平衡逆向移动，因而使得生物柴油得率下降。②温度再升高，可能会发生副反应，生成二甲醚、甘油醚等副产物，从而降低生物柴油得率。故最佳提取/反应温度为80℃。

2）石油醚用量对生物柴油得率的影响

在提取/反应温度为80℃，甲醇用量为12%，催化剂用量为0.6%，反应时间为2h的条件下，不同石油醚用量对文冠果种仁油生物柴油得率的影响如图9-14所示。

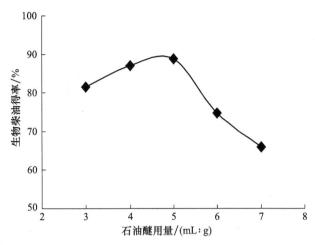

图9-14 石油醚用量与生物柴油得率的关系

由图9-14可知，在选定的提取/反应时间、提取/反应温度、甲醇用量和催化剂用量的条件下，随着石油醚用量的增大，生物柴油得率增大，石油醚用量为5∶1时，生物柴油得率最大为88.82%。分析变化的原因，认为与以NaOH为催化剂的均相催化一步法一致，适宜的石油醚用量可以有效增加种仁粉与溶剂的接触，有利于文冠果种仁油的提取和生物柴油的合成，如果石油醚用量过高，会使得甲醇和文冠果种仁油的有效浓度降低，从而降低了文冠果种仁油合成生物柴油的速率，使得生物柴油的得率降低。故最佳石油醚用量为5∶1。

3）甲醇用量对生物柴油得率的影响

在提取/反应温度为80℃，石油醚用量为5∶1，催化剂用量为0.6%，反应时间为2h的条件下，不同甲醇用量对文冠果油基生物柴油得率的影响如图9-15所示。

由图9-15可知，在选定的提取/反应时间、提取/反应温度、石油醚用量和催化剂用量的条件下，甲醇体积用量为文冠果种仁质量的8%～16%时，生物柴油得率变化不大，甲醇体积用量16%时，其得率最大为83.82%。这与以NaOH为催化剂的均相一步法有所不同，其甲醇用量要略高一些，其原因可能是因为在其他条件不变时，以酸为催化剂比以碱为催化剂所需要的醇油摩尔比要大[202]，因此当使用自制的SO_4^{2-}/SnO_2-杭锦2#土固体酸催化剂时甲醇的用量会略有增加。

4）催化剂用量对生物柴油得率的影响

在提取/反应温度为80℃，石油醚用量为5∶1，甲醇用量为12%，反应时间为2h的条件下，不同催化剂用量对文冠果油基生物柴油得率的影响如图9-16所示。

由图9-16可知，在选定的提取/反应时间、提取/反应温度、石油醚用量和甲醇用量的条件下，随着SO_4^{2-}/SnO_2^{2-}杭锦2#土固体酸催化剂用量的不断增加，生物柴油得率开始不断地增大，但当该催化剂的用量增加到一定值之后，生物柴油得率开始下降，当SO_4^{2-}/SnO_2-杭锦 2# 土固体酸催化剂用量为 0.8% 时，生物柴油得率最大为 84.55%。原因可能是当催化剂用量增大时，会造成文冠果种仁油中游离脂肪酸与甲醇发生酯化反应，生成一小部分水，从而使酯交换反应中产生的阳碳离子与水反应生成碳酸，造成生物柴油得率下降。因此催化剂用量控制在 0.8% 最为适宜。

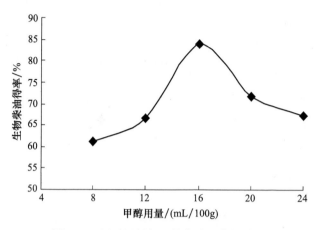

图 9-15　甲醇用量与生物柴油得率的关系

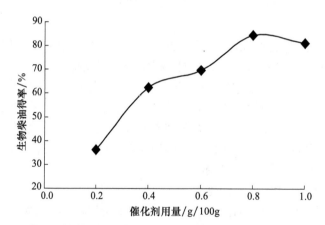

图 9-16　固体酸催化剂用量与生物柴油得率的关系

2. CCD 试验结果分析

1）模型方程的建立与显著性分析

SO_4^{2-}/SnO_2- 杭锦 2# 土固体酸一步法催化文冠果种仁制备生物柴油工艺优化试验方案及结果如表 9-7 所示，其方差分析结果如表 9-8 所示。

表 9-7　中心复合试验设计及结果

试验序号	提取/反应温度 (X_1)/℃	石油醚用量 (X_2)/(mL/g)	甲醇用量 (X_3)/(mL/100g)	催化剂用量 (X_4)/(g/100g)	生物柴油得率 Y/%
1	−1（75）	−1（4）	−1（12）	−1（0.4）	76.44

续表

试验序号	提取/反应温度 (X_1)/℃	石油醚用量 (X_2)/ (mL/g)	甲醇用量 (X_3)/ (mL/100g)	催化剂用量 (X_4)/ (g/100g)	生物柴油得率 Y/%
2	1（85）	−1	−1	−1	83.14
3	−1	1（6）	−1	−1	75.72
4	1	1	−1	−1	77.37
5	−1	−1	1（20）	−1	69.31
6	1	−1	1	−1	79.66
7	−1	1	1	−1	77.4
8	1	1	1	−1	89.21
9	−1	−1	−1	1（0.8）	82.58
10	1	−1	−1	1	86.28
11	−1	1	−1	1	79.62
12	1	1	−1	1	76.79
13	−1	−1	1	1	76.17
14	1	−1	1	1	84.38
15	−1	1	1	1	76.2
16	1	1	1	1	84.32
17	−2（70）	0（5）	0（16）	0（0.6）	75.29
18	2（90）	0	0	0	85.31
19	0（85）	−2（3）	0	0	87.72
20	0	2（7）	0	0	81.31
21	0	0	−2（8）	0	89.58
22	0	0	2（24）	0	82.47
23	0	0	0	−2（0.2）	68.39
24	0	0	0	2（1.0）	85.67
25	0	0	0	0	89.3
26	0	0	0	0	91.06
27	0	0	0	0	88.74
28	0	0	0	0	86.31
29	0	0	0	0	91.01
30	0	0	0	0	89.52

　　根据回归分析结果，建立了以生物柴油得率（Y）为响应值，以提取/反应温度（X_1）、石油醚用量（X_2）、甲醇用量（X_3）和固体酸催化剂用量（X_4）为自变量4个因素水平间的数学回归模型为：

$$Y = -678.575\,42 + 17.135\,00\,X_1 + 20.777\,08\,X_2 - 7.583\,54\,X_3 + 227.056\,25\,X_4 - 0.127\,62\,X_1X_2 + 0.091\,469\,X_1X_3 - 0.831\,87\,X_1X_4 + 0.571\,09\,X_2X_3 - 7.384\,38\,X_2X_4 - 0.555\,47\,X_3X_4 - 0.105\,60$$

$X_1^2 - 1.586\,35\,X_2^2 - 0.075\,553\,X_3^2 - 86.440\,10\,X_4^2$

表 9-8　试验结果方差分析

来源	平方和	自由度	均方	F 值	概率 P	显著性
回归	997.63	14	71.26	7.29	0.0002	**
X_1	191.25	1	191.25	19.57	0.0005	**
X_2	8.34	1	8.34	0.85	0.3702	
X_3	10.02	1	10.02	1.03	0.3273	
X_4	115.50	1	115.50	11.82	0.0037	*
X_1X_2	6.52	1	6.52	0.67	0.4270	
X_1X_3	53.55	1	53.55	5.48	0.0335	
X_1X_4	11.07	1	11.07	1.13	0.3040	
X_2X_3	83.49	1	83.49	8.54	0.0105	*
X_2X_4	34.90	1	34.90	3.57	0.0783	
X_3X_4	3.16	1	3.16	0.32	0.5781	
X_1^2	191.18	1	191.18	19.56	0.0005	**
X_2^2	69.02	1	69.02	7.06	0.0179	
X_3^2	40.08	1	40.08	4.10	0.0610	
X_4^2	327.91	1	327.91	33.55	< 0.0001	**
残差	146.60	15	9.77			
失拟	131.28	10	13.13	4.28	0.0609	
误差	15.32	5	3.06			
总和	1144.23	29				

注：* 指 P 值小于 0.01，表示考察因素或者模型有显著影响；** 指 P 值小于 0.001，表示影响极为显著。$F_{0.01}(1,$ $15)=8.68$，$F_{0.05}(1,15)=4.54$，$F_{0.10}(1,15)=3.07$，$F_{0.01}(14,15)=3.56$，$F_{0.05}(14,15)=2.42$，$F_{0.10}(14,15)=1.99$，$F_{0.01}(10,5)=10.05$，$F_{0.05}(10,5)=4.74$，$F_{0.10}(10,5)=3.30$。

通过对表 9-8 中的方差分析可知：回归方程的失拟性差异并不显著，因为 $F_{失拟}=4.28 < F_{0.05}$（10，5）=4.74，因此，所拟合的二次回归模型是适当的；通过对回归方程的显著性检验可知回归方程是极显著的，因为 $F_{0.05}$（14，15）=2.42＜$F_{方程}=7.29$＜$F_{0.01}$（14，15）=3.56，这也表明该数学模型是成立的。F 值的大小可以反映出各个自变量因素对响应值的影响程度，某因素的 F 值越大，就表明该因素的影响程度越大。由方差分析结果知：$F_{X_1}=19.57$，$F_{X_2}=0.85$，$F_{X_3}=1.03$，$F_{X_4}=11.82$，由此可见，4 个因素中，X_1、X_4 影响极为显著。因此各因素

对生物柴油得率的影响程度大小顺序为：提取／反应温度＞催化剂用量＞甲醇用量＞石油醚用量。因素间交互作用的影响程度大小顺序为：石油醚用量和甲醇用量＞提取／反应温度和甲醇用量＞石油醚用量和催化剂用量＞提取／反应温度和催化剂的用量＞提取／反应温度和石油醚用量＞甲醇用量和催化剂的用量。

　　2）响应曲面分析

　　根据回归方程，作出响应面和等高线，考察拟合响应曲面的形状，分析提取／反应温度、石油醚用量、甲醇用量和催化剂用量对生物柴油得率的影响。

　　$Y=f(X_1, X_2, X_3=16, X_4=0.6)$ 的响应面及等高线见图 9-17，$Y=f(X_1, X_3, X_2=5:1, X_4=0.6)$ 的响应面及等高线见图 9-18，$Y=f(X_1, X_4, X_2=5:1, X_3=16)$ 的响应面及等高线见图 9-19，$Y=f(X_2, X_3, X_1=80℃, X_4=0.6)$ 的响应面及等高线见图 9-20，$Y=f(X_2, X_4, X_1=80℃, X_3=16)$ 的响应面及等高线见图 9-21，$Y=f(X_3, X_4, X_1=80℃, X_2=5:1)$ 的响应面及等高线见图 9-22。

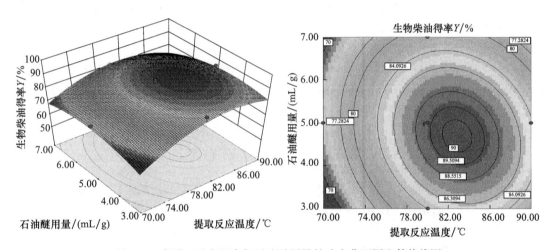

图 9-17　提取／反应温度与石油醚用量的响应曲面图和等值线图

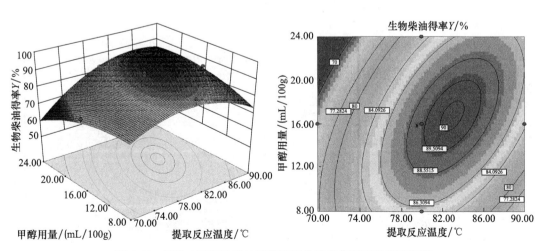

图 9-18　提取／反应温度与甲醇用量的响应曲面图和等值线图

　　结合图 9-17～图 9-22 和回归方程系数的显著性检验，可以得出优化区域内各因素交互作用对生物柴油得率的影响作用大小，石油醚用量和甲醇用量、提取 / 反应温度和甲醇用量的交互作用相对显著，其余因素间的交互作用较小。

　　图 9-17 展示了甲醇用量为 16%，催化剂用量为 0.6% 的情况下，不同提取 / 反应温度和石油醚用量条件下生物柴油得率的变化情况。从图 9-17 可以看出，提取 / 反应温度和石油醚用量对生物柴油得率的影响情况，并且也能反映出生物柴油得率较高的区域。从等值平面图可以看出，其图形接近圆形，表明提取 / 反应温度和石油醚用量的交互作用并不十分明显。生物柴油得率较高的区域为提取 / 反应温度 X_1=（80～84℃）、石油醚用量 X_2=（4：1～5：1），此区域内生物柴油得率可达到 90% 以上。

　　图 9-18 展示了石油醚用量为 5：1，催化剂用量为 0.6% 的情况下，不同提取 / 反应温度和甲醇用量条件下生物柴油得率的变化情况。从图 9-18 可以看出，提取 / 反应温度和甲醇用量对生物柴油得率的影响情况，并且也能反映出生物柴油得率较高的区域。从等值平面图可以看出，其图形为椭圆形，表明提取 / 反应温度和甲醇用量的交互作用比较显著。生物柴油得率较高的区域为提取 / 反应温度 X_1=（80～84℃）、甲醇用量 X_3=（14%～18%），此区域内生物柴油得率可达到 89% 左右。

　　图 9-19 展示了石油醚用量为 5：1，甲醇用量为 16% 的情况下，不同提取 / 反应温度和催化剂用量条件下生物柴油得率的变化情况。从图 9-19 可以看出，提取 / 反应温度和催化剂用量对生物柴油得率的影响情况，并且也能反映出生物柴油得率较高的区域。从等值平面图可以看出，其图形接近圆形，表明提取 / 反应温度和催化剂用量的交互作用并不十分显著。生物柴油得率较高的区域为提取 / 反应温度 X_1=（80～84℃）、催化剂用量 X_4=（0.6%～0.8%），此区域内生物柴油得率可达到 90.2% 左右。

　　图 9-20 展示了提取 / 反应温度为 80℃，催化剂用量为 0.6% 的情况下，不同石油醚用量和甲醇用量下生物柴油得率的变化情况。从图 9-20 可以看出，石油醚用量和甲醇用量对生物柴油得率的影响情况，并且也能反映出生物柴油得率较高的区域。其等值平面为椭圆形，且长轴与短轴比还比较大，这表明石油醚用量和甲醇用量的交互作用非常显著。从图 9-20 中可看出，生物柴油得率较高的区域在试验范围内，石油醚用量 X_2=（3.5：1～4：1）、甲醇用量 X_3=（10%～12%），此区域内其得率可达到 90.10% 左右。

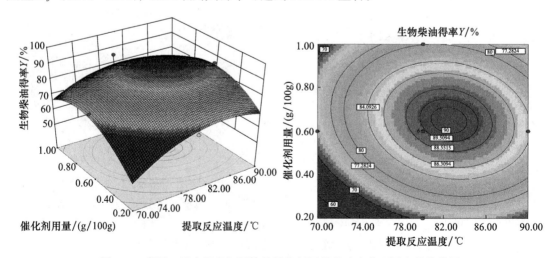

图 9-19　提取 / 反应温度与固体酸催化剂用量的响应曲面图和等值线图

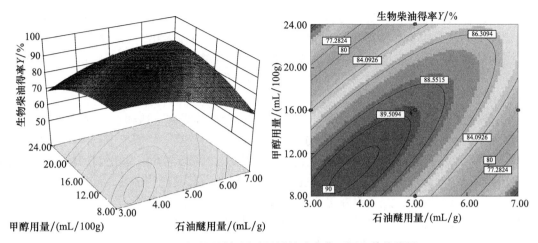

图 9-20　石油醚用量与甲醇用量的响应曲面图和等值线图

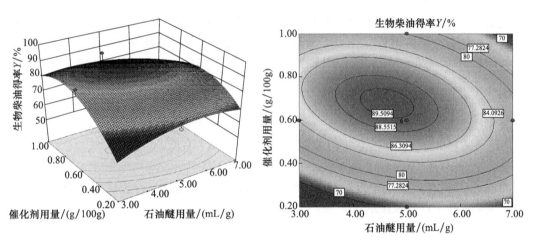

图 9-21　石油醚用量与固体酸催化剂用量的响应曲面图和等值线图

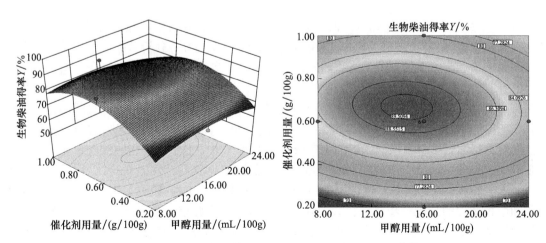

图 9-22　甲醇用量与固体酸催化剂用量的响应曲面图和等值线图

图 9-21 展示了提取 / 反应温度为 80℃，甲醇用量为 16% 的情况下，不同石油醚用量和催化剂用量条件下生物柴油得率的变化情况。从图 9-21 可以看出，石油醚用量和催化剂用量对生物柴油得率的影响情况，并且也能反映出生物柴油得率较高的区域。从等值平面图可以看出，其图形接近圆形，这表明石油醚用量和催化剂用量的交互作用并不十分明显。从图 9-21 中可以看出，生物柴油得率较高的区域在试验范围内，为石油醚用量 X_2=（4∶1～5∶1）、催化剂用量 X_4=（0.6%～0.8%），此区域内生物柴油得率可达到 90% 左右。

图 9-22 展示了提取 / 反应温度为 80℃，石油醚用量为 5∶1 的情况下，不同催化剂用量和甲醇用量条件下生物柴油得率的变化情况。从图 9-22 可以看出，催化剂用量和甲醇用量对生物柴油得率的影响情况，并且也能反映出生物柴油得率较高的区域。从等值平面图可以看出，其图形接近圆形，这表明催化剂用量和甲醇用量的交互作用并不十分明显。从图 9-22 中可以看出，生物柴油得率较高的区域在试验范围内，为甲醇用量 X_3=（14%～18%）、催化剂用量 X_4=（0.6%～0.8%），此区域内生物柴油得率可达到 89% 左右。

3. 最佳工艺条件的确定

利用 Design expert 软件结合回归模型，得出使用自制的 SO_4^{2-}/SnO_2- 杭锦 2# 土固体酸催化剂，一步法催化文冠果种仁合成生物柴油的最佳工艺条件为：提取 / 反应温度为 81.11℃，石油醚用量为 4∶1（mL/g），甲醇用量为文冠果种仁质量的 12%（mL/g），催化剂用量为文冠果种仁质量的 0.71%（质量比），其生物柴油预测得率为 91.40%。为了验证模型的预测准确性，同时考虑试验操作便利，对工艺条件进行了修正，修正后的优化条件为：提取 / 反应温度为 81℃，石油醚用量为 4∶1（mL/g），甲醇用量为文冠果种仁质量的 12%（mL/g），催化剂用量为文冠果种仁质量的 0.7%（质量比）。在此条件下进行验证试验，重复试验 5 次，生物柴油得率分别为：90.06%、91.84%、90.13%、91.34%、89.99%，其平均值为 90.67%，方程预测值为 91.40%，其相对误差为 0.80%。结果表明中心复合设计法优化的制取条件准确可靠，验证了数学回归模型的合理性。

9.6　试验结果讨论

（1）通过对试验结果分析可知，均相碱催化一步法制取生物柴油的最优化得率为 65.58%，较文献［198］报道的得率（86.76%）降低了 21.18%。分析其原因主要是文冠果种仁未经脱羧预处理，油脂中游离脂肪酸同碱催化剂发生皂化反应，使产品乳化，造成分离困难[203]，使其在精制过程中有一部分损失，因而造成其得率偏低。然而由毛油直接制取生物柴油可降低生产成本[203]。鲁厚芳等[203] 等综述报道了毛油中游离脂肪酸质量分数从 0.3% 增加到 5.3%，生物柴油收率由 97% 降到 6%。由此可见，如果毛油中游离脂肪酸含量过于高则会使生物柴油收率急剧降低，增加生产成本。但是如果毛油中游离脂肪酸含量比较低，直接制取生物柴油可降低生产成本，而文冠果种仁的酸值比较低，仅为 0.3%[204]，符合这一条件。一步法的制取工艺省去了毛油提取后的分离过程和毛油的脱羧预处理过程，将植物油的提取和生物柴油的合成一步完成，大大降低分离成本。因此该工艺简化了文献［198］中生物柴油的制取工艺，极大程度地降低了分离成本，具有一定的研究意义。

（2）在表 9-7 中试验序号 3 的试验条件下，即提取 / 反应温度为 75℃，石油醚用量为

6∶1，甲醇用量为文冠果种仁质量的 12%，NaOH 用量为文冠果种仁质量的 0.3% 时的得率为 65.8%，比最优条件下的得率 65.58% 略高，其原因可能是一次试验中的偶然因素造成的。该条件下方程预测得率为 64.77%，为检验其是否为试验中单次测定的偶然误差造成的，在该条件下又重复试验 5 次，生物柴油得率分别为：63.9%、64.9%、65.3%、65.8%、64.5%，其平均值为 64.88%，其相对误差为 0.17%。由此认为是单次测定的偶然误差造成的，这也进一步验证了模型的准确性。

（3）通过对均相一步法催化反应结果和非均相固体酸一步法催化反应结果的分析可知，在相同的提取 / 反应时间时，采用自制的 SO_4^{2-}/SnO_2- 杭锦 2# 土固体酸催化剂一步法催化文冠果种仁制取生物柴油要比采用 NaOH 均相一步法催化文冠果种仁制取生物柴油更适宜，因为采用固体酸一步法催化不仅仅做到了简化工艺，减少了分离过程，大大降低了分离成本，而且克服了 NaOH 作催化剂容易皂化的问题，使生物柴油得率得到了大幅提高，由 65.58% 提高到了 90.67%，较文献 [198] 中生物柴油制取工艺条件下的得率 86.76% 还要略高近 4 个百分点，另外反应条件也比较温和。因此，采用 SO_4^{2-}/SnO_2- 杭锦 2# 土固体酸催化剂一步法催化文冠果种仁制取生物柴油的方法还是有很大的研究潜力的。然而，通过对非均相固体酸一步法催化结果的分析可知，该方法需要的提取 / 反应温度要比碱催化的温度高，但是随着温度的升高，会发生一定的副反应，产生一定的副产物，尤其是可能会造成文冠果种仁油中的脂肪酸与甲醇发生转酯化反应，生成少量的水，由于有水的生成会降低催化剂的活性，从而使生物柴油得率下降，这是下一步需要解决的课题。

9.7　小　　结

（1）首次明确提出以文冠果种仁为原料，将文冠果种仁油的提取和生物柴油的合成一步完成的一步法工艺，并且通过试验研究证实该工艺是可行的。

（2）通过对文冠果种仁进行均相碱催化一步法制取生物柴油的工艺条件进行响应面优化试验，对结果数据应用 Design expert 软件进行拟合回归，建立了以生物柴油得率为响应值，以提取 / 反应温度、石油醚用量、甲醇用量和 NaOH 用量为自变量的二次多项式数学模型：

$$Y = -305.952\,19 + 11.876\,96X_1 + 12.512\,29X_2 - 4.428\,18X_3 - 497.714\,58X_4 + 0.430\,62\,X_1X_2 + 0.027\,03\,X_1X_3 + 4.938\,75\,X_1X_4 + 0.123\,28\,X_2X_3 - 9.556\,25\,X_2X_4 + 8.604\,69\,X_3X_4 - 0.105\,42\,X_1^2 - 3.826\,77\,X_2^2 - 0.096\,83\,X_3^2 + 1.572\,92\,X_4^2$$

（3）应用 Design expert 软件进行分析，对文冠果种仁均相碱催化一步法制备生物柴油的工艺进行优化并调整为可操作参数后，确定其最适宜的工艺条件为：提取 / 反应温度为 77℃，石油醚用量为 6∶1（mL/g），甲醇用量为文冠果种仁质量的 12%（mL/g），NaOH 用量为文冠果种仁质量的 0.3%（质量比），在该条件下生物柴油得率为 65.58%，方程预测值为 65.44%，其相对误差为 0.21%。

（4）通过对文冠果种仁进行非均相固体酸催化一步法制取生物柴油的工艺条件进行响应面优化试验，对结果数据应用 Design expert 软件进行拟合回归，建立了以生物柴油得率为响应值，以提取 / 反应温度、石油醚用量、甲醇用量和催化剂用量为自变量的二次多项式数学模型：

$$Y = -678.575\,42 + 17.135\,00\,X_1 + 20.777\,08\,X_2 - 7.583\,54\,X_3 + 227.056\,25\,X_4 - 0.127\,62$$

$X_1X_2 + 0.091\,469\,X_1X_3 - 0.831\,87\,X_1X_4 + 0.571\,09\,X_2X_3 - 7.384\,38\,X_2X_4 - 0.555\,47\,X_3X_4 - 0.105\,60$
$X_1^2 - 1.586\,35\,X_2^2 - 0.075\,553\,X_3^2 - 86.440\,10\,X_4^2$

（5）应用 Design expert 软件进行分析，对文冠果种仁非均相固体酸催化一步法制备生物柴油的工艺进行优化并调整为可操作参数后，确定其最适宜的工艺条件为：提取／反应温度为 81℃，石油醚用量为 4∶1（mL/g），甲醇用量为文冠果种仁质量的 12%（mL/g），催化剂用量为文冠果种仁质量的 0.7%（质量比），在该条件下生物柴油得率为 90.67%，方程预测值为 91.40%，其相对误差为 0.80%。

（6）由试验结果分析可知，采用自制的 SO_4^{2-}/SnO_2- 杭锦 2# 土固体酸催化剂一步法催化文冠果种仁制取生物柴油要比采用 NaOH 均相一步法催化文冠果种仁制取生物柴油更适宜，因为采用固体酸一步法催化不仅仅做到了简化工艺，减少了分离过程，大大降低了分离成本，而且克服了 NaOH 作催化剂容易皂化的问题，使生物柴油得率得到了大幅提高，另外反应条件也比较温和。因此，采用 SO_4^{2-}/SnO_2- 杭锦 2# 土固体酸催化剂一步法催化文冠果种仁制取生物柴油的方法还是有很大的研究潜力的。

第四篇　产物性能测定与副产物处理

第10章　文冠果种仁油生物柴油性能的测定

利用 NaOH 和 SO_4^{2-}/SnO_2- 杭锦 2$^\#$ 土催化文冠果种仁油制备的生物柴油，其组成和性能是否满足柴油性能指标的要求，是判断文冠果油基生物柴油能否成为石化柴油替代品的依据[183]。

10.1　试验材料、试剂与仪器

10.1.1　试验材料

文冠果油基生物柴油（自制）。

标准品：软脂酸甲酯、硬脂酸甲酯、油酸甲酯、亚油酸甲酯、亚麻酸甲酯、芥酸甲酯，由百灵威公司提供。

10.1.2　试验试剂与仪器

溴化钾（分析纯），北京化工厂；气相色谱（GC—112A），日本岛津；红外光谱分析仪（Tensor27 型），德国 Bruker。

10.2　文冠果油基生物柴油性能指标的检测方法 [205]

色度：GB/T6540—1986（1991）；闪点：GB/T261—1983（1991）；凝点：GB/T510—1983（1991）；冷滤点：SHT/0248；酸值：GB/T258—1977（1988）；十六烷值：GB/T386—1991；水分：GB/T260—1977（1988）；机械杂质：GBT/511—1988；密度：GB/T2540—1981（1988）。

10.3　文冠果油基生物柴油成分及性能指标的检测

10.3.1　文冠果油基生物柴油成分的检测

对一步法得到的文冠果油基生物柴油分别采用气相色谱和红外光谱对其进行检测分析，确定其主要成分。

10.3.2　文冠果油基生物柴油性能指标的检测

考察生物柴油的理化性能主要从以下几个方面考虑[73, 183, 206]。

1) 柴油的流动性能——黏度

黏度是液体流动时内摩擦力的量度,有动力黏度与运动黏度之分。黏度是表征柴油使用性能的重要指标,对柴油机的影响主要是影响供油量和影响雾化质量。黏度过小的话,油束容易扩散,透穿距小,会降低空气的利用率;反之,黏度过大,则会使有效供油量增加,这样会提高发动机的功率,但是其燃烧不完全,会造成排放黑烟,使油耗上升;另外,柴油的黏度还会影响供油系精密偶件的润滑,因为有一些发动机原件主要靠柴油润滑,如柱塞偶件、针阀与针阀体等精密配合的运动偶件。因此,要求生物柴油的黏度必须适宜,有利于节省油耗、提高功率、延长发动机使用寿命。

2) 柴油的低温流动性能——凝点和冷滤点

生物柴油的低温流动性能是否优良,对于生物柴油能否可靠地喷入气缸有一定影响。例如,我国北方一些省(自治区),冬季气候比较寒冷,室外温度比较低,如果柴油的流动性比较差,就会使得柴油不能可靠地喷入气缸,严重的时候,甚至使车辆无法行驶。

3) 柴油的发火性能——十六烷值

十六烷值是表示柴油在柴油机中燃烧时的自燃性的指标。一般来说,十六烷值越高,柴油的发火延迟越短,其燃烧性能越好。十六烷值低,则柴油发火困难,滞燃期长。如果十六烷值过于高,对柴油的发火延迟的缩短作用并不大,反而会因为延迟时间太短,甚至没有与空气完全混合就已经着火自燃,这样也会造成生物柴油的不完全燃烧,使发动机冒黑烟,从而增加油耗,使发动机功率下降。一般柴油机燃油的十六烷值在40~60范围之内。在寒冷或高海拔地区应选用高十六烷值燃料,大型低速柴油机可用十六烷值为30的燃料。

4) 柴油的安全性——闪点

闪点是衡量生物柴油能否安全运输、储存和使用的重要指标。如果生物柴油的闪点过于低,将对生物柴油储存、运输、使用等带来极大的安全隐患。

5) 柴油的防腐性能——酸值

酸值是衡量生物柴油对发动机的腐蚀程度的指标,如果酸值较低,则燃烧过程中不易腐蚀发动机喷嘴。

6) 柴油的清洁性能——水分和机械杂质

生物柴油中水分的含量对生物柴油的发热量有一定的影响。如果生物柴油中的水分含量较高,就会降低生物柴油燃烧时的发热量;而且在冬季还容易造成油路堵塞,溶解可溶性盐类,使生物柴油灰分增大,导致对金属零件的腐蚀作用增加;如果生物柴油中存在机械杂质,一方面会造成油路堵塞,另一方面还会加剧柴油机中供油的精密配合偶件的磨损,甚至会造成供油系统故障。

本试验对文冠果油基生物柴油的主要理化指标进行测定,并就其主要性能指标(色度、凝点、冷滤点、运动黏度、闭口闪点、十六烷值、酸度、水分、机械杂质、密度)和化学组成进行分析,了解文冠果油基生物柴油的燃烧、动力和排放等性能指标,为其能否替代石化柴油提供理论上的依据。

10.4　试验结果分析

10.4.1　文冠果油基生物柴油成分检测结果分析

1. 文冠果种仁油一步法合成生物柴油的红外光谱检测结果分析

对文冠果种仁油一步法合成的产物进行红外光谱检测，得到其红外光谱图，其结果见图 10-1。由图 10-1 可知，在 3005cm^{-1} 处是 C＝C—H 中 C—H 键的伸缩振动吸收峰；2920cm^{-1} 和 2852cm^{-1} 是—C—CH$_2$—C 中 C—H 键的伸缩振动吸收峰；在 1745cm^{-1} 处有明显的酯基中羰基的伸缩振动吸收峰，在 1460cm^{-1} 处的吸收峰是甲氧基—OCH$_3$ 的不对称弯曲振动吸收峰，在 1300～1000cm^{-1} 区域内为—CH$_2$—COOCH$_3$ 的伸缩振动吸收峰，在 723cm^{-1} 处是长链亚甲基的平面摇摆振动吸收峰，以上特征吸收峰皆为高级脂肪酸甲酯的特征峰，同时未见其他吸收峰。因此，可以确定以文冠果种仁油一步法合成的产物为多种脂肪酸甲酯的混合物[207]。

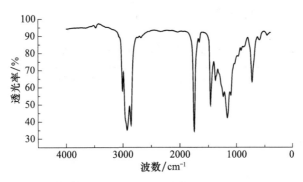

图 10-1　文冠果种仁油生物柴油的 IR 谱

2. 文冠果种仁油一步法合成生物柴油的气相色谱检测结果分析

将 NaOH 一步法催化合成的文冠果油基生物柴油和自制的 SO$_4^{2-}$/SnO$_2$- 杭锦 2$^{\#}$ 土固体酸一步法催化合成的文冠果油基生物柴油分别进行气相色谱测定，其色谱图分别见图 10-2 和

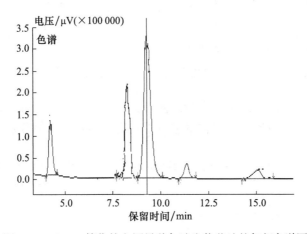

图 10-2　NaOH 催化的文冠果种仁油生物柴油的气相色谱图

图 10-3。经对比可知，一步法合成的文冠果种仁油基生物柴油主要由软脂酸甲酯、油酸甲酯、亚油酸甲酯、亚麻酸甲酯和芥酸甲酯组成，其化学成分及其相对含量分别见表 10-1 和表 10-2。

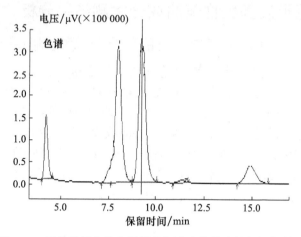

图 10-3　固体酸催化的文冠果种仁油生物柴油的气相色谱图

表 10-1　NaOH 催化的文冠果油基生物柴油的化学成分

峰号	化学组成	分子式	保留时间 /min	相对百分含量 /%
1	软脂酸甲酯	$C_{17}H_{34}O_2$	4.488	6.1
3	油酸甲酯	$C_{19}H_{36}O_2$	7.691	33.2
4	亚油酸甲酯	$C_{19}H_{34}O_2$	8.845	45.4
5	亚麻酸甲酯	$C_{19}H_{32}O_2$	11.577	7.1
6	芥酸甲酯	$C_{23}H_{44}O_2$	14.025	8.2

表 10-2　固体酸催化的文冠果油基生物柴油的化学成分

峰号	化学组成	分子式	保留时间 /min	相对百分含量 /%
1	软脂酸甲酯	$C_{17}H_{34}O_2$	4.237	9.3
3	油酸甲酯	$C_{19}H_{36}O_2$	7.588	39.1
4	亚油酸甲酯	$C_{19}H_{34}O_2$	8.041	42.9
5	亚麻酸甲酯	$C_{19}H_{32}O_2$	11.377	0.9
6	芥酸甲酯	$C_{23}H_{44}O_2$	13.818	7.8

采用第三章中建立的脂肪酸甲酯含量的测定方法，对两种不同催化剂一步法催化合成的文冠果油基生物柴油中脂肪酸甲酯的含量进行了测定，其测定结果分别见表 10-3 和表 10-4。

表 10-3　NaOH 催化的文冠果油基生物柴油中脂肪酸甲酯的含量

序号	名称	分子式	含量 /(mg/mL)
1	软脂酸甲酯	$C_{17}H_{34}O_2$	50.37
2	油酸甲酯	$C_{19}H_{36}O_2$	274.13

序号	名称	分子式	含量 /（mg/mL）
3	亚油酸甲酯	$C_{19}H_{34}O_2$	374.87
4	亚麻酸甲酯	$C_{19}H_{32}O_2$	58.62
5	芥酸甲酯	$C_{23}H_{44}O_2$	67.71

表 10-4　固体酸催化的文冠果油基生物柴油中脂肪酸甲酯的含量

序号	名称	分子式	含量 /（mg/mL）
1	软脂酸甲酯	$C_{17}H_{34}O_2$	76.83
2	油酸甲酯	$C_{19}H_{36}O_2$	323.00
3	亚油酸甲酯	$C_{19}H_{34}O_2$	354.40
4	亚麻酸甲酯	$C_{19}H_{32}O_2$	6.61
5	芥酸甲酯	$C_{23}H_{44}O_2$	64.44

由表 10-3 可知，由 NaOH 一步法催化合成的文冠果油基生物柴油中 5 种脂肪酸甲酯的含量分别为：软脂酸甲酯（C17：0）50.37mg/mL、油酸甲酯（C19：1）274.13mg/mL、亚油酸甲酯（C19：2）374.87mg/mL、亚麻酸甲酯（C19：3）58.62mg/mL、芥酸甲酯（C23：1）67.71mg/mL，由此确定 NaOH 一步法催化合成的文冠果油基生物柴油中脂肪酸甲酯含量高达 99.45%，含 19C 的甲酯占 85.7%。

由表 10-4 可知，由自制的 SO_4^{2-}/SnO_2- 杭锦 2# 土固体酸一步法催化合成的文冠果油基生物柴油中 5 种脂肪酸甲酯的含量分别为：软脂酸酸甲酯（C17：0）76.83mg/mL、油酸甲酯（C19：1）323.00mg/mL、亚油酸甲酯（C19：2）354.40mg/mLl、亚麻酸甲酯（C19：3）6.61mg/mL、芥酸甲酯（C23：1）64.44mg/mL，由此确定自制的 SO_4^{2-}/SnO_2- 杭锦 2# 土固体酸一步法催化合成的文冠果油基生物柴油中脂肪酸甲酯含量高达 99.41%，含 19C 的甲酯占 82.9%。通过以上分析可以看到，无论是 NaOH 一步法还是自制的 SO_4^{2-}/SnO_2- 杭锦 2# 土固体酸一步法，合成的生物柴油质量均与两步法合成的文冠果油基生物柴油质量相接近，尤其是脂肪酸甲酯的含量和 19C 甲酯的含量都特别接近，这说明一步法合成文冠果油基生物柴油的方法是可行的，具有一定的应用潜力。

10.4.2　文冠果油基生物柴油性能指标的测定结果分析

本试验所制备文冠果油基生物柴油经检测其理化性能指标如表 10-5 所示，并与我国 0# 石化柴油标准和德国 DIN V 51606 生物柴油标准进行对比分析[204]。

表 10-5　生物柴油主要理化性能一览表

名称	我国 0# 石化柴油	文冠果油基生物柴油	德国 DIN V 51606
色度	16	1.0	—
凝点 /℃	0	−17	—
冷滤点 /℃	2	−8	春天：0；夏秋：−10；冬天：−20
闭口闪点 /℃	>60	120	≥110

续表

名称	我国 0# 石化柴油	文冠果油基生物柴油	德国 DIN V 51606
水分 /%	痕量	无	≤300mg/kg
机械杂质	无	无	
运动黏度（20℃）	3.0～8.0	3.15	3.5～5.0（40℃）
十六烷值	50	63	≥49
密度（20℃）	0.8581	0.8303	0.875～0.90（15℃）
酸度	0.60	0.58	≤0.5

注：文冠果油基生物柴油性能指标由内蒙古石油化工研究所检测报告。

　　由表 10-5 可以看出文冠果油基生物柴油闪点远高于 0# 柴油，也符合德国 DIN V 51606 标准对生物柴油闪点的要求。这将使得生物柴油在储存、运输及使用时有着良好的安全性；其凝点和冷滤点都比较低，这表明生物柴油有较好的低温性能；文冠果油基生物柴油来源于天然的文冠果种仁油，因此不含有机械杂质，对发动机的腐蚀性很小，不会造成油路的堵塞，也不会磨损柴油机系统偶件；其运动黏度也符合 0# 柴油和生物柴油的标准，有利于节省油耗、提高功率、延长发动机使用寿命；另外文冠果油基生物柴油样品的酸度、密度也基本符合 0# 柴油的指标。这说明文冠果油基生物柴油完全可以替代石化柴油[183, 198]。

10.5　小　　结

　　（1）通过对一步法合成产物的红外光谱检测结果进行分析，确定其为多种脂肪酸甲酯的混合物。同样，通过对其气相色谱检测结果进行分析，确定文冠果种仁一步法制取的生物柴油主要由软脂酸甲酯、油酸甲酯、亚油酸甲酯、亚麻酸甲酯和芥酸甲酯组成。

　　（2）通过对文冠果油基生物柴油的基本理化性能的测定与分析，可知其主要性能指标符合我国 0# 柴油的标准，与德国生物柴油标准接近，完全可以替代石化柴油，可以为将来的能源供应提供一条有效途径。

第11章 文冠果种仁油生物柴油
副产物粗甘油的精制

纯净的甘油（丙三醇）是一种无色有甜味的黏稠状的液体，甘油广泛应用于制药、食品、化妆品[208]、玻璃纸、绝缘体材料和化学工业。甘油来自动植物油甘油三酯通过皂化反应得到肥皂的过程。在皂化反应中甘油三酯由碱性氢氧化物（NaOH/KOH）转化为脂肪酸盐类和甘油。丙烯可以制备得到甘油，动植物油通过酯交换反应也可以得到甘油。2008年欧洲的生物柴油产量近756t，而近1/5为甘油[209]。我国甘油一直处于供不应求的状况，尤其是高纯度（99.5%）的甘油几乎全部依靠进口[210]。

粗制甘油的提纯可以经过大孔强酸离子树脂去除甘油中的盐含量，绝大多数甘油的提纯都是通过先对甘油相的蒸馏和使用薄膜过滤来去除杂质，同样也可以用加热密封甘油排除低分子质量的水、乙醇和脂肪酸酯类的方法来纯化。陈文伟利用树脂法探讨了提高生物柴油和副产物甘油的收率和纯度的方法，以期提高生物柴油的附加值，降低生产成本[211]。Chi等提出生物柴油副产物精制的甘油可以用作DHA发酵技术[212]。杨凯华等[213]用菜籽油制备生物柴油，以及对甘油精制中溶剂的选择、溶液的pH和蒸馏温度对甘油得率的影响进行了研究。制备生物柴油得到的副产物甘油可以通过生物发酵[214]和化学合成[215]的方法制备二羟丙酮（DHA）、化学合成法制备环氧氯丙烷（ECH），可以作为制备1,3-丙二醇（PD）和1,2-丙二醇（PG）的主要原料。

在制备生物柴油的过程中得到两相，上层的酯相主要是生物柴油，下层的甘油相主要包括了甘油和其他的一些化学物质，如水分、有机盐、无机盐、少量的酯类物质、乙醇和植物油色泽。粗制甘油的组成由酯交换反应的方法和分离生物柴油的条件而定，甘油的含量通常为30%～60%。

本研究是以文冠果种仁油通过酯交换反应制备生物柴油得到的副产物为样本，采用先皂化去除残留酯类方法，通过酸化、活性炭脱色、除去甲醇的工艺制备纯度98%以上的精制甘油。

11.1 材料和方法

11.1.1 试验材料

粗制甘油；氢氧化钾（83%）、磷酸（86%）、乙酸、甲醇、硫酸（98%）、无水乙醇、石油醚（60～90℃）、25mL比重瓶、甘油，天津市化学试剂三厂；文冠果子壳活性炭。

11.1.2 试验设备

V-3003旋转蒸发仪：青岛仪航设备有限公司；S212B-1-5L恒温真空搅拌反应装置：上

海雅荣生化设备仪器有限公司；Tensor27 型红外光谱分析仪：德国 Bruker；荣华 HJ-10 型多头磁力加热搅拌器：金坛市荣华仪器制造有限公司。

11.1.3　试验方法

1. 皂化

称取一定质量的文冠果生物柴油副产物，进行皂化反应，也就是加入 83%KOH 甲醇溶液，其与酯类摩尔比分别为 1∶1 和 1.5∶1。

2. 酸化

在 500mL 三口烧瓶中放入 30 g 的粗制甘油，按体积比分别为（4∶1～1∶4 V/V），分别加入极性试剂甲醇作萃取剂，再分别加入硫酸、磷酸或者乙酸，使溶液的 pH 为 1～5，搅拌，静置分层取下层液。

3. 吸附

经以上过程处理后的粗甘油静置分层，取下层液（呈淡黄色），分别加入 20mg/L、40mg/L、60mg/L、80mg/L、100mg/L 的活性炭[216]，在 70℃ 条件下，加热去除甲醇。最后将溶液倒入分液漏斗中，冷却分层。

11.1.4　生物柴油副产物的成分分析

1. 甘油分析方法

参照 GB/T 13216.6—1991，测定甘油的含量。

2. 副产物甲醇的含量测定[217]

准确称取一定质量的文冠果生物柴油副产物（m_1），放入 250mL 圆底烧瓶中，在 60℃ 旋转蒸发回收甲醇，冷却称重（m_2），按式（11-1）计算副产物中甲醇的含量：

$$W（甲醇）=（m_1-m_2）/m_1 \tag{11-1}$$

3. 副产物酯类和皂类物质含量的测定[217]

准确称取一定质量的文冠果生物柴油副产物（m_1）于 125mL 的分液漏斗中，加入 20mL 水和 20mL 的无水乙醇，摇匀。再加入 20mL 的石油醚，充分振荡，取上层液，用 20mL 的石油醚萃取 2 次，放入圆底烧瓶内，称重（m_2）在 75℃ 下旋转蒸发，冷却称重（m_3）。取下层液，用 0.1mol/L 的磷酸溶液酸化至 pH=2，摇匀，继续加 20mL 石油醚，充分振荡，分层，取层液，再用 20mL 石油醚萃取 2 次，倒入 250mL 圆底烧瓶中，称重（m_4），在 75℃ 下减压旋转蒸发，冷却称量得到 m₅。按式（11-2）计算副产物中酯含量，按式（11-3）计算皂类物质的含量。

$$W（酯）=（m_2-m_3）/m_1 \tag{11-2}$$

$$W（皂）=（m_4-m_5）/m_1 \tag{11-3}$$

4. 甘油纯度的计算

根据甘油相对密度（25℃/25℃）与纯度表，用插入法计算甘油的纯度。甘油在 25℃ 时

的相对密度 d 按式（11-4）计算：

$$d = (m_1 - m) / (m_2 - m) \qquad (11-4)$$

式中，m_1 为甘油和比重瓶的质量（g）；m 为比重瓶的质量（g）；m_2 为蒸馏水与比重瓶的质量（g）。

11.2　试验原理

第一步，残留酯类的皂化反应

$$R - COOCH_3 + OH^- \longrightarrow R - COO^- + CH_3OH \qquad (11-5)$$

第二步，酸化反应，使肥皂转化为高级游离脂肪酸和无机盐类。

$$R - COOK + H^+ \longrightarrow R - COOH + K^+ \qquad (11-6)$$

将得到的产物进行分层，最上层的是有机相（organic phase），主要是游离脂肪酸和少许的酯类，最下层的是甘油相（glycerol phase），主要含有甘油和水，最后用无水硫酸钠除去水分，得到精制甘油。

11.3　甘油精制路线图

文冠果生物采油副产物粗甘油的精制工艺如图 11-1 所示。

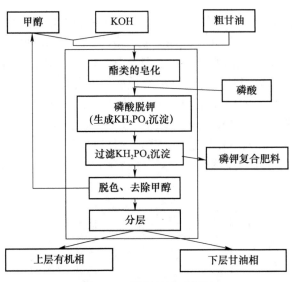

图 11-1　精制甘油工艺图

11.4　试验结果分析

11.4.1　文冠果种仁油生物柴油副产物成分分析

文冠果种仁油制备生物柴油的副产物的成分分析结果见表 11-1。从表 11-1 可以看出文冠果种仁油制备生物柴油副产物中主要含有甘油、甲醇、皂类、酯以及水分、色素等杂质。

表 11-1　副产物成分及含量

成分组成	甲醇	酯类	水分	皂类	甘油	其他
wt%	6.7	10.6	11.2	18.5	51.4	1.6

11.4.2　酯类皂化

对副产物中残留的酯类进行皂化反应，加入 KOH 甲醇溶液，其与酯类的摩尔比为 1∶1时，在甘油相酸化和萃取过程之后，静置分层，上层液（有机相）中含有 94% 的游离脂肪酸，含有 4.7% 的剩余的酯类，主要是因为摩尔比为 1∶1 的时候，皂化反应没有反应完全。因此当摩尔比为 1.5∶1 时，有机相中含有 98.2% 的游离脂肪酸，酯类有微量剩余（表 11-2）。

表 11-2　有机相组成

摩尔比	游离脂肪酸（wt%）	酯类（wt%）	其他（wt%）
1∶1	94	4.7	1.3
1.5∶1	98.2	0.3	1.5

11.4.3　酸化反应

文冠果种仁油制备生物柴油过程中的副产物是一种深褐色、黏稠状液体。甲醇对甘油、酯类等有良好的溶解性能，同时 KH_2PO_4 在甲醇中溶解度较小，回收容易，所以选择无水甲醇作为萃取剂。使用磷酸调节溶液 pH=2.5，加入甲醇作为萃取剂，甲醇与粗甘油的体积比为 4∶1～1∶4（V/V），这对粗甘油中的甘油含量的影响见图 11-2。从图 11-2 可以看出，甲醇与粗甘油的体积比例为 4∶1 时，甘油含量最高为 87.2%，随着体积比的增加，甘油含量逐渐降低，这是因为副产物中的 K^+ 与磷酸反应生产了 KH_2PO_4，其在常温下在甲醇中溶解度很小，形成白色的晶体，加入甲醇量越多，生成 KH_2PO_4 沉淀越多，越容易分离，因此甘油含量较高。因此甲醇与粗甘油的体积比为 4∶1 条件下，甘油含量最高，大部分的 K^+ 能脱去。

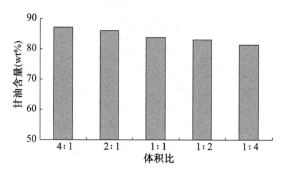

图 11-2　甲醇用量对甘油精制的影响

按照甲醇与粗甘油体积比 4∶1 的比例混合，在混合液中分别添加 H_2SO_4、H_3PO_4 和

CH_3COOH 中和粗甘油中的碱性物质，见图 11-3。试验发现用硫酸调节溶液不同的 pH，当 pH=3.5 时，粗甘油中甘油含量最高为 69.7%，pH 越小，甘油含量越高，因为副产物中的 K^+ 与硫酸反应生成了 $KHSO_4$ 白色沉淀析出，但是需要 2~3h 将沉淀过滤，相分层时间也比较长。用乙酸调节溶液不同的 pH，反应生产的乙酸钾会继续溶解在反应混合液中，没有沉淀析出，所以甘油含量较低。用磷酸调节溶液不同的 pH，当 pH=2.5 时，粗甘油中甘油含量最高为 85.2%，生成的 KH_2PO_4 沉淀很容易过滤，并且能很快分层。KH_2PO_4 也可以作为高效的磷钾复合肥料。

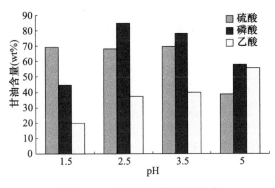

图 11-3　pH 对甘油精制的影响

11.4.4　脱色反应

在 70℃对粗甘油进行脱色反应，去除剩余的甲醇，过滤。研究发现文冠果子壳活性炭与粗甘油比例为 100mg/L 能得到无色透明、黏稠状的文冠果油精制甘油，相对密度分别为 1.2580 和 1.2582，通过甘油相对密度和纯度对照表可知，其纯度在 98% 以上。

11.4.5　精制甘油的红外光谱分析

分别将精制甘油与甘油进行红外光谱分析，得到图 11-4。从图 11-4 可以看出，在 $3400cm^{-1}$ 处有—OH 特征峰，$2932cm^{-1}$ 和 $2850cm^{-1}$ 为—CH_2—的对称和不对称的伸缩振动峰[218]，精制甘油在 $1680cm^{-1}$ 处出现了羰基—C=O 的伸缩振动峰，是因为有微量的酯类没有去除，其他官能团的峰位基本一致，通过对比精制甘油和标准甘油的红外光谱图基本吻合。

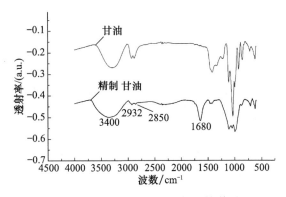

图 11-4　精制甘油与甘油的红外谱图

11.5　小　　结

（1）在皂化过程中，KOH 的甲醇溶液与酯类的摩尔比为 1.5∶1，有机相中的酯类能完全转化为游离脂肪酸，经过减压蒸馏回收甲醇后，得到高纯度的脂肪酸。

（2）用粗甘油体积的 4 倍甲醇作萃取剂，用磷酸溶液调节至 pH=2.5，粗甘油中的甘油含量能达到 85% 以上。经过文冠果子壳活性炭脱色后，可以得到无色黏稠状纯度高于 98% 的精制甘油。

（3）通过对精制甘油的红外光谱图分析，精制甘油有—OH 和—CH$_2$—特征峰，与标准甘油的红外光谱图基本一致。

后　记

由于实验条件和时间的限制，在文冠果种仁油提取及制备生物柴油的过程中还存在以下不足之处。

（1）由于现有文冠果林优良种源不清，使得良莠不齐的现象普遍存在，有的树种挂果率较低，平均亩产量较低，使得一个地区的文冠果种仁油的理化性质存在一定的差异性，因此必须进行文冠果优良品种的选育、建立高产优质文冠果栽培示范基地和抚育管理，以提高结实率和种仁含油率，进一步提高生物柴油的产率。

（2）本书仅仅对自制的 SO_4^{2-}/SnO_2- 杭锦 $2^{\#}$ 土固体酸催化剂的表征进行了初步的研究，尤其是未对该催化剂进行 X 射线光电子能谱（XPS）分析或扫描电镜 X 射线能谱分析（SEM/EDS），因此，还不能确认 Sn 与 SO_4^{2-} 在催化剂中的存在状态。

（3）对文冠果子壳和果壳制备的活性炭进行了吸附有机染料和重金属离子的研究，未对其比表面积进行测定。

（4）本书对固体碱 KOH/XSBHAC 催化剂的活性和稳定性进行了研究，但是该催化剂存在一定程度上的活性组分的流失，因此还需要对该催化剂的活性中心和活性炭载体的结合途径和作用进行更深层次的研究，改善 KOH/XSBHAC 催化剂的制备方法，为提高催化剂的稳定性提供依据。

（5）本书对文冠果种仁油制备生物柴油反应的动力学研究仅在宏观层面，如果在理想的非均相体系下，应该对各步反应在不同温度下的速率常数、正逆反应活化能进行研究，从而对文冠果种仁油制备生物柴油的过程有更进一步的了解。

（6）本书虽然建立了以硬脂酸甲酯为内标物测定文冠果油基生物柴油中脂肪酸甲酯含量的内标法，但试验中仅仅对所选试验范围内最佳条件下获得的文冠果油基生物柴油进行了脂肪酸甲酯总含量的测定，并没有对各个不同条件下获得的文冠果油基生物柴油中脂肪酸甲酯总含量进行测定，因此还不能比较生物柴油得率与脂肪酸甲酯总含量之间的关系。

（7）本书只是对自制的 SO_4^{2-}/SnO_2- 杭锦 $2^{\#}$ 土固体酸催化剂一步法制备生物柴油的工艺进行了研究，并没有对该催化剂的催化反应机理再进一步的做深入研究，尤其是一步法催化反应的动力学。

参 考 文 献

［1］ 闵恩泽，姚志龙. 近年生物柴油产业的发展——特色、困境和对策［J］. 化学进展，2007，19（7/8）：1050-1059

［2］ 中国石油新闻中心［EB/OL］. http://news.cnpc.com.cn

［3］ 国际石油网. 石油统计［EB/OL］. http://oil.in-en.com/stat/

［4］ 王涛. 中国主要生物质燃料油木本能源植物资源概况与展望［J］. 科技导报，2005，23（5）：12-14

［5］ 官巧燕，廖福霖. 国内外生物质能发展综述［J］. 农机化研究，2007，11（11）：20-24

［6］ 王蓉辉，曹祖宾，王亮，等. 葵花籽油制备生物柴油的研究［J］. 广州化工，2006，34（1）：35-37

［7］ 中国新能源网. 林业生物质能源：我国蕴藏巨大潜力［J］. 北京农业，2007（12）：44-45

［8］ 国家发改委提出生物质能源发展规划［J］. 资源节约与环保，2006，22（5）：21

［9］ 蔡钰莹，商平，赵瑞华，等. 超声波处理废油脂制取生物柴油的研究［J］. 石油炼制与化工，2008，39（1）：62-65

［10］ 冀星，郑小林，钱家麟. 我国石油安全战略探讨［J］. 中国能源，2004，26（1）：16-22

［11］ 孙俊. 文冠果油的提取及其生物柴油制备工艺研究［D］. 西安：陕西师范大学，2008

［12］ 黄庆德. 生物柴油技术和产业展望［J］. 生物技术世界，2005，12：37-39

［13］ 孙平，江清阳，袁银南. 生物柴油对能源和环境影响分析［J］. 农业工程学报，2004，19（1）：5

［14］ 韩德奇，袁旦，王尽涛，等. 生物柴油的现状与发展前景［J］. 石油化工技术经济，2002，18（4）：32-37

［15］ 张一鸣. 生物柴油生产企业"吃不饱"［EB/OL］.（2013-03-04）［2018-10-10］. http://lib.cet.com.cn/paper/szb_con/152819.html

［16］ 国家能源局［EB/OL］. http://www.nea.gov.cn/

［17］ 李昌珠，蒋丽娟，程树棋. 生物柴油——绿色能源［M］. 北京：化学工业出版社，2006.

［18］ 吴伟光，仇焕广，徐志刚. 生物柴油发展现状、影响与展望［J］. 农业工程学报，2009，39（3）：298-302

［19］ 王一平，翟怡，张金利，等. 生物柴油制备方法研究进展［J］. 化工进展，2003，22（1）：8-12

［20］ 李超民. 美国生物柴油产业政策变化的经济后果［J］. 农业展望，2008（11）：40-43

［21］ 尹纪臣，崔凯. 2007年生物柴油行业研究报告［EB/OL］.（2007-10-17）［2018-10-10］. http://www.bioenergy.cn

［22］ 滕虎，牟英，杨天奎，等. 生物柴油研究进展［J］. 生物工程学报，2010（7）：50-60

［23］ Subramanian K A, Singal S K, Saxena M, et al. Utilizationof liquid biofuels in automotive diesel engines：An Indian perspective［J］. Biomass Bioenerg, 2005（29）：65-72

［24］ 朱建良，张冠杰. 国内外生物柴油研究生产现状及发展趋势［J］. 化工时刊，2004，18（1）：23-27

［25］ 曾少军，李华林. 中国生物柴油发展的现状、问题及对策分析［J］. 化工进展，2008，27（10）：1485-1489

［26］ 徐薇.我国生物柴油产业发展研究［D］.北京：北京林业大学，2008

［27］ Neuma T，Silva A C，Neto A A D. New microemulsion systems using diesel and vegetable oils［J］.Fuel，2001，80（8）：75-81.

［28］ 黄彩霞，谢贵水，刘荣厚.生物柴油主要制备方法的研究进展［J］.可再生能源，2008，26（5）：53-57

［29］ Mariani C，Bondioli P，Venturini S，et al. Vegetable Oil Derivatives as Diesel Fuel［J］. Rivista Italiana Delle Sostanze Grasse，1991，68（10）：549-551

［30］ 邬国英，林西平，巫淼鑫.制备生物柴油的副产物甘油分离与精制工艺的研究［J］.江苏工业学院学报，2003，15（4）：17-19

［31］ Han H W，Cao W L，Zhang J C. Preparation of Biodiesel from Soybean Oil Using Supercritical［J］. Process Biochem，2005，40（1）：148-151

［32］ Lifka J，Ondruschka B. Influence of mass transfer on the Production of Biodiesel［J］.Chemie ingenieur Technik，2004，76：168

［33］ Ma F，Hanna M A. Biodiesel production：A review［J］. Bioresource Technol，1999，70：1-15.

［34］ Siler-Marinkovic S S，Tomasevic A V. Transesterification of sunflower oil in situ［J］. Fuel，1998，77：1389-1391

［35］ 符太军，纪威，姚亚光，等.地沟油制取生物柴油的试验研究［J］.能源技术，2005，26（3）：106-108

［36］ 谢国剑.潲水油制取生物柴油燃料的研究［J］.化工科技，2005，13（4）：20-22

［37］ 姚亚光，纪威，符太军.酸催化地沟油与醇类酯化反应研究［J］.粮食与油脂，2005（10）：20-22

［38］ 李胜清，刘俊超，刘汉兰，等.B 酸离子液体催化剂在生物柴油制备中的应用［J］.湖北农业科学，2009，48（2）：438-441

［39］ 谷学军，赵飞，王宝鑫，等.离子液体 SMIA 催化大豆油制备生物柴油组分的研究［J］.辽宁大学学报，2010，37（2）：136-140

［40］ 邬国英，林西平，巫淼鑫，等.棉籽油甲酯化联产生物柴油和甘油［J］.中国油脂，2003，28（4）：70-73

［41］ 盛梅，郭登峰，张大华.大豆油制备生物柴油的研究［J］.中国油脂，2002，27（1）：71-72

［42］ Tomasevic A V，Siler-Marinkovic S S. Methanolysis of used frying oil［J］.Fuel Processing Technology，2003，81（1）：1-6

［43］ Karmee S K，Chadha A. Preparation of Biodiesel from crude oil of Pinnata［J］. Bioresource Technology，2005（96）：1425-1429

［44］ 张无敌，尹芳，李建昌，等.大豆油酯交换制备生物柴油的实验研究［J］.农机化研究，2009（9）：189-192，199

［45］ Gemma V，Mercedes M J A.Integrated Biodiesel Production：A comparison of different homogeneous catalysts systems［J］.Bioresource Technology，2004，92：297-305

［46］ 林璟，方利国.麻疯果油制备生物柴油及其经济效益［J］.化工进展，2008，27（12）：1977-1981

［47］ Casas A，Ramos M J，Pérez A. New trends in biodiesel production：Chemical interesterification of sunflower oil with methyl acetate［J］. Biomass and Bioenergy，2011（35）：1702-1709

［48］ Casas A，Ramos M J，Pérez A. Kinetics of chemical interesterification of sunflower oil with methyl acetate forbiodiesel and triacetin production［J］.Chemical Engineering Journal，2011（171）：1324-1332

［49］ Karmee S K，Chadha A. Preparation of Biodiesel from crude oil of Pinnata［J］. Bioresource Technology，2005，96：1425-1429

［50］David M F, Dalyelli S S, Flaysner M P, et al. Preparation and characterization of methylic and ethylic biodiesel from cottonseed oil and effect of tert-butylhydroquinone on its oxidative stability［J］. Fuel, 2012（97）: 658-661

［51］张乃静. 文冠果种仁油制备生物柴油工艺［D］. 哈尔滨: 东北林业大学, 2007

［52］刘伟伟, 苏有勇, 张无敌, 等. 橡胶籽油制备生物柴油的研究［J］. 中国油脂, 2005, 30（10）: 63-66

［53］孙玉秋, 陈波水, 曾光, 等. 花生油及其生物柴油的低温性能研究［J］. 内燃机, 2008（3）: 50-54

［54］侯智, 郑丹星, 武向红, 等. 加压催化合成生物柴油的酯交换反应动力学［J］. 石油化工, 2008, 37（6）: 569-572

［55］刘世英, 包宗宏. 己烷作助溶剂合成生物柴油［J］. 技术·油脂工程, 2008（7）: 72-75

［56］盛梅, 郭登峰. 固定化酶催化菜籽油合成生物柴油稳定性研究［J］. 中国油脂, 2005, 30（5）: 68-70

［57］曾静, 杜伟, 徐圆圆, 等. 霉菌 R.oryzae IFO 细胞应用于催化大豆油脂合成生物柴油的研究［J］. 现代化工, 2005（25）: 228-230

［58］聂开立, 王芳, 谭天伟. 固定酶法生产生物柴油［J］. 现代化工, 2003, 23（9）: 35-38

［59］邓利, 谭天伟, 王芳. 脂肪酶催化合成生物柴油的研究［J］. 生物工程学报, 2003, 19（1）: 97-101

［60］Li S F, Fan Y H, Hu R F, et al. Pseudomonas cepacia lipase im-mobilized onto the electrospun PAN nanofibrous membranes for biodiesel production from soybean oil［J］. Journal of Molecular Catalysis B: Enzymatic, 2011, 72（1-2）: 40-45

［61］Noureddini H. Immobilized Pseudomonas Cepacia Lipase for Biodiesel Fuel Production from Soybean Oil［J］. Bioresour Technol, 2005, 96（7）: 769-777

［62］Li Q, Yan Y. Production oI biodiesel catalyzed by immobilized Pseudomonas cepacia-lipase from Sapium sebiferum oil in micro-aqueous phase［J］. Applied Energy, 2010, 87（10）: 3148-3154

［63］Yagiz F, Kazan D, Akin A N. Biodiesel Production fromWaste Oils Using Lipase Immobilized on Hydrotalcite and Zeo-lites［J］. Chem Eng J, 2007, 143（3）: 262-267

［64］Lee M, Lee J, Lee D, et al. Improvement of enzymatic biodiesel production by controlled substrate feeding using silica gel in solvent free system［J］. Enzyme and Microbial Technology, 2011, 49（4）: 402-406

［65］Li X, He X Y, Li Z I, et al. Enzymatic production of biodiesel from *Pistacia chinensis* bge seed oil using immobilized lipase［J］. Fue1, 2012, 92（1）: 89-93

［66］梁静娟, 杨立鹏, 韩钧, 等. 固定化脂肪酶在离子液体中催化合成生物柴油［J］. 可再生能源, 2012, 30（1）: 77-82

［67］徐桂转, 岳建芝, 张百良, 等. 脂肪酶连续催化桐油酯交换反应制取生物柴油［J］. 农业工程学报, 2010, 26（7）: 245-249

［68］李俊奎, 王芳, 谭天伟, 等. 固定化脂肪酶催化小桐子毛油合成生物柴油［J］. 北京化工大学学报（自然科学版）, 2010, 37（2）: 102-105

［69］李青云, 庾乐, 覃益民, 等. 固定化酶催化山茶油制备生物柴油研究［J］. 可再生能源, 2012, 30（9）: 60-64

［70］申渝, 张海东, 郑旭煦, 等. 硅基 MCF 材料固载脂肪酶转化餐饮废油产生物柴油［J］. 化工学报, 2012, 63（6）: 1888-1892

［71］邓利, 谭天伟, 王芳. 脂肪酶催化合成生物柴油的研究［J］. 生物工程学报, 2003, 19（1）: 97-101

［72］卢冠忠. 固体超强酸的结构及在酯化反应中的应用［J］. 工业催化, 1993, 1: 3-10

［73］ 贾金波.固体酸催化合成生物柴油的研究［D］.石家庄：河北师范大学，2009

［74］ 张伟明.用废油制备生物柴油的酯化反应工艺：200710019403.0［P］.2007-07-18

［75］ Chen G, Fang B.Preparation of solid acid catalyst from glucose-strarch mixture for biodiesel production［J］.Bioreource Technology, 2011, 102（3）：2635-2640

［76］ Lopez D E, Suwannakarn K, Bruce D A. Esterification and transesterification on tungstated zirconia：Effect of calcination temperature［J］.Journal of Catalysis, 2007, 247（1）：43-50

［77］ Corro G, Tellez N, Ayala E, et al. Two-step biodiesel production from *Jatropha curcas* crude oil using $SiO_2 \cdot HF$ solid catalyst for FFA esterification step［J］.Fule, 2010, 89（10）：2815-2821

［78］ 石彩静，李志成，余济伟，等.二氧化硅－硫酸氢钾固体酸催化制备生物柴油［J］.中国油脂，2012, 37（7）：55-58

［79］ 翟绍伟，牛梅菊，龚树文，等.负载固体酸催化豆油制备生物柴油的研究［J］.天然气化工，2012, 37（1）：21-25

［80］ 李娜，李会鹏.负载型固体酸催化合成生物柴油［J］.化学工业与工程，2012, 29（2）：74-78

［81］ 徐玲，陈建军，张立明，等.负载型磷钨酸催化剂的制备、表征及酯交换制备生物柴油［J］.吉林大学学报（理学版），2012, 50（2）：346-350

［82］ Serio M D, Cozzolino M, Tesser R, et al. Vanadyl phosphatecatalysts in biodiesel production［J］.Applied Catalysis A：General, 2007（320）：1-7

［83］ Chai F, Cao F H, Zhai F Y, et al. Transesterification of vegetable oil to biodiesel using a heteropolyacid solid catalyst［J］.Adv Synth Catal, 2007, 349（7）：1057-1065

［84］ Morin P, Hamad B, Sapaly G, et al. Transesterification of rape-seed oil with ethanol Catalysis with homogeneous Keggin heteropolyacidst［J］.Applied Catalysis A：General, 2007（330）：69-76

［85］ 黄永茂，樊玉梅，程艳坤，等.固体酸催化麻疯树籽油制备生物柴油［J］.粮油加工，2009（3）：50-53

［86］ Jitputti J, Kitiyanan B, Rangsuvigit P, et al. Transesterification of crude palm kernel oil and crude coconut oil by different solid catalysts［J］.Chemical Engineering Journal, 2006, 116（1）：61-66

［87］ 张六一，韩彩芸，杜东泉，等.硫酸化氧化锆固体超强酸［J］.化学进展，2011, 23（5）：860-873

［88］ 孙晋峰.固体酸催化植物油酯交换制备生物柴油［D］.上海：上海师范大学，2009

［89］ 刘剑，孔琼宇.固体酸催化小桐子油制备生物柴油［J］.长沙理工大学学报（自然科学版），2009, 6（2）：92-96

［90］ 卢怡，苏有勇. SO_4^{2-}/Fe_2O_3 固体酸的制备及其催化合成生物柴油的研究［J］.化学与生物工程，2011, 28（1）：23-25

［91］ 刘晔，杨浩，佘珠花，等.麻疯树籽油甲醇解固体催化剂 CaO/MgO 的性能评价［J］.粮油加工，2007（6）：85-87

［92］ 齐东梅，张秋云，肖昕，等.固体碱催化剂 CaO- 人造沸石催化制备生物柴油的研究［J］.安徽农业科学，2011, 39（3）：1651-1653

［93］ 黄仕钧，赵秋勇，陈英，等.用于生物柴油生产的固体碱催化剂 CaO 的低温活化［J］.茂名学院学报，2010, 20（4）：16-19

［94］ Boro J, Thakur A J, Deka D. Solid oxide derived from waste shells of Turbonilla striutula as a renewable catalyst for biodiesel production［J］.Fuel Processing Technology, 2011, 92（10）：2061-2067

［95］ Kouzu M, Kasuno T, Tajika M, et al. Calcium oxide as a solidbase catalyst for transesterification of soybean oil and its application to biodiesel production[J]. Fuel, 2008, 87（12）: 2798-2806

[96] Bancquart S, Vanhove C, Pouilloux Y, et al. Glycerol transes terification with methyl stearate over solid basic catalysts: I.Relationship between activity and basicity[J]. Applied catalysis A: General, 2001, 218（1-2）: 1-11

[97] 刘守庆，李雪梅，赵雷修，等. 固体碱CaO催化橡胶籽油制备生物柴油的研究[J]. 中国油脂，2012, 37（7）: 59-62

[98] 周长行，张晓丽，高文艺，等. 鸡蛋壳催化大豆油酯制备生物柴油[J]. 辽宁石油化工大学学报，2012, 32（1）: 25-28

[99] 曲旭坡. 镁铝氧化物负载型催化剂催化制备生物柴油的研究[D]. 长春: 长春工业大学, 2012

[100] 郭萍梅，黄凤洪，赵军英，等. 固体碱催化剂（K2O/C）的制备及其催化酯交换反应[J]. 中国油料作物学报，2009, 31（1）: 81-85

[101] Ebiura T, Echizen T, Ishikawa A, et al. Selective transesterification of triolein with methanol to methyl oleate and glycerol using alumina loaded with alkali metal salt as a solid-base catalyst[J]. Appl Catal A-Gen, 2005, 283: 111-116

[102] Macleod C S, Harvey A P, Lee A F. Evaluation of the activity and stability of alka-doped metal oxide eatalysts for application to an intensified method of biodiesel production[J]. Chemical Engineering Journal, 2008, 135（1）: 63-70

[103] 孟鑫，辛忠. KF/CaO催化剂催化大豆油酯交换反应制备生物柴油[J]. 石油化工，2005, 34: 282-286

[104] Kim H J, Kang B S, Kim M J, et al. Transesterification of vegetable oil to biodiesel using heterogeneous base catalyst[J]. Catalysis Today, 2004, 93: 315-320

[105] Xie W L, Huang X M, Li H T. Soybean oil methyl esters preparation using NaX zeolites loaded with KOH as a heterogeneous catalyst[J]. Bioresource Technology, 2007, 98: 936-939

[106] 杨玲梅，吕鹏梅，袁振宏，等. KOH负载的不同催化剂催化合成生物柴油[J]. 化工进展，2012, 31（增刊）: 91-94

[107] 李敏，丛兴顺，孙兰强. 负载型NaOH/蒙脱石固体碱催化剂的制备及在生物柴油中的应用[J]. 工业催化，2011, 19（12）: 97-100

[108] 邓欣，方真，张帆，等. 小桐子油超声波协同纳米催化剂制备生物柴油[J]. 农业工程学报，2010, 26（2）: 285-289

[109] Deng X, Fang Z, Liu Y H, et al. Production of biodiesel from Jat-ropha oil catalyzedby nanosized solid basic catalyst[J]. Energy, 2011, 36（2）: 777-784

[110] 赵策，曾虹燕，黄炎，等. 镁铁水滑石的制备及其对小球藻油脂合成生物柴油的催化性能[J]. 燃料化学学报，2012, 40（3）: 337-344

[111] 田杰，任庆利. 镁铝水滑石的水热法制备[J]. 电子科技，2009, 22（5）: 52-54

[112] 袁冰，张新，袁营，等. Mg-Al类水滑石催化大豆油酯交换制备生物柴油[J]. 应用化工，2010, 39（11）: 1649-1652

[113] 谢文磊. 强碱阴离子交换树脂多相催化油脂的酯交换[J]. 应用化学，2001, 18（10）: 846-848

[114] 刘坐镇，江邦和，徐建刚，等. D315大孔弱碱性阴离子交换树脂在柠檬酸精制中的应用[J]. 技术进步，1999, 24（21）: 15-17

[115] 马启慧. 能源树种文冠果的研究现状与发展前景[J]. 北方园艺，2007（8）: 77-78

[116] 伶常耀, 张学增. 文冠果历史概况 [J]. 吉林林业科技, 1979 (1): 23-25

[117] 高启明, 侯江涛, 李阳. 文冠果的栽培利用及开发前景 [J]. 中国林副特产, 2005 (2): 56-57

[118] 刘新霞, 杨新爱, 屈婵, 等. 文冠果果壳提取物对学习记忆障碍的改善作用中药新药与临床药理 [J]. 中药新药与临床药理, 2007, 18 (1): 23-25

[119] 李占林, 李铣, 李宁. 文冠果果壳的化学成分 [J]. 沈阳药科大学学报, 2005, 22 (4): 286-288

[120] 黄雅芳, 冯孝章. 文冠木化学成分的研究 [J]. 中草药, 1987, 18 (5): 7-10

[121] 呼晓姝, 郝俊, 王建中. 超声波辅助提取元宝枫油的研究 [J]. 中国粮油学报, 2007, 22 (5): 98-100

[122] 高振鹏, 岳田利, 袁亚宏, 等. 超声波强化有机溶剂提取石榴籽油的工艺优化 [J]. 农业机械学报, 2008, 39 (5): 77-80

[123] 高霞, 仇农学, 庞福科, 等. 超声波辅助提取苹果籽油工艺研究 [J]. 中国油料作物学报, 2007, 29 (1): 78-82

[124] 邓红, 孙俊, 何玲, 等. 不同方法提取的文官果籽油的 GC-MS 分析 [J]. 食品科学, 2007, 28 (8): 354-357

[125] 洪瑶, 陈文伟, 朱悦, 等. 芝麻粕蛋白的提取研究 [J]. 中国食品添加剂, 2010 (4): 169-172

[126] 陈伟文, 乌桕籽油制备生物柴油的研究 [D]. 南昌: 南昌大学, 2006

[127] 陈曾, 吴玉龙, 陶玲, 等. 响应曲面法优化文冠果油提取工艺的研究 [J]. 农产品加工学刊, 2010 (7): 8-12

[128] 唐志红, 吕家森, 贾晓晨, 等. 羊栖菜多糖微波提取工艺的研究 [J]. 时珍国医国药, 2011, 22 (10): 2440-2441

[129] 中华人民共和国国家卫生和计划生育委员会. 食品安全国家标准 动植物油脂水分及挥发物的测定: GB 5009.236—2016 [S]. 北京: 中国标准出版社, 2017

[130] 全国粮油标准化技术委员会. 植物油脂检验 比重测定法: GB 5526—1985 [S]. 北京: 中国标准出版社, 1986

[131] 全国粮油标准化技术委员会. 动植物油脂 皂化值的测定: GB/T 5534—2008 [S]. 北京: 中国标准出版社, 2009

[132] 中华人民共和国国家卫生和计划生育委员会. 食品安全国家标准 食品中酸价的测定: GB 5009.229—2016 [S]. 北京: 中国标准出版社, 2017

[133] 中华人民共和国国家卫生和计划生育委员会. 食品安全国家标准 食品中过氧化值的测定: GB 5009.227—2016 [S]. 北京: 中国标准出版社, 2017

[134] 全国粮油标准化技术委员会. 动植物油脂 碘值的测定: GB/T 5532—2008 [S]. 北京: 中国标准出版社, 2009

[135] 全国粮油标准化技术委员会. 动植物油脂 折光指数的测定: GB/T 5527—2010 [S]. 北京: 中国标准出版社, 2011

[136] 杨代明, 胡元斌, 张继红, 等. 利用分析天平测定植物油相对密度 [J]. 湖南农业大学学报, 1997, 23 (5): 477-480

[137] 牟洪香, 侯新村, 刘巧哲. 不同地区文冠果种仁油脂肪酸组分及含量的变化规律 [J]. 林业科学研究, 2007, 20 (2): 193-197

[138] 刘玉兰. 油脂制取与加工工艺学 [M]. 北京: 科学出版社, 2003

[139] Hino M, Arata K J. Synthesis of solid superacid catalyst with acid strength of Ho ≤ −16.04 [J]. J Chem

Soc，Chem Commun，1980，18：851-852

［140］ 孟丽娜．SO₄²⁻/SnO₂ 负载型固体酸的制备表征及催化性能研究［D］．齐齐哈尔：齐齐哈尔大学，2012

［141］ 刘艳林．SO₄²⁻/杭锦 2# 土的制备、表征及其催化性能研究［D］．呼和浩特：内蒙古师范大学，2008

［142］ 乌云，照日格图，嘎日迪，等．活化条件对活性白土脱色率的影响研究［J］．内蒙古师范大学学报，
2004，33（4）：411-413

［143］ 照日格图，乌云，宝迪巴特尔，等．杭锦 2# 土脱色剂的制备及其对植物油脱色性能的研究［J］．中
国油脂，2004，29（8）：19-21

［144］ 白丽梅，郝向英，郭海福，等．固体酸 SO₄²⁻/SnO₂- 杭锦 2# 土催化合成乙酸松油酯［J］．内蒙古师范
大学学报（自然科学汉文版），2011，40（3）：278-282

［145］ 魏景芳，郝向英，郭海福，等．SO₄²⁻/ 杭锦 2# 土固体超强酸催化合成乙酸正丁酯［J］．肇庆学院学报，
2010，31（2）：40-43

［146］ 赵斌，谷克仁．活性白土的制备及性能研究［J］．中国油脂，2002，27（2）：56-58

［147］ 魏景芳，郝向英，闫鹏，等．不同酸处理对 SO₄²⁻/ 杭锦 2# 土催化性能的影响［J］．内蒙古师范大学学
报（自然科学汉文版），2010，39（4）：401-404

［148］ 高立新，李宁宁，黄志鹏，等．活性炭的改性及吸附性能［J］．上海电力学院学报，2009，25
（5）：504-508

［149］ 魏娟，王晴，姜冰，等．以稻秸（壳）为原料的多孔载体在污水处理中的应用［J］．东北农业大学
学报，2006，37（1）：33-36

［150］ Han R P，Wang Y F，Han P，et al. Removal of methylene blue from aqueous solution by chaff in batch
mode［J］.Journal of Hazardous Materials，2008，150：703-712

［151］ 王东旭，李爱民，毛燎原，等．糠醛废渣制备活性炭对糠醛废水的脱色研究［J］．环境科学研究，
2010，23（7）：908-911

［152］ 付瑞娟，薛文平，马春，等．花生壳活性炭对溶液中 Cu²⁺ 和 Ni²⁺ 的吸附性能［J］．大连工业大学学
报，2009，28（3）：200-203

［153］ 何婷，徐章法，施汉．纤维素活性炭的制备及研究应用进展［J］．上海化工，2009，31（6）：22-25

［154］ Hameed B H，Ahmad A A. Batch adsorption of methylene blue from aqueous solution by garlic peel，an
agricultural waste biomass［J］. Journal of Hazardous Materials，2009，164：870-875

［155］ Flavio A P，Eder C L，Silvio L P D，et al. Methylene blue biosorption from aqueous solutions by yellow
passion fruit waste［J］. Journal of Hazardous Materials，2008，150：703-712

［156］ Karagoez S，Tay T，Ucar S. Activated carbons from waste biomass by sulfuric acid activation and their
use on methylene blue adsorption［J］. Bioresource Technology，2008，99：614-622

［157］ Demir H，Top A，Balkose D. Dye adsorption behavior of *Luffa cylindrica* fibers［J］. J Hazard Materi，
2008，153：389-394

［158］ Lian L L，Guo L P，Guo C J. Adsorption of Congo red from aqueous solutions onto Ca-bentonite［J］.J
Hazard Materi，2009，161：126-131

［159］ Wang L，Wang A Q. Adsorption properties of Congo Red from aqueous solution onto surfactant modified
montmorillonite［J］.Journal of Hazardous Materials，2007，147：979-985

［160］ Bhattarcharyya G K，Sarma A. Adsorption characteristics of the dye, brilliant green on neem leaf powder
［J］.Dyes Pigments，2003，57：211-222

［161］ 马江权，郭楠，姜爱霞，等．改性活性炭对亚甲基蓝的吸附动力学［J］．江苏工业学院报，2009，

21（4）：29 -32

[162] 郭华.高档茶籽油的提取及茶籽综合利用技术研究［D］.长沙：湖南农业大学，2007

[163] Han R P, Zou W H, Yu W H, et al.Biosorption of methylene blue from aqueous solution by fallen phoenix tree's leaves［J］.Journal of Hazardous Materials，2007，141：156-162

[164] Hameed B H.Equilibrium and kinetic studies of methyl violet sorption by agricultural waste［J］. Journal of Hazardous Materials，2008，154：204-212

[165] Al-Degs Y S, El-Barghouthi M I, El-Sheikh A H, et al.Effect of solution pH, ionic strength, and temperature on adsorption behavior of reactive dyes on activated carbon［J］. Dyes Pigments，2008，77：16-23

[166] Kumar K V, Ramamurthi V, Sivanesan S.Modelling the mechanism involved during the sorption of methylene blue onto fly ash［J］.Journal of Colloid Interface，2005，284：14-21

[167] 蒋志茵，杨儒，张建春，等.大麻杆活性炭对染料吸附性能的研究［J］.北京化工大学学报（自然科学版），2010，37（2）：83-89

[168] Tsang D C W, Hu J, Liu M Y. Activated carbon produced from waste wood pallets：Adsorption of three classes of dyes［J］. Water Air Soil Pollut，2007，184：141-155

[169] 周殷，胡长伟，李建龙.柚子皮吸附水溶液中亚甲基蓝的机理研究［J］.环境科学研究，2008，21（5）：51-54

[170] 马鸿宾.固体碱催化合成生物柴油的基础研究［D］.天津：天津大学，2008

[171] 关燕萍.生物柴油催化剂——磁性纳米固体碱的制备及应用［D］.武汉：华中农业大学，2009

[172] Kim H J, Kang B S, Kim M J, et al.Transesterification of vegetable oil to biodiesel using heterogeneous base catalyst［J］.Catal Today，2004，93-95：315-320

[173] 万涛.制备生物柴油的非均相碱催化剂的研究［D］.武汉：武汉大学，2010

[174] 梁学正.生物柴油的绿色合成［D］.上海：华东师范大学，2009

[175] 胡智杰.固体碱催化剂制备生物柴油的研究［D］.西安：长安大学，2010

[176] 方芳，曾虹燕.气相色谱法测定生物柴油中的脂肪酸甲酯福［J］.建林学院学报，2005，25（1）：1-4

[177] 顾仁兴.活性炭载钾在 CO 变换反应中催化活性的研究［J］，化肥工业译丛，1990（1）：6-10

[178] Xie W L, Huang X M. Synthesis of biodiesel from soybean oil using heterogeneous KF/ZnO Catalyst［J］.Catal Lett，2006，107：53-59

[179] 王瑞红.固体碱催化法制备生物柴油的工艺研究［D］.天津：天津大学，2007

[180] 宋华民.生物柴油用固体催化剂制备试验研究［D］. 郑州：河南农业大学，2008

[181] 孙俊.文冠果油的提取及其生物柴油制备工艺研究［D］.西安：陕西师范大学，2008

[182] Kevin J H. Chemieal and physical properties of vegetbale oil esters and their effect on diesel fuel performance［J］.Biomass，1986，9：1-17

[183] 陈文伟.乌柏梓油制备生物柴油的研究［D］.南昌：南昌大学，2006

[184] 马利，洪建兵，甘孟瑜，等.酯化—酯交换两步法制备生物柴油的动力学［J］.化工学报，2008，59（3）：708-712

[185] 马养民，张航涛，郭俊荣，等.文冠果种子油制备生物柴油工艺的研究［J］.技术油脂工程，2010，（1）：30-32

[186] Daniele F, Valerio B, Marcello N, et al. Properties of apotential biofuel obtained from soybean oil by

transmethylation with dimethyl carbonate [J]. Fuel, 2007 (86): 690-697

[187] 范航, 张大年, 赵一先, 等. 生物柴油的研究与应用 [J]. 上海环境科学, 2000, 19 (11): 516-518

[188] 盛梅, 李为民, 邬国英. 生物柴油研究进展 [J]. 中国油脂, 2003, 28 (4): 66-70

[189] Demirbas A. Biodiesel fuels from vegetable oils via catalytic and non-catalytic supercritical alcohol transesterifi cations and other methods A Survey [J]. Energy Conversion and Management, 2003, 44 (13): 2093-2109

[190] Kusdiana D, Saka S. Kinetics of transesterification in rapeseed oil to biodiesel fuel as treated in supercritical methanol [J]. Fuel, 2001 (80): 693-698

[191] Diasakou M, Louloudi A, Papayannakos N. Kinetics of the non-catalytic transesterification of soybean oil [J]. Fuel, 1998 (77): 1297-1302

[192] 马志豪, 张小玉, 马凡华, 等. 生物柴油混合比对柴油机排放颗粒特性的影响 [J]. 农业工程学报, 2012, 28 (18): 64-68

[193] 王利兵. 三种山杏种子生物柴油特征评价 [J]. 农业工程学报, 2011, 27 (增刊1): 138-142

[194] Rattanaphra D, Harvey A P, Thanapimmetha A, et al. Simultaneous transesterification and esterification for biodiesel production with and without a sulphated zirconia catalyst [J]. Fuel, 2012 (97): 467-475

[195] Chen Y H, Chen J H, Luo Y M. Complementary biodiesel combination from tung and medium-chain fatty acid oils [J]. Renewable Energy, 2012 (44): 305-310

[196] 姜绍通, 徐涟漪, 周勤丽, 等. 固体碱催化棉籽油制备生物柴油 [J]. 农业工程学报, 2011, 27 (3): 254-259

[197] Casas A, Ramos M J, Perez A. New trends in biodiesel production: Chemical interesterification of sunflower oil with methyl acetates [J]. Biomass and Bioenergy, 2011 (35): 1702-1709

[198] 郝一男, 王喜明, 丁立军. 文冠果籽油制备生物柴油的工艺研究 [J]. 内蒙古农业大学学报, 2011, 32 (2): 224-229

[199] Liu Y Y, Lu H F, Jiang W, et al. Biodiesel Production from Crude *Jatropha curcas* L. Oil with Trace Acid Catalyst [J]. Chinese Journal of Chemical Engineering, 2012, 20 (4): 740-746.

[200] 张豪, 乙引, 洪鲲, 等. 响应面法优化酶促脂肪酸甲酯化工艺条件 [J]. 农业工程学报, 2011, 27 (增刊2): 125-130

[201] 易军鹏, 朱文学, 马海乐, 等. 牡丹籽油超声波辅助提取工艺的响应面法优化 [J]. 农业机械学报, 2009, 40 (6): 103-110

[202] 杨颖. 生物柴油制备方法研究进展 [J]. 粮油食品科技, 2007, 15 (5): 35-37

[203] 鲁厚芳, 史国强, 刘颖颖, 等. 生物柴油生产及性质研究进展 [J]. 化工进展, 2011, 30 (1): 126-135

[204] 于海燕, 周绍箕. 文冠果油制备生物柴油的研究 [J]. 中国油脂, 2009, 34 (3): 43-45

[205] 中国石油化工股份有限公司科技开发部编. 石油和石油产品试验方法国家标准汇编 [M]. 北京: 中国标准出版社, 2005

[206] 全国石油产品和润滑剂标准化技术委员会. 普通柴油: GB 252—2015 [S]. 北京: 中国标准出版社, 2015

[207] 柳杨, 衣怀峰, 陈宇, 等. 酯交换生物柴油的柱层析分离纯化与分析 [J]. 光谱学与光谱分析, 2012, 32 (2): 505-509

[208] Rossi M, Pagliaro M, Ciriminna R, et al. Crude glycerol from biodiesel production is an excellent additive for concrete, enhancing its resistance to compression and grinding and lowering its setting time:

WO20060515-74［P］.2004

[209] Martin H，Frantisek S. Treatment of glycerol phase formed by Biod-iesel Production［J］. Bioresource Technology，2010，101：3242-3245

[210] 邬国英，林西平，巫淼鑫，等.制备生物柴油的副产物甘油分离与精制工艺的研究［J］.江苏工业学院学报，2003，15（4）：17-19

[211] 陈文伟.生物柴油副产物甘油精制新法［J］.中国油脂，2006，31（5）：62-64

[212] Chi Z Y，Denver P，Wen Z Y，et al. A laboratory study of producing doc-osahexaenoic acid from biodiesel-waste glycerol by microalgal fermentation［J］. Process Biochemistry，2007，42：1537-1545

[213] 杨凯华，蒋建春，聂小安，等.生物柴油的制备及其副产物粗甘油分离与精制工艺的研究［J］.生物质化学工程，2006，40（1）：1-4

[214] 修志龙.1，3-丙二醇的微生物生产分析［J］.现代化工，1999，19（3）：33-35

[215] 刘峰，王明俭，焦丽菲.生物柴油副产物甘油的开发利用［J］.石油规划设计，2009，20（3）：46-49

[216] 敖红伟，王淑波，潘媛媛，等.地沟油制生物柴油副产甘油精制［J］.石化技术与应用，2009，27（3）：226-228

[217] 杨运财，陆向红，俞云良，等.生物柴油副产物制备高纯度甘油的研究［J］.中国粮油学报，2008，23（1）：88-92

[218] 杨丽，章亚东.黄连木籽油植被生物柴油副产物甘油的分离和精制［J］.中国洗涤用品工业，2009（3）：60-63